黄河三角洲区域污染物的环境行为和历史迁移演化规律

刘桂建　笪春年　等　著

科学出版社

北　京

内 容 简 介

　　本书主要研究黄河三角洲区域各种环境介质中的典型污染物,包括持久性有机污染物、重金属及烃类污染物的种类、污染水平、时空分布规律、可能性来源及历史演变趋势,为该区域污染物的控制及治理提供相应的背景资料支持。全书共 8 章,第 1 章绪论部分介绍研究背景和意义、研究内容;第 2 章介绍样品采集和分析测试方法;第 3～7 章分别介绍土壤、水体、沉积物、沉积柱、水生生物体中污染物的分布和迁移演化规律;第 8 章介绍该区域不同环境介质中污染物的环境行为和交换规律。

　　本书可供从事环境保护工作的技术人员使用,也可供黄河三角洲区域的环境保护管理者和决策者参考使用。

图书在版编目（CIP）数据

黄河三角洲区域污染物的环境行为和历史迁移演化规律/刘桂建,笪春年等著. —北京：科学出版社,2017.10

　　ISBN 978-7-03-054541-1

　　Ⅰ. ① 黄… Ⅱ. ① 刘… Ⅲ. ① 黄河–三角洲–环境污染–有机污染物–研究 Ⅳ. ①X5

　　中国版本图书馆 CIP 数据核字（2017）第 228782 号

责任编辑：周 丹 曾佳佳 宁 倩/责任校对：樊雅琼
责任印制：张 伟/封面设计：许 瑞

科 学 出 版 社 出版
北京东黄城根北街 16 号
邮政编码：100717
http://www.sciencep.com

北京九州迅驰传媒文化有限公司印刷
科学出版社发行　各地新华书店经销
*

2017 年 10 月第 一 版　开本：B5（720 × 1000）
2017 年 10 月第一次印刷　印张：15
字数：300 000
定价：99.00 元
（如有印装质量问题，我社负责调换）

《黄河三角洲区域污染物的环境行为和历史迁移演化规律》编写组名单

主　　编　刘桂建

编写组成员（以姓氏拼音为序）

笪春年　柳后起　王珊珊　袁自娇

前　　言

环境保护与经济发展是当今人类社会的重要主题，全球经济发展所导致的生态破坏与环境污染日趋受到人们的关注。中国环境面临的形势非常严峻，如果不及时采取有效的防控措施，人类及动植物的栖息环境将面临极大威胁，最终出现各类病变以致无法生存。为此，需要找到协调经济发展与环境保护的平衡点，既要保证经济的可持续发展，又要避免以破坏环境为代价。这可从人类生存与发展、环境与资源问题入手，针对环境污染及其防治与经济发展的关联性，寻求合理发展策略。

黄河三角洲是中国较大的河口三角洲自主保护区，也是中国年轻的湿地生态系统，位于陆地和海洋的交汇处，是湿地和陆地污染物的蓄积库，生态敏感性较高，因此，本书选择黄河三角洲作为研究区域，可直观地反映中国宏观经济发展下环境所面临的影响，具有较重要的示范研究意义。持久性有机污染物在环境中因具有持久性、生物累积性、高毒性及长距离迁移性等特点，对人类健康和生态环境所造成的危害已成为国际公认的环境焦点问题；重金属是一类难降解、隐蔽性强、毒性大和普遍存在的环境污染物，它们在环境中迁移转化行为复杂，可通过食物链不断蓄积，最终对生态系统和人类健康产生危害。为此，本书选择这两类污染物作为主要研究对象，同时对研究区其他典型污染物如烃类污染物也有所涉猎。

本书主要研究黄河三角洲区域内多种环境介质（如土壤、水体、沉积物、沉积柱和水生生物体）中污染物的种类（主要包括有机氯农药、多环芳烃、多氯联苯、多溴联苯醚、重金属和正构烷烃）、污染水平、时空分布特征和风险水平。基于以上内容，对多种污染物在黄河三角洲区域内各环境介质中的环境地球化学行为进行概括，进而深入了解区域内环境状况，为污染物控制及治理以及寻求经济发展和环境保护的平衡点提供理论参考。

本书由中国科学技术大学刘桂建统筹、构思设计和修改定稿。第 1 章由刘桂建执笔，第 2～5 章由合肥学院笪春年执笔，第 6 章由中国科学技术大学苏州研究院柳后起执笔，第 7 章和第 8 章分别由中国科学技术大学袁自娇和王珊珊执笔。

本书可作为高等院校环境类相关专业参考资料。编者衷心希望本书对读者有益，进而推动环境保护事业的进一步发展。

本书涉及内容广泛，由于编者水平有限，书中难免有疏漏之处，敬请广大读者批评指正。

作　者

2016 年 11 月

目　　录

第1章 绪　论

引　言

本章对持久性有机污染物、重金属和烃类污染物的相关研究进行了充分调研，介绍了多种环境污染物的国内外研究进展、污染来源、赋存状态及环境危害性等，并以黄河三角洲生态敏感区为研究区域，阐述了本书的研究背景、意义和研究内容。

1.1　研究背景和意义

人类与自然环境一直处于相互影响和作用的动态过程，二者本应保持和谐共处、协调发展的关系，但自工业革命以来，人类改造自然的能力不断增强、人类生活水平逐步提高的同时，也对自然资源进行了过度开发和利用，从而导致诸多的生态破坏和环境污染问题，最终威胁人类的生存环境。

黄河三角洲是中国年轻的河口湿地，位于陆地和海洋的交汇处，具有生产力丰富、生物多样性高等特点，同时它容易受到海洋和陆地的扰动，稳定性差，属于高生态风险和高敏感区域。与长江三角洲和珠江三角洲相比，黄河三角洲的经济相对较弱，但如今黄河三角洲也成为一个典型的农业和化工区（Xie et al.，2012）。随着该地区城市化和工业化进程的逐步加剧，大量污染物进入环境，使得该地区的环境问题也日渐显现，并逐渐制约着当地的经济发展。研究该地区各种环境介质中的典型污染物，包括持久性有机污染物、重金属及烃类污染物的种类、污染水平、时空分布规律、可能性来源及演变趋势，可以客观地评价研究区域的环境状况及污染物可能造成的生态风险，为污染物的控制及治理提供相应的背景资料支持。

1.1.1　持久性有机污染物

1962 年，美国海洋生物学家 Rachel Carson 的著作《寂静的春天》出版，该书讲述了化学农药对人类环境的污染和危害，敲响了有机化合物使用的警钟，也在世界范围内引发了人们对环境问题的关注（Carson，2002）。在各种有机化合物中，持久性有机污染物（persistent organic pollutants，POPs）受到的关注度最高，影响最为深远。

持久性有机污染物是指在环境中具有持久性和远距离迁移性，能够通过食物链富集，进而对人类健康和生态环境产生危害的化学物质（Stockholm Convention，2008，2009）。2001年5月，一场关于持久性有机污染物的会议在瑞典首都斯德哥尔摩召开，该会议由联合国环境规划署（UNEP）主持，通过了著名的《关于持久性有机污染物的斯德哥尔摩公约》（以下简称《斯德哥尔摩公约》）。该公约于2004年5月生效，旨在推动持久性有机污染物的淘汰和削减，保护人类和环境免受其害，中国是该公约的缔约方之一（Stockholm Convention，2001）。

2001年通过的《斯德哥尔摩公约》最初规定了12种需要限制或禁止的持久性污染物，包括艾氏剂、氯丹、狄氏剂、异狄氏剂、七氯、六氯苯、灭蚁灵、毒杀芬、多氯联苯、滴滴涕、多氯代二苯并二噁英和多氯代二苯并呋喃；该公约在2009年、2011年、2013年和2015年又进行了多次修订，在附件中新增了部分持久性有机污染物，包括十氯酮、α-六氯环己烷、β-六氯环己烷、林丹、五氯苯、技术硫丹及其相关异构体、六溴联苯、四溴联苯醚和五溴联苯醚、六溴联苯醚和七溴联苯醚、六溴环十二烷、六氯丁二烯、五氯苯酚及其盐类和酯类、多氯化萘、全氟辛烷磺酸及其盐类和全氟辛基磺酰氟。持久性有机污染物化学结构稳定，在环境中的半衰期较长，水溶性低，亲脂性强，能够通过食物链在生物体内进行累积和放大，被生物体不断富集，进而对人体产生负面健康效应，如内分泌干扰性、致癌性、致畸性及致突变性（Jones and Voogt，1999；Čupr et al.，2010；Arellano et al.，2011；Liu et al.，2015a）。此外，持久性有机污染物具有半挥发性和远距离迁移性，"全球蒸馏效应"和"蚱蜢跳效应"可以解释持久性有机污染物的远距离迁移性（Gouin et al.，2004）：全球范围内，不同地区存在着气温高低差异，在中低纬度地区，由于温度相对较高，持久性有机污染物会挥发，以气态形式进入大气，然后通过大气进行远距离迁移；当到达温度较低的区域时，有机物会重新沉降到地面上；之后，当温度升高时，持久性有机污染物会再次挥发进入大气，重复之前的活动，致使持久性有机污染物在全球范围内进行迁移和传输。

由于对人类和环境所产生的负面效应，到目前为止，很多持久性有机污染物已经停止生产和使用，但持久性的特征使得它们在环境中能够存在相当长的一段时间，并可以通过食物链富集，影响人体健康；同时，由于"全球蒸馏效应"和"蚱蜢跳效应"，它们在全球范围内分布广泛。因此，调查和研究环境中持久性有机污染物的残留含量和分布特征，判断和识别它们的来源和风险，不断补充和更新世界范围内持久性有机污染物的数据资料，对于有效控制环境中持久性有机污染物具有十分重要的意义。

1.1.2 重金属

除了持久性有机污染物，重金属也是环境中不可忽略的一类污染物，对生态系统和人类健康危害较大。重金属具有难降解性、普遍性、生物毒性、环境持久性和生物累积性等特性，且能在一定环境条件下转化为毒性更强的金属有机复合物，最后在生物体内的特定器官中不断累积，对人类健康和生态系统产生严重毒害（Alloway and Ayres，1997；Jain，2004；Nemati et al.，2011）。因此，重金属污染也成为全球专家广泛关注和研究的焦点问题。

重金属有多种定义，但一般将密度在 4.5g·cm^{-3} 以上的金属元素称为重金属，主要包括铜（Cu）、锌（Zn）、铅（Pb）、铬（Cr）、镉（Cd）、铁（Fe）、锰（Mn）、镍（Ni）等约 45 种金属元素，以及具有显著毒性的类金属元素砷（As）和硒（Se）等。

国内外学者在多个领域对重金属展开了广泛研究（Pociecha and Lestan，2010；Saha and Zaman，2011；Förstner and Wittmann，2012；Rahman et al.，2012；Li et al.，2014a；Ren et al.，2015）。过去几十年中，一般以土壤中重金属元素的总量来评估其生物毒性（Davis，1992），但是，自 20 世纪 70 年代，学者开始认识到，重金属总量难以表征其环境污染特性和潜在的生态危害程度，其生物有效性和生物毒性大小不仅与其总量有关，而且在更大程度上取决于重金属元素在环境中存在的理化形态和各形态所占比例。有效态重金属组分能在更大程度上反映它对环境及生物的毒害效应（Williams et al.，1980），因此，研究重金属元素的生态效应必须对其形态进行研究。

1.1.3 正构烷烃

除了持久性有机污染物和重金属，烃类污染物如正构烷烃也逐渐引起人们的关注。正构烷烃是指没有碳支链的饱和烃，广泛地存在于土壤、湖泊及海洋沉积物等地质体中，是生物体的重要组成部分，抗生物降解能力较强，化学稳定性较高，可以通过参与食物链的循环，在生物体内不断积累，最终对人体产生严重和广泛的危害（Seki et al.，2010；王素萍等，2010；赵美训等，2011；刘晓秋等，2012；姚鹏等，2012）。因正构烷烃的毒性远不及多环芳烃、多氯联苯、多溴联苯醚和有机氯农药等持久性有机污染物，长久以来并没有得到广泛的关注（康跃惠等，2000）。然而，正构烷烃仍具有一定的生物毒性，且碳原子数目不同，对人体的伤害程度及作用部位不同。美国毒物和疾病登记署研究发现：当碳原子数目在5~8之间，正构烷烃主要通过吸入或口服的方式，影响动物和人类的肾脏、生殖系统及神经系统的发育；当碳原子数目在 9～16 之间，正构烷烃会影响动物及人类的肝脏和神经系统，引起神经系统的障碍，导致体重下降，强烈地刺激呼吸器官，甚至会引起肾病、细胞腺瘤及肾腺瘤等疾病的发生（王文岩等，2014；王登阁，2013）；当碳原子数目在 17～35 之间时，正构烷烃对动物及人类的肠系膜淋巴结和肝脏产生一定的毒害作用，会引起组织细胞增多病和肝肉芽肿病。虽然长链的正构烷烃对动物和人体的刺激性有降低的趋势，但仍会对皮肤造成一定的损伤，甚至有患皮肤癌的风险（王文岩等，2014；王登阁，2013；张枝焕等，2010）。

一般来说，不同环境介质中烃类污染物的潜在来源可被分为两大类，包括生物来源（高等植物、沉水或漂浮植物、浮游植物和细菌）和人为来源（原油、石油烃和化石燃料的燃烧）（El Nemr et al.，2013b；Guo et al.，2011a；Oyoita et al.，2010）。烃类污染物的来源类型通常决定了正构烷烃的分子组成，并且人为干扰会改变正构烷烃的自然分子组成（Das et al.，2009；Sojinu et al.，2012）。基于这一特性，正构烷烃被视为一种典型的化学生物标志物而广泛使用，通过分析正构烷烃的分子组成特征来识别土壤或沉积物中烃类污染物的潜在来源（Liebezeit and Wöstmann，2009）。尽管土壤或沉积物中的正构烷烃仅占其中烃类物质的一小部分，但正构烷烃为土壤或沉积物中烃类污染物的潜在来源和污染水平提供了重要的信息（Meyers and Takemura，1997；Das et al.，2009）。

1.2　国内外研究进展

1.2.1　持久性有机污染物

有机氯农药、多环芳烃、多氯联苯和多溴联苯醚这四种有机污染物在世界范围内受到的关注较多。其中，多氯联苯是最早被《斯德哥尔摩公约》列为持久性有机污染物的十二大类有机物之一（UNEP，2001；Cui et al.，2015），而最早被列出的十二大类持久性有机污染物中，有九种都属于有机氯农药（维屏，2006）。多溴联苯醚中的四溴联苯醚、五溴联苯醚、六溴联苯醚和七溴联苯醚也在之后修订的《斯德哥尔摩公约》附件中被列为持久性有机污染物（UNEP，2011a，2011b）。多环芳烃虽然不在 UNEP《斯德哥尔摩公约》规定的持久性有机污染物的名录之中，但却具有类持久性有机污染物的性质，曾在 1998 年被《关于长距离越境空气污染公约》框架下的《奥尔胡斯持久性有机污染协议书》列为持久性有机污染物（LRTAP Convention，1998；Harmens et al.，2013）。

1. 有机氯农药

有机氯农药（organochlorine pesticides，OCPs）是一类典型的持久性有机污染物，也是国际社会公认的环境优先控制污染物。这类化合物具有一些共同特点，如半挥发性和持久性、生物高毒性及生物蓄积性等。它们是氯代烃的总称，也是一种广谱性的杀虫剂（Capkin et al.，2006）。它与大多数 POPs 一样，在环境中不容易降解，可以通过食物链进行传递和积累，从而对生物体及生态系统产生毒害。OCPs 广泛存在于各种环境介质及人体和动植物的组织器官中。有学者曾研究发现了饮用牛奶和人类乳房中 OCPs 的残留（Williams et al.，1991；Zhao et al.，2007；Stuetz et al.，2001）。OCPs 进入人体后会对人体产生致癌、致生殖毒性、致神经危害性及致内分泌失调破坏等危害（Cai et al.，2008）。

常见的 OCPs 主要有两类，一类以环戊二烯为原料，如滴滴涕农药和六六六农药等，另一类是以环戊二烯为原料，如艾氏剂农药和七氯农药等（刘明和，2003）。历史上曾经大量使用和生产的 OCPs 主要包括滴滴涕、六六六、氯丹、硫丹等，尤其以滴滴涕和六六六类农药生产和使用最为广泛。下面重点介绍几种常见的OCPs。

1）六六六（HCH）

HCH 分子式为 $C_6H_6Cl_6$，化学名称为六氯环己烷简称六六六，其化学结构如图 1-1 所示。它在 1825 年被首次合成，到 1942 年开始用作农业杀虫剂，于 1949 年开始商业生产。HCH 主要以两种形式存在：工业 HCH 和林丹（郁亚娟等，2004）。工业 HCH 主要是由 α-HCH、β-HCH、γ-HCH 和 δ-HCH 组成的几种异构体的混合物，含量分别为 55%～80%、5%～14%、12%～14% 和 2%～10%。林丹的主要成分是 γ-HCH（99%）。HCH 通过悬浮、溶解、沉降、挥发和渗透等几种形式在环境中进行扩散和迁移（张大弟和张晓红，2001）。进入水环境中的农药被水体中的一些悬浮物吸附；进入水体和土壤表面的农药由于挥发进入大气中，在大气中被颗粒物吸附的农药也会随气流迁移到更远距离，通过雨水沉降于底质环境中（谢武明等，2004）。

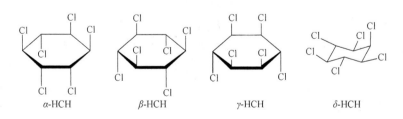

α-HCH　　　β-HCH　　　γ-HCH　　　δ-HCH

图 1-1　六六六的化学结构

2）滴滴涕（DDT）

滴滴涕于 1874 年被人工合成，在 1938 年人们发现它具有杀虫特性，在 1941 年开始使用在农业活动中。滴滴涕是有机氯杀虫剂主要品种之一（陈伟琪等，2000）。其分子式为 $C_{14}H_9Cl_5$，它的不同同分异构体的结构式如图 1-2 所示。

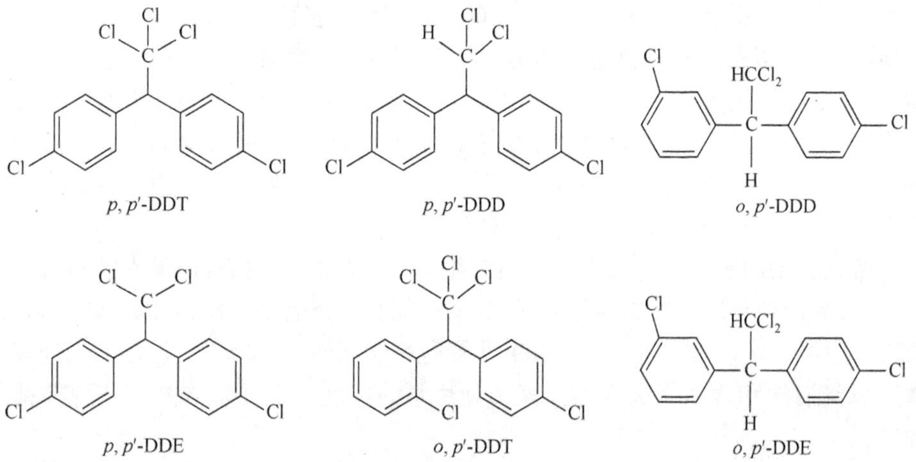

图 1-2　滴滴涕的化学结构

工业 DDT 由三种异构体组成：85%的 *p, p'*-DDT、15%的 *o, p'*-DDT 和少量的 *o, p'*-DDE。*o, p'*-DDT 较 *p, p'*-DDT 更容易降解。DDE 和 DDD 是 DDT 在环境中的降解产物（麦碧娴等，2000）。环境中存在的主要是这三种化合物。DDT 在不同的环境介质中难降解而残留长达数十年以上，在土壤中半衰期达 10～15 年，在大气中为 7d 左右，而它的代谢产物有一些稳定性高于 DDT。DDT、DDE 和 DDD 属于脂溶性化合物，易聚集于生物体脂肪中，且通过食物链浓缩和放大，在食物链末端生物体内聚集（乔敏等，2004）。

3）六氯苯（HCB）

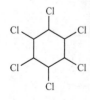

图 1-3　六氯苯的
化学结构

六氯苯分子式为 C_6Cl_6，结构如图 1-3 所示。在 1824 年被首次合成，1930 年开始商业生产和使用。六氯苯作为廉价的广谱杀虫剂曾在我国大部分地区被广泛使用。六氯苯难溶于水、易挥发，与沉积物的强吸附作用使其更难降解，易在活性有机体的脂肪中富集（陈晓东等，2000；余刚等，2005）。它在土壤中的降解周期为 3～23 年；而它在大气中与一些羟基自由基发生化学反应的周期大约为 2 年，且会发生长距离全球迁移（丁辉等，2006；袁旭音等，2003）。六氯苯还具有一定的急、慢性中毒性，不同的生物体内含量达到一定量后，就会扰乱生物体的内分泌系统，导致生物体生殖及免疫机能失衡,更有甚者会导致生物体的神经错乱、发育系统紊乱和诱发癌症(赵亢,2006)。目前,我国虽然禁止了六氯苯作为农药使用,但六氯苯仍被用于生产其他化工产品。

4)氯丹(chlordane)

氯丹有两种不同的异构体,分别是顺氯丹(TC)和反氯丹(CC),化学式可以写成 $C_{10}H_6C_{18}$,化学结构式如图 1-4 所示。

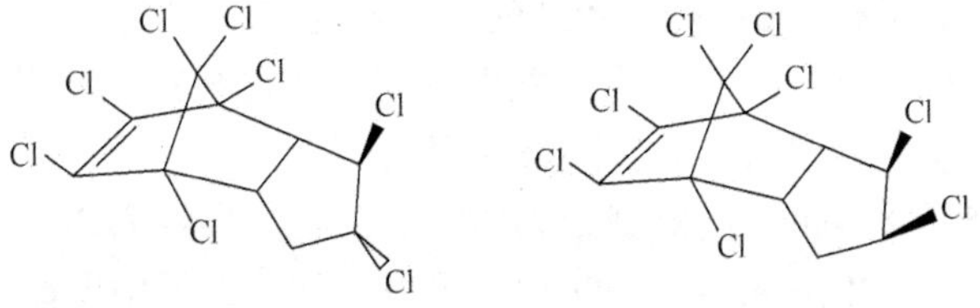

trans-chlordane   cis-chlordane

图 1-4 氯丹的化学结构

氯丹在土壤和沉积物中都不易降解,据李军等(2007)报道,它在土壤中的降解周期长达二十年以上。土壤中的氯丹主要通过蒸气形式挥发到大气中。氯丹也能够导致生物体患癌和基因突变,易富集在生物体的脂肪系统中,另外,如果皮肤接触到氯丹会引起皮炎,甚至出现红斑疹(王琪等,2007;赵元凤和徐恒振,2002)。工业上使用的氯丹是由 100 多种化合物组成的,通常包括 CC(8%~13%)、TC(8%~15%)、反式九氯(6%~7%)、顺式九氯、七氯、环氧七氯等(陈伟琪等,2004)。

5)硫丹(endosulfan)

硫丹分子式为 $C_9H_6C_{16}O_3S$,有 α-硫丹和 β-硫丹两类不同的异构体。也就是硫丹 I 和硫丹 II。它的化学结构如图 1-5 所示。

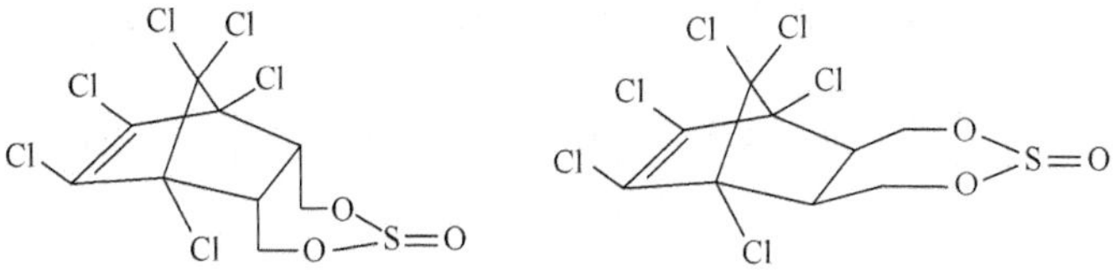

α-endosulfan β-endosulfan

图 1-5 硫丹的化学结构

硫丹为白色的晶体,具有有机氯的活性杀虫特点,易溶于丙酮等一些有机化合物,很难溶解在水中。它在碱性液体中容易发生化学反应,释放出 SO_2。硫丹容易挥发,易从土壤挥发到大气中并随气流运动进行长距离迁移(李富根等,

2009）。α-硫丹具有强的挥发能力，而 β-硫丹则更易被土壤吸附。硫丹通常用来预防一些农作物病虫害，如玉米穗、马铃薯、棉花及烟草等。硫丹与氯丹一样，也具有较强的亲脂性，容易积累在动物和人的脂肪组织中，导致生物免疫力下降、内分泌紊乱，以及致癌、致基因突变（刘济宁等，2010）。工业硫丹通常是由烯类化合物与醇类化合物发生化学反应生成一个中间体化合物，再由这个中间体化合物与亚硫酰二氯发生化学反应得到。工业硫丹主要组分为 α-硫丹：β-硫丹=3：7。工业硫丹在生产时，常会产生副产物——硫丹硫酸盐。在自然界中，通过光降解和生物降解，硫丹和硫丹硫酸盐二者之间可以相互转化（朱鲁生和于建垒，1996）。

20 世纪 70 年代，OCPs 在西方一些发达国家就已被禁止使用。但由于在很长一段时期内 OCPs 使用量大，且在环境中降解周期长，因此，迄今，在全球不同区域、不同环境介质中仍然能检测到 OCPs 的存在，导致 OCPs 是环境中检出率最高的一类 POPs（Chen et al.，2005）。另外，一些发展中国家和地区禁止使用 OCPs 的时间比经济发达的国家推迟了几十年，而且，现在世界上还有一些发展中国家在农业活动中仍然大量使用 OCPs 作为杀虫剂，以提高农作物的产量。OCPs 的主要直接排放来源已由过去发达国家转为当前以农业为主的发展中国家（张婉珈等，2010）。

中国是农业生产大国，同时也是 OCPs 生产和使用量较多的国家。自 20 世纪 50 年代 OCPs 开始生产和使用，它们被广泛用于防治农业庄稼、林木和家禽的病虫害等领域。20 世纪 60 年代至 80 年代初，中国农药生产和使用总量的 50%以上都是 OCPs，尤其是 70 年代，中国 OCPs 的使用量达到了一个峰值。在被使用的 OCPs 种类中，生产和使用量相对较多的 OCPs 主要包括滴滴涕（DDT）、六六六（HCH）和六氯苯（HCB）等（张祖麟，2001）。直至 1983 年，OCPs 在中国才开始被禁用和生产。据不完全统计，在使用和生产 OCPs 的三十年期间，有 40 余万 t DDT 和 90 余万 t HCH 被生产和应用于农业生产活动中（王彬等，2010）。

OCPs 具有持久性、半挥发性和疏水亲脂性，因此，当它们进入环境后能长期存在，并能够从污染源进行长距离迁移，在不同环境介质中（土壤、大气、水体、沉积物、动植物及人体）进行蓄积，目前，不同的环境介质中均检测到 OCPs 的存在。

土壤几乎是所有污染物质的存储器。OCPs 在历史上被大量使用，造成土壤严重污染，因此，一个地区土壤中 OCPs 的含量高低可以间接反映当地 OCPs 的历史使用量和污染现状。土壤中 OCPs 主要来源有农作物喷洒过程中的损失、含 OCPs 化学品的使用、大气沉降、OCPs 的生产和使用过程中的排放、泄漏等（安琼等，2004）。土壤中的 OCPs 通过食物链富集于农作物中，再通过食物链进入生物链更高级别的生物体内，最后危害人类身体健康。国内外学者对全球不同区域土壤中

OCPs 的含量进行了检测分析（史双昕等，2007）。有学者报道，我国土壤中的 OCPs 的空间分布特征是东北部地区（Tao et al.，2005；Li et al.，2005a；Zhu et al.，2005；Gong et al.，2004）土壤含量高于东南部（Wang et al.，2007a；Zhang et al.，2009a；Yang et al.，2008a；Li et al.，2006a）及中西部地区（张慧等，2008；张利等，2008；张凯等，2009）土壤中含量。另外，我国土壤中 HCH 和 DDT 是有机氯农药的主要组分，且土壤中 DDT 浓度含量一般高于 HCH。这可能与它们在土壤中的降解周期有关，DDT 在土壤中被分解 95%需 30 年，而 HCH 被分解 95%则只需 20 年，这可能是造成土壤中 DDT 含量高于 HCH 的主要原因（李军，2005；王京文等，2003）。我国土壤中 OCPs 的含量和国外部分地区相比相对较高（表 1-1）（冯精兰等，2011）。根据《土壤环境质量标准》（GB 15618—1995）中的规定，我国土壤中 OCPs 污染大部分区域处于轻度污染水平，仅有北京和南京等少数区域处于中度污染水平。

表 1-1 国内外部分地区土壤中 OCPs 的含量

	地区	HCHs 含量/(ng·g^{-1})	DDTs 含量/(ng·g^{-1})	参考文献
国内	黄淮地区（农田）	0.53~13.94（4.01）	nd[a]~126.37（11.16）	赵炳梓等，2006
	广东	nd~104.38（5.90）	nd~157.75（10.18）	Yang et al.，2007
	北京	1.68~56.61（8.80）	3.12~2178.55（108.99）	成杭新等，2008
	天津	1.30~1094.60（45.8）	0.07~972.24（56.01）	Wang et al.，2006a
	南京农田	2.70~130.60（13.6）	6.30~1050.70（64.1）	葛成军等，2006
	青岛	0.41~9.67（4.01）	3.88~79.55（26.51）	耿存珍等，2006
	吉林市中部	0.47~13.47（2.00）	0.02~69.35（3.01）	于新民等，2008
	湖南东部（稻田）	1.70~25.30（18.20）	10.50~40.40（23.80）	张利等，2008
	香港	2.50~11.00（6.19）	nd~5.70（0.52）	章海波等，2006
国外	印度	8.00~38.50	nd~4.0	Hans et al.，1999
	坦桑尼亚	nd~3.40	nd~20.40	Kishimba et al.，2004
	美国阿拉巴马州	0.04~3.23	0.80~517.3	Harner et al.，1999
	澳大利亚昆士兰州	nd~58.59	nd~21.20	Cavanagh et al.，1999

a. nd 表示未检出。

我国政府从 20 世纪 80 年代初就全面禁止使用 DDT 和 HCH，经过多年的降解和化学反应，水体中 OCPs 的浓度含量逐渐减少，而且大部分浓度水平比现在国家规定的一类水质标准要低。据调查，我国大部分水体都受到 OCPs 的污染，而且 DDT 和 HCH 是水体中浓度较高的 OCPs。我国大亚湾和海河等水域 OCPs 浓度水平较高，而如长江南京段和官厅水库等水体中的浓度含量相对较低（康跃惠等，2003）。尽管我国有机氯农药广泛存在于各类水体，但浓度水平在不同地区存在较大差异。张菲娜等（2006）在研究兴化湾时，发现水体中 OCPs 平均含量在丰水期低于枯水期。杨清书等（2004a）对珠江干流水体中 OCPs 的调查结果显示，丰水期和枯水期水体中 OCPs 的含量范围分别达到 $917\sim2613\mathrm{ng\cdot L^{-1}}$ 和 $4117\sim12215\mathrm{ng\cdot L^{-1}}$；有学者在研究澳门水域 OCPs 的垂线分布特征时发现，DDT 在颗粒相中高于溶解相，84.3%~97.2%的 DDT 存在于颗粒相中；54.5%~83.7%的 HCH 存在于溶解相中，溶解相中的 HCH 含量要高于颗粒相中 HCH，这个结论与蒋新和许士奋（2000）研究长江南京段中 OCPs 的分布情况比较吻合（杨清书等，2004b）。刘华峰等（2007）在分析海南岛东寨港区域水体中 OCPs 时，发现 OCPs 在枯水期的含量比丰水期高出十几倍，且 OCPs 含量存在明显的季节性差异，这与郁亚娟等（2004）分析淮河江苏段的水体中 OCPs 时的结论相一致。由此可知，水体中 OCPs 的浓度含量与季节存在较大关系。杨清书等对珠江虎门河口水体 OCPs 进行研究分析，结果表明该地区水体受表层沉积物再次释放影响作用较小。表 1-2 归纳了国内部分水体中 OCPs 的污染水平。

表 1-2　国内部分水体中 OCPs 的含量

水域	HCHs 含量/(ng·L^{-1})	DDTs 含量/(ng·L^{-1})	参考文献
太湖流域	1.0~45.0	1.0~137.00	李炳华等，2007
大亚湾	35.30~1228.60	8.60~29.80	Zhou et al.，2001a
长江南京段	9.27~10.51	1.57~1.79	Tang et al.，2008
官厅水库	0.09~53.50	nd~46.80	Zhang et al.，2005a
珠江干流	5.80~99.70	0.52~9.53	Fu et al.，2003
九龙江口	31.95~129.90	19.24~96.64	Zhang et al.，2001a
莱州湾	nd[a]~32.70	nd~9.10	谭培功等，2006
福建兴化湾	0.82~22.94	1.08~15.72	Wang et al.，2009a
黄浦江	42.13~75.47	3.83~20.90	夏凡等，2006
黄河中下游	0.73~48.09	0.06~10.84	Wang et al.，2010a
苏州河	17.00~90.00	17.00~99.00	Hu et al.，2005a
海河	300.00~1070.00	9.00~152.00	Wang et al.，2007b
厦门港	3.51~27.80	0.95~2.25	张祖麟和周俊良，2000
闽江	52.00~515.00	46.10~235.00	Zhang et al.，2003

a. nd 表示未检出。

　　水体沉积物是水体中 OCPs 的存储库，当水体外界条件发生变化时（如溶解氧、温度、酸碱度等）或受到生物扰动时，可以在水体发生再释放，甚至引起突发性污染（袁旭音等，2003）。表层沉积物中OCPs往往通过二次释放作用进入水体中，或者通过食物链传递进入不同级别的生物体内，在生物体脂肪内富集，所以，通过分析沉积物中OCPs的污染情况、组成特征对于评价水域环境潜在风险具有重要意义。王彬等（2010）总结了我国一些水体沉积物中OCPs的含量分布情况，大部分水体沉积物中都或多或少检测出OCPs的残留，浓度主要分布在$0.80 \sim 10.50 \mathrm{ng \cdot g^{-1}}$之间，长江、海河和珠江等流域是OCPs残留的主要区域。调查显示，我国沉积物中各种OCPs都被检出，但DDT和HCH是沉积物中主要的污染农药，在不同水域的含量表现出地域差异，不同地区表层沉积物中OCPs含量和种类也存在较大差异，这可能与沉积物的理化性质、有机氯农药使用的种类和数量等有关。

目前国际上还没有统一的沉积物OCPs污染标准和沉积物中OCPs的环境风险评价标准。目前，我国常采用生物影响范围低值ERL和中值ERM来评价沉积物中污染物的风险：当沉积物中污染物含量低于ERL值时表示对生物不会有负面影响；当污染物含量高于ERM值表示对生物会有负面影响；当污染物含量介于两者之间时，表示可能会产生负面影响（刘贵春等，2007）。

在研究水体沉积柱时，通常用$^{210}\mathrm{Pb}$和$^{137}\mathrm{Cs}$进行同位素定年，通过研究有机氯农药在沉积柱中的垂向分布与年代之间的线性对应关系来分析OCPs的历史沉降记录。前人研究得出，OCPs含量的垂向分布特征一般与我国OCPs的生产使用历史存在较高的关联性，有些水域沉积柱中OCPs浓度含量在20世纪90年代后期呈现急剧升高的特征。张婉珈等（2010）指出，OCPs出现这种反常沉积的现象，可能是由于这些地区在经济开发过程中大量开发利用土地，使土壤中OCPs污染物通过地表径流进入水体沉积物中，也可能与20世纪90年代三氯杀螨醇的使用有关。例如，我国太湖、珠江、厦门港湾等区域采集的沉积柱中也呈现出类似异常升高的情况。陈伟琪和张珞平（1996）还分析这种异常升高的现象还可能是在这个区域后期有新的污染源输入导致。

2. 多环芳烃

多环芳烃是一类在环境中普遍存在的有机污染物，由两个或两个以上的苯环构成（Menzie et al.，1992）。早在1775年，英国外科医生Percival Pott就曾指出烟囱清扫工人多发阴囊癌的原因是阴囊皮肤长期接触燃煤烟尘颗粒，事实上，该现象本质上是由煤烟尘颗粒中所含的多环芳烃所致（Poirier，2004；Kaushik and Haritash，2006）。20世纪30年代，Kennaway确定了多环芳烃二苯并[a, h]蒽的致癌性（Platt et al.，1990）；随后，Cook et al.（1933）从煤焦油中成功地分离出了包括强致癌物质苯并[a]芘在内的多种多环芳烃；20 世纪 50 年代，Waller（1952）从大气中分离出了苯并[a]芘。此后，人们更加重视多环芳烃的研究，多种多环芳烃不断被分离和鉴定出来。

由于多环芳烃具有很强的致癌性和致畸性，美国环境保护局建议将 16 种多环芳烃列为优先控制的污染物（USEPA，1984；Rey-Salgueiro et al.，2009），如图 1-6 所示。其中的七种，包括苯并[a]蒽、䓛、苯并[b]荧蒽、苯并[k]荧蒽、苯并[a]芘、二苯并[a, h]蒽及茚并[1, 2, 3-c，d]芘被国际防癌研究委员会认定为毒性极强（IARC，1983；Harvey，1991）。目前，大部分关于多环芳烃的研究都集中在这 16

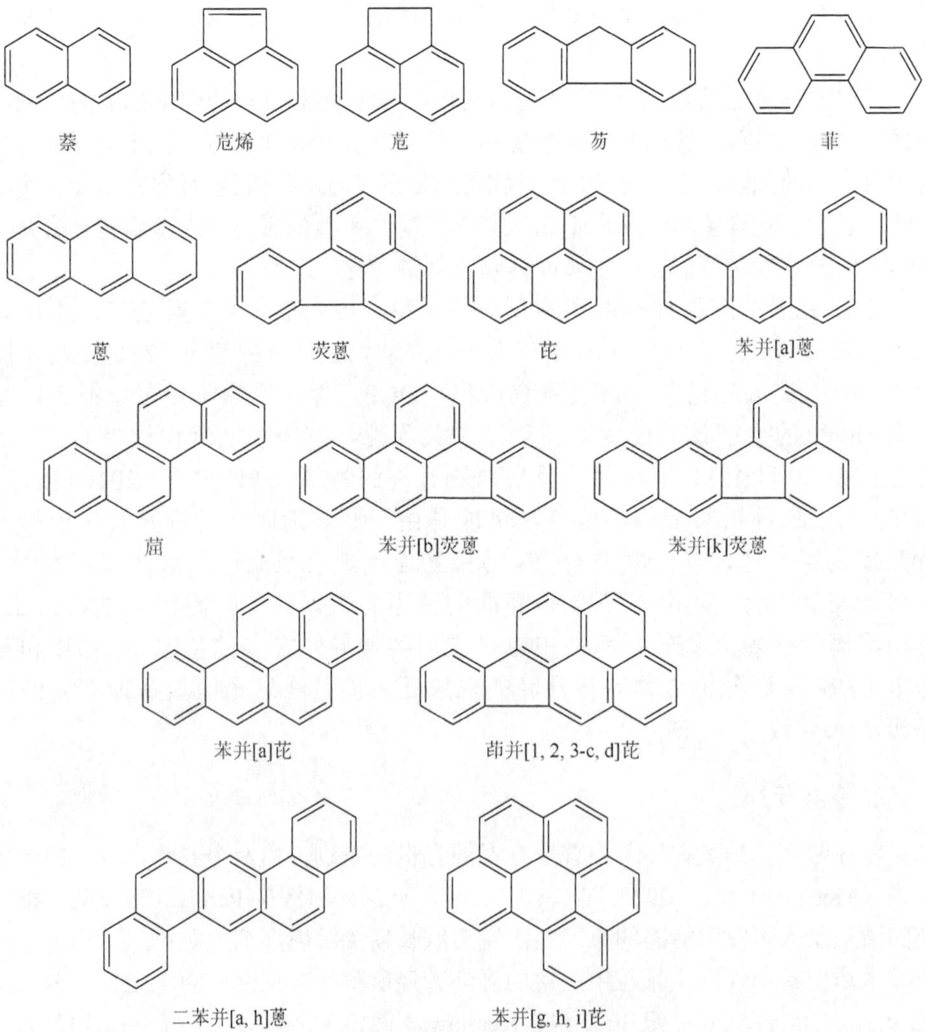

萘　　　苊烯　　　苊　　　芴　　　菲

蒽　　　荧蒽　　　芘　　　苯并[a]蒽

䓛　　　苯并[b]荧蒽　　　苯并[k]荧蒽

苯并[a]芘　　　茚并[1, 2, 3-c, d]芘

二苯并[a, h]蒽　　　苯并[g, h, i]芘

图 1-6　16 种美国优先控制多环芳烃的化学结构

种优先控制多环芳烃（以下简称优控多环芳烃）上，除此之外，还有很多其他能够产生负面健康效应的多环芳烃，这些多环芳烃也需要引起足够重视（Ding et al.，2012）。例如，美国公众与健康卫生服务部认定四种二苯并芘的同分异构体对人类具有潜在的致癌性，包括二苯并[a, l]芘、二苯并[a, e]芘、二苯并[a, i]芘及二苯并[a, h]芘（USDHHS，2005；Bergvall and Westerholm，2007），其中，二苯并[a, l]芘被认为致癌性最强（Kozin et al.，1995）。随着研究的深入，人们发现多环芳烃不仅具有致癌、致畸和致突变性，当其暴露于太阳紫外辐射时还会产生光致毒效应，同时，多环芳烃对紫外光的致癌性也具有一定的影响（Larson and Berenbaum，1988；孙红文和李书霞，1998）。

多环芳烃可以来源于森林火灾、火山喷发及生物前体细胞等自然活动（Notar et al.，2001；Ferrarese et al.，2008），但它们主要来源于石油及其副产品的泄漏、化石燃料的燃烧、污水及机动车尾气的排放等人类活动（Yunker and Macdonald，2003；Tolosa et al.，2009；Martins et al.，2011）。人类来源的多环芳烃大体上可以分为油成因和热成因两大类（Zakaria et al.，2002）。

到目前为止，国内外学者对多环芳烃已经进行了大量研究，发现它们广泛地分布于各种环境介质中（表 1-3）。例如，Ma 等（2010）曾对我国哈尔滨大气中所含的多环芳烃进行研究，发现大气气态和颗粒物样品中 16 种优控多环芳烃的总量平均值介于 $6.3 \sim 340 \mathrm{ng \cdot m^{-3}}$ 之间，平均含量为（100 ± 94）$\mathrm{ng \cdot m^{-3}}$，供暖季节大气中的多环芳烃主要来自于燃煤及机动车尾气的排放，非供暖季节主要来自于机动车尾气的排放、地表蒸发及燃煤；Sarria-Villa 等（2016）曾发现哥伦比亚西南部考卡河水体中多环芳烃总量介于 $52.1 \sim 12888.2 \mathrm{ng \cdot L^{-1}}$ 之间，平均含量为 $2344.5 \mathrm{ng \cdot L^{-1}}$，沉积物中多环芳烃总量介于"未检出"至 $3739.0 \mathrm{ng \cdot g^{-1}}$ 之间，平均含量为 $1028.1 \mathrm{ng \cdot g^{-1}}$，可能来源于化石燃料的燃烧、各种工业废水的排放、车用机油及生物质的燃烧；Liu 等（2010）曾对中国北京城区不同类型土壤中的多环芳烃进行研究，发现土壤中的多环芳烃含量介于 $8.5 \sim 13126.6 \mathrm{ng \cdot g^{-1}}$ 之间，主要来源于燃煤和机动车尾气的排放，且在空间分布上与北京不同地区的城市化程度相对应：城市化水平相对较高的地区所含的多环芳烃含量也相对较高；Nadal 等（2004）曾在西班牙塔拉戈纳的野生甜菜中检测到了多环芳烃，且发现住宅区采集的甜菜中多环芳烃含量最高，平均值达到了 $179 \mathrm{ng \cdot g^{-1}}$；Kannan 和 Perrotta（2008）曾对加利福尼亚海岸 $1992 \sim 2002$ 年间所采集的 81 个成年雌性海獭的肝脏进行多环芳烃的研究，发现 $1992 \sim 2002$ 年，成年雌性海獭肝脏中多环芳烃的含量呈现下降的趋势，总量介于 $588 \sim 17400 \mathrm{ng \cdot g^{-1}}$ 之间，和脂质含量呈现高度的相关性，可能主要来源于石油；Moon 等（2012a）曾对韩国女性脂肪组织进行多环芳烃的研究，发现所含多环芳烃的总量介于 $15 \sim 361 \mathrm{ng \cdot g^{-1}}$ 之间，检测到的多环芳烃以萘为主。

表 1-3　全球不同环境介质中多环芳烃的含量

样品类型	采样位置	多环芳烃总量	参考文献
大气/（ng·m^{-3}）	中国哈尔滨	6.3～340	Ma et al.，2010
	美国俄亥俄州	0.343～2.58	Tomashuk et al.，2012
水/（ng·L^{-1}）	中国澳门	944.0～6654.6	Luo et al.，2004
	意大利台伯河	23.9～72.0	Patrolecco et al.，2010
	中国黄河三角洲	121.3	Wang et al.，2009b
	哥伦比亚考卡河	52.1～12888.2	Sarria-Villa et al.，2016
悬浮颗粒物/（ng·g^{-1}）	中国黄河三角洲	209.1	Wang et al.，2009b
	意大利台伯河	1663.1～15472.9	Patrolecco et al.，2010
沉积物/（ng·g^{-1}）	哥伦比亚考卡河	nd[a]～3739.0	Sarria-Villa et al.，2016
	智利 Lenga 河口	290～6118	Pozo et al.，2011
	英国默西河口	626～3766	Vane et al.，2007
	意大利台伯河	157.8～271.6	Patrolecco et al.，2010
土壤/（ng·g^{-1}）	中国北京	8.5～13126.6	Liu et al.，2010
	印度丹巴德	1019～10856	Suman et al.，2016
	中国黄河三角洲	27～753	Yuan et al.，2014
植被/（ng·g^{-1}）	西班牙塔拉戈纳	28～179	Nadal et al.，2004
松针/（ng·g^{-1}）	美国俄亥俄州	2543～6111	Tomashuk et al.，2012
海獭/（ng·g^{-1}）	加利福尼亚海	588～17400	Kannan and Perrotta，2008
海洋生物/（ng·g^{-1}）	中国大亚湾	110～520	Sun et al.，2016
人体脂肪组织/（ng·g^{-1}）	韩国	15～361	Moon et al.，2012a

a. nd 表示未检出。

3. 多氯联苯

多氯联苯由德国科学家 Schmid 和 Scults 于 1881 年首次人工合成（Robards，1990），自 1929 年开始商业化生产，商业名称为亚老哥尔，包含 209 种不同的化学结构（Hong et al.，2005；Hu and Hornbuckle，2010），如图 1-7 所示。由于一些多氯联苯在化学性质和毒性上与多氯代二苯并二噁英/呋喃（PCDD/Fs）存在相似性，有 12 种多氯联苯被列为类二噁英多氯联苯（DLPCBs），包括 PCB 81、PCB 77、PCB 123、PCB 118、PCB 114、PCB 105、PCB 126、PCB 167、PCB 156、PCB 157、PCB 169 和 PCB 189（Fang et al.，2012）。由于多氯联苯具有良好的热传递和电化学性质，它们在工业上应用广泛，例如，可以作为电器/电子设备的液压和换热流体及电容器和变压器的电介质工作液、冷却剂和润滑剂（Asante et al.，2013；Lavandier et al.，2013；Nouira et al.，2013；Romano et al.，2013）。

关于多氯联苯的研究，最早可以追溯到第二次世界大战之后，有研究者在野生动物的 DDT 色谱图上发现了未知的色谱峰（Holmes et al.，1967）。1965年，Roburn（1965）将这种色谱峰错误地识别为有机氯农药的代谢中间体。直

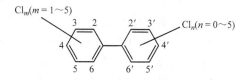

图 1-7　多氯联苯的化学结构

到 1966 年，Jensen（1966）在人体血液的 DDT 色谱峰中检测到了同样的色谱峰，将该色谱峰与多氯联苯商品进行对比，才知道这些未知的色谱峰来自于多氯联苯。之后，Holmes 等（1967）又从各种生物体中检测到了多氯联苯的存在。1968 年，Risebrough 等（1968）在调查全球生态系统的研究中又提出多氯联苯可能是引起第二次世界大战之后鸟类钙代谢失常的原因之一，引起了人们的极大关注，对多氯联苯的研究自此日渐增多。

尽管多氯联苯应用广泛，但随着研究的深入，人们发现多氯联苯及其代谢物能够产生神经发育毒性、致癌性、致畸性及内分泌干扰性等负面健康效应（Safe，1989；Pessah et al.，2010；Boas et al.，2012；Ge et al.，2014）。因此，自 20 世纪70～80 年代开始，多氯联苯在大多数国家逐渐被禁止生产和使用（Nouira et al.，2013）。在中国，自多氯联苯 1965 年开始生产到 1974 年被禁止，总共大约有 10000t的多氯联苯被生产出来，产品主要为三氯联苯类和五氯联苯类（Jiang et al.，1997；Jiang et al.，2011a；Xie et al.，2012）。尽管多氯联苯被禁止后，大多数含有多氯联苯的过时设备已经被移除使用，但在过去生产和使用时，大量的多氯联苯已经进入了环境，而且一些被移除使用的过时设备也会偶尔发生多氯联苯的泄漏，再加上多氯联苯的持久性，使得它们在很长一段时间内积累在环境介质中，因此它们仍在环境中广泛存在（Wong and Poon，2003；Borja et al.，2005；Xing et al.，2005；Jiang et al.，2011a；Duan et al. 2013a；Roszko et al.，2014）。此外，多氯联苯在一些工业活动中也会无意地产生（Cui et al.，2013；Duan et al.，2013b）。一些电子垃圾也成为多氯联苯的新来源（Stone，2009；Yang et al.，2012a）。

近年来，国内外学者对环境中多氯联苯的残留展开了大量研究，发现多氯联苯广泛地分布于各种环境介质中（表 1-4）。例如，Die 等（2015）曾在中国上海的工业区分冬夏两季采集气相和颗粒相大气样品，发现夏季大气中多氯联苯的含量介于 0.37～4.877pg·m^{-3} 之间，冬季介于 1.041～7.607pg·m^{-3} 之间；Eqani 等（2015）曾发现巴基斯坦奇纳布河的表层水和鱼体内均有多氯联苯检出，表层水所含的多氯联苯在不同季节的平均浓度介于 0.43～10.7ng·L^{-1} 之间，鱼体内的多氯联苯介于2.6～10.4ng·g^{-1} 之间，可能来源于工业垃圾和生活垃圾填埋区的地表径流、大气沉降及工业污水和生活污水的排放；Wang 等（2016）曾对中国七大水系沉积物中所含的部分持久性有机污染物进行研究，发现目标有机物在沉积物中均有检出，

其中，多氯联苯的含量介于 $0.29\sim21.7ng\cdot g^{-1}$ 之间；Vane 等（2014）曾在英国伦敦东部的土壤中检测到了多氯联苯，总量介于 $9.3\sim2646ng\cdot g^{-1}$ 之间；Mumtaz 等（2016）曾在巴基斯坦旁遮普省的稻草和水稻谷粒中检测到了多氯联苯的存在，浓度范围分别为 $4.31\sim29.68ng\cdot g^{-1}$ 和 $6.11\sim25.35ng\cdot g^{-1}$；Zheng 等（2016）在我国华南地区一个电子垃圾回收地的工人头发和血清中检测到了多氯联苯的存在，浓度范围分别为 $256\sim11200ng\cdot g^{-1}$ 和 $161\sim3514ng\cdot g^{-1}$。

表 1-4　全球不同环境介质中多氯联苯的含量

样品类型	采样位置	多氯联苯总量	参考文献
大气/（$pg\cdot m^{-3}$）	意大利某亚高山	$31\sim76$	Castro-Jiménez et al.，2009
	中国上海	$1.041\sim7.607$	Die et al.，2015
	北美五大湖盆地	$5.0\sim160$	Khairy et al.，2015
水/（$ng\cdot L^{-1}$）	中国长江三角洲	$1.23\sim16.6$	Zhang et al.，2011a
	华南水源地	$0.93\sim13.07$	Yang et al.，2015
	巴基斯坦奇纳布河	$0.43\sim10.7$	Eqani et al.，2015
	俄罗斯莫斯科河	$nd^a\sim180.7$	Eremina et al.，2016
沉积物/（$ng\cdot g^{-1}$）	加利福尼亚沙尔顿海	$116\sim304$	Sapozhnikova et al.，2004
	韩国工业化海湾	$0.22\sim199$	Hong et al.，2005
	中国长江入海口	$5.08\sim19.64$	Yang et al.，2012a
	中国七大流域	$0.29\sim21.7$	Wang et al.，2016
土壤/（$ng\cdot g^{-1}$）	中国青藏高原	$0.059\sim0.287$	Zheng et al.，2012
	英国伦敦	$9.3\sim2646$	Vane et al.，2014
	波兰格但斯克	$2.5\sim12$	Melnyk et al.，2015
	突尼斯纳布勒	$11.26\sim21.89$	Haddaoui et al.，2016
植物/（$ng\cdot g^{-1}$）	中国黄河三角洲	$0.00232\sim0.2876$	Fan et al.，2009
水稻/（$ng\cdot g^{-1}$）	巴基斯坦旁遮普	$4.31\sim29.68$	Mumtaz et al.，2016
鱼/（$ng\cdot g^{-1}$）	巴基斯坦奇纳布河	$2.6\sim10.4$	Eqani et al.，2015
人体脂肪组织/（$ng\cdot g^{-1}$）	中国温岭	$5.53\sim481$	Lv et al.，2015
人体血清/（$ng\cdot g^{-1}$）	中国华南某电子垃圾区	$256\sim11200$	Zheng et al.，2016
人体头发/（$ng\cdot g^{-1}$）	中国华南某电子垃圾区	$161\sim3514$	Zheng et al.，2016

a. nd 表示未检出。

4. 多溴联苯醚

多溴联苯醚是一类自 20 世纪 60 年代以来在世界范围内被广泛用作溴代阻燃剂的重要物质，包含 209 种不同的化学结构（图 1-8），多溴联苯醚的生产增长迅速，累积产量已经达到了 200 万 t（Alaee et al.，2003；Rayne et al.，2003；Zhu and Hites，2006；Shaw and Kannan，2009；Wiseman et al.，2011）。它们是人工合成的有机物，主要以五溴联苯醚类、八溴联苯醚类及十溴联苯醚类这三类进行商业生产（La Guardia et al.，2006；Yogui and Sericano，2008；Ni et al.，2013）。由于这类溴代阻燃剂与产品间不是通过化学键连接的，属于添加型的阻燃剂，在这些含有多溴联苯醚产品的生产、使用及处置过程中，它们所含的多溴联苯醚可能会进入环境（de Wit，2002；Chen et al.，2009）。

关于环境中多溴联苯醚的报道，最早可以追溯到 1979 年，de Carlo（1979）在美国一家多溴联苯醚生产工厂附近的环境中检测到了十溴联苯醚（BDE 209）；之后，Jansson 等（1987）在波罗的海、北海及北冰洋的生物体内检测到了多溴联

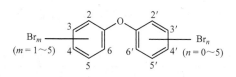

图 1-8 多溴联苯醚的化学结构

苯醚的存在，引起了人们的关注。随着研究的深入，人们发现，多溴联苯醚虽然可以作为阻燃剂从火灾中拯救生命，但它们也会干扰人类的内分泌系统，影响人类的健康（Man et al.，2011）。随着多溴联苯醚对人类健康和生态系统产生负面健康效应证据的增加，在过去的几年中，欧盟、加拿大及美国已经逐步禁止了多溴联苯醚的生产和使用（McDonald，2002；Canada Gazette，2006；European Court of Justice，2008；USEPA，2009a）。但是，十溴联苯醚类商业产品依然是一些国家主要的溴代阻燃剂，如中国（Mai et al.，2005；Zou et al.，2007；Ni et al.，2013）。BDE 209 是十溴联苯醚类商品的主要成分，它可以降解或代谢为低溴代多溴联苯醚，这些低溴代多溴联苯醚的生物累积性、持久性及毒性比 BDE 209 更强（Söderström et al.，2004；La Guardia et al.，2007；van den Steen et al.，2007；Lagalante et al.，2011）。

近年来，国内外学者对多溴联苯醚进行了大量研究，发现尽管已经被限制生产和使用，它们在各种环境介质中仍然频繁地被检出（表 1-5）。例如，Dong 等（2015）曾在我国北京市三个典型工业区的大气中检测到了多溴联苯醚的存在，发现生活垃圾焚烧厂附近大气所含的多溴联苯醚总量介于 $60.5\sim216\mathrm{pg\cdot m^{-3}}$ 之间，化工厂附近的大气多溴联苯醚总量介于 $71.8\sim7500\mathrm{pg\cdot m^{-3}}$ 之间，燃煤火力发电厂附近大气中多溴联苯醚的总量范围为 $34.4\sim454\mathrm{pg\cdot m^{-3}}$，可能来源于对不同多溴联苯醚阻燃剂商品的使用；Moon 等（2012b）曾对韩国一个人工湖及其附近的小溪进行多溴联苯醚的研究，发现水体和沉积物中均有多溴联苯醚检出：水中多溴联苯醚的含量范围为 $0.16\sim11.0\mathrm{ng\cdot L^{-1}}$，沉积物中的多溴联苯醚含量介于 $1.3\sim18700\mathrm{ng\cdot g^{-1}}$ 之间，可能来源于对十溴联苯醚商品的使用；Nie 等（2015）曾对我国华南地区一个典型的电子垃圾处理点中所采集的土壤、植被及包括斑鸠、鸡、鹅、蚱蜢、

蜻蜓、蝴蝶和蚂蚁在内的陆地生物样品进行多溴联苯醚的研究，发现土壤中多溴联苯醚的总量介于 5.2～22110ng·g^{-1} 之间，植被中多溴联苯醚的总量介于 82.9～319ng·g^{-1} 之间，各种禽类和昆虫中多溴联苯醚的总量范围为 101～4725ng·g^{-1}，可能会对当地居民及陆地生态系统产生风险；Król 等（2014）曾在波兰北部的家庭灰尘和人体头发中检测到了多溴联苯醚的存在，且以 BDE 209 为主；Lv 等（2015）曾在我国一个典型的电子垃圾回收厂附近居民体内的脂肪组织及其对应的血清样品中发现了多溴联苯醚；Leonetti 等（2016）在美国北卡罗来纳州的人体胎盘组织中也检测到了多溴联苯醚，总量范围为 0.54～528ng·g^{-1}。

表 1-5　全球不同环境介质中多溴联苯醚的含量

样品类型	采样位置	多溴联苯醚总量	参考文献
大气/（pg·m^{-3}）	中国北京	34.4～7500	Dong et al.，2015
	格陵兰北部	nd^a～6.26	Bossi et al.，2016
	中国长江三角洲	0.20～43	Zhang et al.，2016
水/（ng·L^{-1}）	韩国 Shihwa 湖	0.16～11.0	Moon et al.，2012b
	巴基斯坦奇纳布河	0.48～73.4	Mahmood et al.，2015
沉积物/（ng·g^{-1}）	韩国 Shihwa 湖	1.3～18700	Moon et al.，2012b
	中国上海	0.231～214	Wang et al.，2015
土壤/（ng·g^{-1}）	科威特	0.289～80.078	Gevao et al.，2011
	中国北京	0.24～120	Zhang et al.，2013a
	中国清远	5.27～22110	Nie et al.，2015
灰尘/（ng·g^{-1}）	波兰北部	<MDL^b～615	Król et al.，2014
陆地生物/（ng·g^{-1}）	中国清远	101～4725	Nie et al.，2015
植物叶片/（ng·g^{-1}）	中国清远	82.9～319	Nie et al.，2015
植物/（ng·g^{-1}）	北极斯瓦尔巴特群岛	0.0367～0.495	Zhu et al.，2015
驯鹿粪/（ng·g^{-1}）	北极斯瓦尔巴特群岛	0.0281～0.104	Zhu et al.，2015
鸟血浆/（ng·mL^{-1}）	加拿大不列颠哥伦比亚	0.063～0.356	Erratico et al.，2015
人体头发/（ng·g^{-1}）	波兰北部	<MDL～25	Król et al.，2014
人体脂肪组织/（ng·g^{-1}）	中国温岭	1.59～118	Lv et al.，2015
人体血清/（ng·g^{-1}）	中国温岭	0.4～370	Lv et al.，2015
人体胎盘组织/（ng·g^{-1}）	美国北卡罗来纳州	0.54～528	Leonetti et al.，2016

a. nd 表示未检出；b. MDL 表示检测限。

1.2.2　重金属

1. 典型重金属特征

铜、铅、镉和镍等重金属元素容易在土壤中积累，并对动植物和人类产生短期或长期的毒害效应，所以，这些元素被称为土壤中的"化学定时炸弹"。因此，本节主要对铜、锌、铅、铬、镉、铁、锰和镍进行归纳与研究。

1）铜

铜（copper，元素符号 Cu）是维持人体健康所必需的一种微量元素，对血液、中枢神经系统、骨骼等组织有重要影响。人体缺乏铜会引起贫血、骨和动脉异常，以至脑障碍等多种疾病。但是，铜如果摄入过剩，会引起肝脏病变、运动障碍和知觉神经障碍等（杨慧明，2002）。铜在史前时代就被人类开采和广泛应用。自然界中的铜多以化合物形式存在。铜被广泛应用于机械制造、工程、轻工业和建筑工业等领域。

2）锌

锌（zinc，元素符号 Zn）是保证人体健康的重要微量元素之一，对人体正常的生长发育、免疫系统、分泌系统等都发挥着重要的作用。缺锌会导致味觉下降，出现厌食、偏食甚至异食，人体严重缺乏锌时，会影响智力发育，甚至导致"侏儒症"。但是，过量摄入锌，会引起咳嗽、头晕、发热，以及肠膜炎、消化道黏膜腐蚀等病症（葛晓霞，2004）。锌是现代工业中一种重要的金属，主要用于化工、轻工业、军事行业和医药等领域。

3）铅

铅（lead，元素符号 Pb）元素具有很强的毒性，已成为重金属中"五毒"之一，"五毒"指汞、铬、镉、铅、砷（任安芝和高玉葆，2000）。铅在环境中会长期保持其生态毒性，对生物体有较强的潜在危害风险。铅是人类最早使用的金属之一，主要被广泛用于电缆制造、蓄电池和合金材料等领域。

4）铬

铬（chromium，元素符号 Cr）具有致毒作用、累积作用、变态反应、致癌作用及致突变作用，对神经细胞的危害极大。铬元素毒性大小与其存在价态密切相关，适量摄入三价铬（Cr^{3+}）对人体有益，而六价铬（Cr^{6+}）是有毒的，六价铬毒性是三价铬的 100 倍，且易被人体吸收和蓄积。铬是人体健康必需的微量元素之一，铬在人体内的含量约为 7mg，它在维持正常的生长发育、调节血糖和促使胰岛素起作用等方面有重要意义。当缺乏铬时，容易表现出糖代谢失调，严重时会导致失明、尿毒症等并发症。铬主要应用于汽车零件、不锈钢生产和磁铁生产等领域。

5）镉

镉（cadmium，元素符号 Cd）不是人体的必需元素，镉及其化合物都对人体具有一定的毒性，且在体内代谢较慢。如果长时间接触镉元素，会伤害呼吸系统、降低骨密度和损伤肾功能等（Nordberg，2003）。1955～1972 年发生于日本的"富山骨痛病"事件，就是由于人们长期食用含镉超标的河水和稻米而造成的镉中毒。镉可用于合金制造、合成颜料与油漆、电镀行业和制造充电电池等领域。

6）铁

铁（iron，元素符号 Fe）是人体不可缺少的微量元素。铁是人体血液中血红蛋白的重要组成部分，它具有固定和输送氧的功能。铁对促进发育、增强对疾病的抵抗力、预防和治疗缺铁性贫血有重要作用。人体缺铁会引起贫血症、心理活动和智力发育的损害。虽然铁元素本身没有毒性，但当摄入过量时也可能产生一定毒害，可导致多种疾病。铁是工农业生产中不可或缺的一种金属，在装备制造、铁路车辆等诸多方面都被广泛应用。

7）锰

锰（manganese，元素符号 Mn）是正常机体必需的微量元素之一。锰元素的缺乏可影响生殖能力，引起先天性畸形及骨骼组织的异常。但长期接触锰元素可引起头晕、疲乏、睡眠障碍及神经衰弱等综合症状。锰在冶金工业中用来制造合金、去硫剂、去氧剂和催化剂。

8）镍

镍（nickel，元素符号 Ni）是某些动植物的必需元素，也是一种具有致癌潜能的有毒元素（Eskew et al.，1983）。金属镍几乎没有急性毒性，但镍的一些化合物具有致突变性和致癌性等特性，如羰基镍可引起急性中毒。镍元素抗腐蚀性强，常被用在电镀行业，或用于镍镉电池的制造。

2. 重金属来源与迁移转化

1）重金属污染来源

重金属污染物来源主要包括：①工业污染。主要包括能源矿产开发、运输、金属冶金与加工、电镀、电子、制革、机械制造业等；石油、煤等天然化石燃料的燃烧是环境中多种重金属的主要来源。②农业来源。污水农田灌溉、含重金属超标农药和肥料的过度施用都会产生重金属污染。③交通污染。汽车尾气含有大量的铜、锌、铅等多种重金属，轮胎磨损也会产生重金属污染。有研究表明，公路两侧污染严重，如汽车废气中铅污染公路两侧的土壤主要分布在 50～80m 范围内（管东生和陈玉娟，2001）。④城市污染。污水处理厂污泥的堆放、垃圾渗透液的泄漏、垃圾焚烧，城市各种生活废水等也是重金属污染的重要来源（范家明和周少奇，2001）。

2）重金属迁移转化

重金属迁移途径多且行为复杂。重金属进入水生生态系统后难以降解，主要通过沉淀、溶解、淋溶、凝聚和吸附解析等作用进行迁移、转化，最终以稳定的形态存在于环境中。其迁移转化过程如图 1-9 所示（曹斌等，2009）。

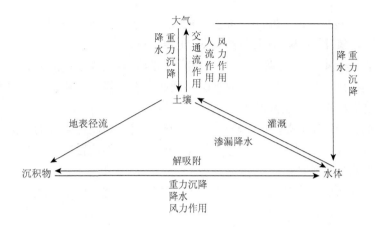

图 1-9 重金属在环境中的迁移与转化（曹斌等，2009）

3. 重金属形态研究

1）重金属形态研究意义

Stumm 和 Brauner（1975）将元素化学形态定义为元素在环境中以某种离子或分子存在的实际形式。形态分析的目的是确定重金属元素中具有潜在生物学毒性的重金属组分及各组分的比例。近几十年来，学者逐渐认识发现，重金属总量难以表征其潜在环境毒性大小，其生物有效性与生物危害性不仅与其总量有关，而且与该元素在环境中的赋存形态密切相关。因此，重金属的形态分析测定对水体、土壤等环境介质的风险评估和环境标准限值的制定有重要意义。

2）重金属形态分类

重金属形态分析常采用理化手段分析污染物中重金属元素的赋存形态，以确定具有潜在生态毒性的重金属含量。重金属进入水体或土壤等介质后，通过一系列的理化反应，最后形成不同结合形态的金属，从而表现出不同的活性（Iwegbue et al.，2007）。

土壤或沉积物形态提取中，重金属形态分类方法种类繁多，下面对几种常用的方法进行概述。

（1）Tessier 五步连续提取法。Tessier 和 Wittmann（1979）将重金属形态分为可交换态、碳酸盐结合态、铁锰氧化物结合态、有机结合态和硫化物结合态，以及残渣态。

（2）Förstner 六步或七步连续提取法。Förstner 等（2012）将重金属形态分为可交换态、碳酸盐态、易还原态、中等还原态、可氧化态、残渣态。

（3）BCR 三步连续提取法。欧共体标准物质局（The European Community Bureau of Reference，BCR），现已经更名为测量标准与测量计划部（The Standards

Measurements and Testing Programme，M & T）将重金属形态分为弱酸可提取态、可还原态、可氧化态和残渣态四种形态（Ure et al., 1993）。

（4）Cambrell 七步提取法。Cambrell（1994）将重金属形态分为水溶态、易交换态、无机化合物沉淀态、大分子腐殖质结合态、氢氧化物沉淀吸收态或吸附态、硫化物沉淀态，以及残渣态。

（5）Shuman 八步提取法。Shuman（1985）将重金属形态分为水溶态、交换态、碳酸盐结合态、弱有机结合态、氧化锰结合态、强结合有机态、无定形氧化铁结合态和硅酸盐矿物态。

连续提取法已被广泛应用于形态研究，能够在一定程度上反映重金属的自然来源与人为来源，以及其潜在的生物毒性。但形态分析方法仍然存在一些不足之处，如提取周期长、连续提取过程的不完全，各形态间有重叠（Ma et al., 1997）；形态分析法无法避免元素在提取相中的再次吸附或再分配现象，从而影响形态分离的准确性（Tack and Verloo，1999；Gleyzes et al.，2002），此外，粒径组成、样品的前处理方法等诸多因素，都会影响形态提取的结果，使得不同的重金属形态提取方法所获得的数据缺乏可比性。

3）重金属形态特点

重金属形态划分方法较多，本节以 Tessier 的五步连续提取法为例，对可交换态、碳酸盐结合态、铁锰氧化物结合态、有机结合态和残渣态的特点进行概述（Tessier et al.，1979）。

可交换态：指交换吸附在黏土矿物、腐殖质等成分上，对环境比较敏感、最容易被植物吸收（李宇庆等，2004）。可交换态是引起土壤重金属污染和危害生物体的主要形态，可反映人类近期的污染排放（隆茜和张经，2002）。

碳酸盐结合态：是指土壤中重金属元素与碳酸盐矿物结合而成，对土壤 pH 最为敏感，酸性条件下容易释放，pH 升高时有利于碳酸盐结合态的生成（Singh et al.，1999）。碳酸盐结合态与土壤结合较弱，容易释放，可移动性较大（吴新民和潘根兴，2004）。

铁锰氧化物结合态：该形态重金属是指与铁锰氧化物反应生成的结合态。铁锰氧化物结合态的金属被吸附或沉淀于氧化物表面，是较强的以离子键形式结合的化学形态，一般不易释放（张立等，2007）。该形态易受 pH 和氧化还原电位条件变化的影响，pH 和氧化还原较高时，有利于铁锰氧化物的形成，还原条件下易溶解释放（杨元根等，2001）。铁锰氧化物结合态重金属对环境具有潜在的危害性，反映了人为活动对环境的污染贡献（Wiese et al.，1997）。

有机结合态：有机物结合态是以重金属离子为中心，以有机质活性基团为配位体结合而成（冯素萍等，2003）。有机结合态较为稳定，不易转化和被生物体吸收。有机结合态重金属反映水生生物活动及对人类排放重金属污染的结果（Tretry and Metz，1985）。

残渣态：残渣态重金属一般存在于土壤晶格中（如硅酸盐、原生和次生矿物等），这是自然地质风化过程的结果（Tessier et al.，1979）。残渣态化合物在正常自然条件下能长期稳定存在于介质中，不易释放和被生物体吸收。一般认为残渣态重金属的含量可代表重金属在土壤介质中的背景值（雷鸣等，2007；Tessier et al.，1979）。

4）形态提取方法

土壤重金属形态分离主要依赖于提取剂对不同形态金属元素的溶解能力。目前土壤或沉积物中重金属的形态提取常用的方法是单级提取法和多级连续提取法。

单级提取法（single extraction procedure，SEP）：Ure（1996）对单级提取法进行了详细的论述。常用萃取剂有弱酸、中性盐电解质、螯合剂、还原性试剂、氧化性试剂、强酸等。弱酸、中性盐电解质和螯合剂这三种提取主要以离子交换方式将金属元素从介质中提取出来，而氧化剂和强酸主要通过破坏基质的方式释放出金属元素（Das et al.，1995）。

多级连续提取法（sequential extraction procedures，SEPs）：多级连续提取法是使用一系列化学活性不断增强的溶剂，逐级提取与特定基团结合的重金属形态。多级连续提取法被学者广泛应用（Ure et al.，1993；Scheckel et al.，2003；Kartal et al.，2006；Shikazono et al.，2012；Yang et al.，2013a；Li et al.，2014b）。

4. 重金属生态风险评价

由于重金属对生态环境和人体健康具有潜在的危害和风险，越来越受到关注，因此，对重金属污染程度进行系统、准确的评价显得至关重要。生态风险评估（ecological risk assessment，ERA）是对潜在的多样化生态效应和可能对环境造成的危害所作的客观评价（USEPA，1992）。近年来，生态风险评价已成为一个实用、有效和被广泛应用的分析工具（Hope，2006；Sundaray et al.，2011；Liu et al.，2014；Maanan et al.，2015）。国内外对沉积物或土壤生态毒性评价的方法较多，其中被普遍采用的方法主要有活性系数法、尼梅罗综合污染指数法、地质累积指数法、污染负荷指数法、沉积物富集系数法、潜在生态危害指数法、综合指数法和次生相富集系数法等，本书列举常用的几种，如下所述。

1）活性系数法

活性系数法（mobility factor，MF），是指重金属能被生物利用或对生物产生毒性的性状，进而对生态环境构成潜在危害的能力（朱嬿婉等，1989）。活性系数值的大小表示重金属在沉积物中的稳定性高低及生态毒性的大小，活性系数可表示为（Kou et al.，2011）

$$MF=(F_1+F_2)/(F_1+F_2+F_3+F_4+F_5) \tag{1-1}$$

式中，F_1、F_2、F_3、F_4 和 F_5 分别对应 Tessier 五步提取法中的五种形态含量。

　　类似于活性系数法的还有迁移能力评价法，通过迁移系数来评价重金属的环境危害性，反映沉积物中不同重金属的迁移能力（胡文，2008），表示为可交换态与总量的比值：

$$M_J = \sum_{i=1}^{n} \frac{(F_1+F_2)/T_i}{n} \tag{1-2}$$

式中，M_J 为重金属 J 的迁移系数；i 为采样点；n 为采样点数量；F_1 为酸可提取态含量；F_2 为铁锰氧化物结合态含量；T_i 为元素 J 在沉积物中的全量。

　　2）次生相与原生相分布比值法

　　次生相与原生相分布比值法（ratio of secondary phase to primary phase，RSP）：土壤在未受到人为污染时，大部分重金属存在于矿物晶格或颗粒物包裹的 Fe-Mn 氧化物中；人为因素污染情况下，重金属主要存在于颗粒物表面或颗粒物的有机质中（Chapman，1992）。地质学中将残渣态金属称为原生地球化学相，简称原生相；而与碳酸盐态、铁锰氧化物态和有机态相结合的金属称为次生地球化学相，简称次生相。因此，次生相和原生相中的含量分配可以在一定程度上反映介质中重金属的迁移性和污染来源（王晓阳等，2011）。次生相和原生相分布比值法（陈静生等，1987）表示为

$$K_{RSP}=M_{sec}/M_{prim} \tag{1-3}$$

式中，K_{RSP} 为重金属在两相中的分布比值；M_{sec} 为环境介质中次生相重金属的含量；M_{prim} 为环境介质中原生相重金属的含量。比值越大，重金属释放到环境中的可能性越高，对生态环境危害就越大，可分为 4 个等级（表 1-6）。

表 1-6　K_{RSP} 值与污染程度关系

K_{RSP}	<1	1~2	2~3	≥3
污染程度	无污染	轻度污染	中度污染	重度污染

　　3）沉积物富集系数法

　　沉积物富集系数法（sediments enrichment factor，SEF），用于评价沉积物重金属污染程度的方法（Buat-Menard and Chesselet，1979），计算公式为

$$K_{SEF}=(S_n/S_{ref})/(a_n/a_{ref}) \tag{1-4}$$

式中，K_{SEF} 为样品中被研究重金属的富集系数；S_n 为样品中重金属实测含量；S_{ref} 为样品中参比元素的实测含量；a_n 为特定重金属的地壳背景值；a_{ref} 为参比元素的地壳背景值。一般选择在迁移中性质比较稳定的元素作为参比元素，如铝或铁元素，划分等级见表 1-7。

表 1-7 富集系数与污染程度的关系

K_{SEF}	<2	2~5	5~20	20~40	>40
污染程度	无~轻微	中等	较强	强	极强

4）尼梅罗综合污染指数法

尼梅罗综合污染指数，能全面反映重金属元素对土壤介质的生态影响，并通过突出高浓度重金属对环境的作用，避免平均作用对重金属污染程度的削弱（Nemerow，1974）。

$$P = \sqrt{[(P_{i\max})^2 + (P_{iavr})^2]/2} \qquad (1\text{-}5)$$

式中，P 为尼梅罗综合污染指数；$P_{i\max}$ 为介质中各污染因子污染指数的最大值；P_{iavr} 为介质中各污染因子污染指数的平均值。其中，单因子污染指数 P_i 计算如下：

$$P_i = \frac{\rho_i}{S_i} \qquad (1\text{-}6)$$

式中，ρ_i 为介质中污染物 i 的实测浓度值；S_i 为介质中污染物 i 的判定标准。Hakanson（1980）及陈静生和刘玉机（1989）选取现代工业以前重金属的最高背景值作为评价标准值。当污染指数大于 1 时，表明重金属含量超标，具体划分如表 1-8 所示。

表 1-8 尼梅罗综合污染指数和重金属污染等级

尼梅罗综合污染指数	污染等级	污染程度
$P<1$	I	无污染
$1 \leqslant P < 2.5$	II	轻度污染
$2.5 \leqslant P < 7$	III	中度污染
$P \geqslant 7$	IV	重度污染

1.2.3 正构烷烃

在经济快速发展、工业化进程逐步加快的今日，石油及其产品已在工业生产和日常生活中广泛使用（张娟，2012）。石油作为重要的化石燃料之一，在推动国民经济发展的同时，也引起了一系列的环境污染问题。近年来，石油的生产、运输和利用的过程中造成的石油泄漏事故屡见不鲜（王登阁，2013）。石油中的烃类物质占 80%~90%，石油的两大主要成分为脂肪烃和芳香烃，其中脂肪烃所占的比例最大（张娟，2012），大部分的石油组分均有一定的毒害作用，有些甚至具有强烈的致癌、致畸、致突变性（El Nemr et al.，2013b；Sakari et al.，2008；Salem et al.，2014）。吸附在土壤颗粒上的石油及其副产品可能会通过直接和间接途径对生态系统、野生动物和人类健康构成威胁（El Nemr et al.，2013b；Neff，1979）。此外，石油的风化，渗透和淋溶作用及其他生物地球化学循环过程可能会导致水和大气的二次污染（El Nemr et al.，2013b；Monza et al.，2013）。

　　正构烷烃是石油烃的重要组成成分之一（王文岩等，2014），由于正构烷烃的高化学稳定性，近年来，国内外学者已将正构烷烃作为化学生物标志物进行了大量的研究（表1-9）。利用正构烷烃的含量，评估环境介质中的石油污染状况，基于正构烷烃的含量计算所得的各种地球化学参数如陆海比（TAR）、烷烃指数（AI）、碳优势指数（CPI）及植物蜡碳数［C_n(wax)］等，也可用于判识环境介质中烃类污染物的来源，各来源的相对贡献及有机质的降解程度等（张娟，2012；张枝焕等，2010）。例如，张娇等（2010）曾采集黄河口近海南北两个断面的表层沉积物样品，发现黄河口近海表层沉积物中的正构烷烃含量介于 $0.38\sim2.55\mu g\cdot g^{-1}$ 之间，南断面主要受黄河的影响，离岸距离越远，烃类化合物的含量越高，而北断面受胜利油田的影响较大；张枝焕等（2010）曾对我国北京地区土壤中的正构烷烃进行研究，研究发现不同环境功能区表层土壤中的正构烷烃含量介于 $0.25\sim4.72\mu g\cdot g^{-1}$ 之间，该地区表层土壤中的饱和烃主要为化石燃料、木材的不完全燃烧产物和少量矿物油及其衍生物的输入；Sojinu 等（2012）曾发现尼日尔三角洲河流沉积物中的正构烷烃含量介于 $0.47\sim79.20\mu g\cdot g^{-1}$ 之间，发现石油烃是该地区正构烷烃的主要来源，而陆源高等植物的输入较少；Tolosa 等（2009）曾在古巴的西恩富戈斯湾采集了沉积物样品，发现正构烷烃的碳数分布范围为 $C_{14}\sim C_{34}$，含量介于 $2.25\sim6.96\mu g\cdot g^{-1}$ 之间；Salem 等（2014）曾在苏伊士海湾、亚喀巴海湾和红海采集了沉积物样品，发现该地区沉积物中的总脂肪烃的含量介于 $0.034\sim0.55\mu g\cdot g^{-1}$ 之间，该地区的正构烷烃可能是人为来源（如生活污水及工业废水的排放、船舶运输等）和自然来源（陆生植物、水生植物及微生物的活动）的共同输入。

表 1-9　国内外部分地区环境介质中的正构烷烃含量

研究区域	样品类型	正构烷烃含量/($\mu g\cdot g^{-1}$)	参考文献
巢湖	湖泊沉积物	0.43~3.87	Wang et al.，2012
松花江	河流沉积物	nd~14.70	Guo et al.，2011a
渤海	海洋沉积物	0.88~3.48	Li et al.，2015
尼日尔三角洲	河流沉积物	0.47~79.20	Sojinu et al.，2012
巴士拉，伊拉克	表层土壤	3.58~21.27	Al-Saad et al.，2015
巴生河，马来西亚	河流沉积物	17008~27116	Bakhtiari et al.，2010
黄河口	海洋沉积物	0.38~2.55	张娇等，2014
北京	表层土壤	0.25~4.72	张枝焕等，2010
珠江澳门河口	河流沉积物	0.47~27.5	康跃惠等，2000
黄河口湿地	表层土壤	0.57~3.9	姚鹏等，2012

1.3　研　究　内　容

本书以 2012～2014 年在黄河三角洲地区采集的土壤、表层水体、表层沉积物、沉积柱和生物样品等环境介质为研究载体，以有机氯农药、多环芳烃、多氯联苯、多溴联苯醚、几种典型的重金属及正构烷烃为研究对象，对黄河三角洲地区典型有机污染物和重金属的赋存特征、空间分布、迁移途径及潜在生态风险等环境行为特征进行分析与研究，为建立有效的控制措施提供基础数据的理论参考。主要研究内容包括样品理化特征分析；环境中有机污染物（包括有机氯农药、多环芳烃、多氯联苯、多溴联苯醚及正构烷烃）的时空分布规律、组成特征、来源解析、生态风险评价及污染物历史重建；重金属总量与赋存形态分布规律与特征、重金属迁移与转化、富集特征、来源识别及污染历史重建等。

第2章　样品采集和分析测试

引　　言

本章主要介绍黄河三角洲地区的区域概况及整个研究工作中样品采集和分析的详细过程，包括采样点的具体位置、样品采集和保存方法、样品前处理、样品测试及实验操作的质量保证和控制过程。

2.1　研究区概况

渤海（Bohai）位于我国大陆东部北端，是我国一个重要的渔业基地，但由于渤海被辽东半岛和山东半岛围绕，呈近封闭状态，仅通过渤海海峡与北部黄海相通，因此，与外界水体流通性较差，纳入的污染物难以快速分散，导致它成为我国污染最严重的海域（Zhang et al.，2009b；Hu et al.，2011）。有超过 50 条河流与渤海相连，黄河就是其中最重要的河流之一。黄河是我国的"母亲河"，全长约 5464km，流域面积约 79.5 万 km^2，是我国第二长河流（Xu et al.，2007）。黄河全程流经青海、四川、甘肃、宁夏、内蒙古、陕西、山西、河南和山东，最后通过山东省东营市的黄河入海口进入渤海。黄河自1855 年以来由我国华北地区汇入渤海，但是，在黄河最终形成今天的流路、从现阶段的黄河的入海口入海之前，受自然和人为活动的影响，入海的河道一直处于变化之中。1976～1996 年，在现阶段的黄河入海口形成之前，黄河从原来的黄河入海口入海。1996 年，黄河改道，由现阶段的黄河入海口入海，而原来的黄河入海口被废弃，上游被封闭，渤海水沿着原来的黄河入海河道倒流进入废弃的原来的黄河入海口。黄河是世界上罕见的多泥沙河流，河口属于潮陆相河口，海洋动力条件差，每年都有大量泥沙进入河口地区，并淤积在入海口就近海区，在此处逐步形成了我国相对较大的三角洲平原——黄河三角洲（高文永，1997）。

黄河三角洲（Yellow River Delta，YRD）位于渤海湾南岸和莱州湾西岸，地处东经 117°31′～119°18′和北纬 36°55′～38°16′之间，主要分布于山东省东营市和滨州市境内，近现代黄河三角洲面积约为 5400km^2，是一个非常年轻

的三角洲，至今约有 160 年（1855 年至今）的历史，也是中国最年轻的陆地
（杨伟，2012），具体地理位置详见图 2-1。黄河三角洲是我国相对较大的平原
三角洲，也是世界范围内大型河流三角洲海陆交汇处最有生机活力的地区之
一（Xu et al.，2004）。作为河口地区典型的滨海湿地，黄河三角洲拥有丰富
的植被和水生生物，成为亚洲东北部内陆和太平洋地区鸟类迁徙过程中繁殖、
过冬和休息的理想区域（Yue et al.，2003）。

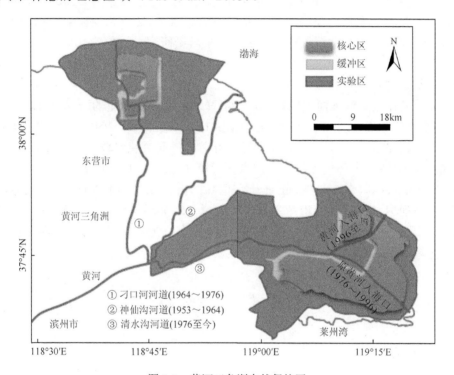

图 2-1　黄河三角洲自然保护区

　　由于该地区所具有的环境意义，我国政府于 1992 年在该地区设立了黄河三角
洲自然保护区（YRDNR），该保护区包含一千二、黄河口和大汶流三个管理站，为
水禽类提供了一个理想的栖息地（Cao and Liu，2008）。保护区总面积 153 000hm²，
1992 年刚刚设立时包含实验区 63 000hm²、缓冲区 11 000hm² 及核心区 79 000hm²。
我国政府于 2001 年和 2012 年分两次调整了各个功能区的范围和面积，黄河三角洲
自然保护区实验区、缓冲区及核心区当前的面积分别为 82 348hm²、11 233hm² 和
59 419hm²。
　　我国第二大油田胜利油田位于黄河三角洲地区。因为拥有丰富的油气资源，
该地区化工产业发展良好，胜利油田的很多分支油井遍布保护区内部。此外，莱
州湾地区著名的化工基地潍坊滨海经济技术开发区及华北地区重要的工业城区寿

光市都位于保护区和黄河入海口的南部。

近几十年来，由于人为活动对该区域自然资源的开发利用，环境方面出现了众多问题，各种污染物也随之进入，加之在农林牧副渔等方面的不合理使用，生态环境遭受一定的破坏。针对这一严重的环境问题，很多学者对该地区已经开展了一系列研究，如对黄河三角洲刺槐林的退化及生态研究（夏江宝等，2010；王群等，2012）；黄河三角洲退化湿地的生态恢复研究（单凯等，2009；王笛等，2012）；表层土壤有机污染物残留的研究（Zhang et al.，2009a；Wang et al.，2010b；Qin et al.，2011）及黄河沉积物的重金属元素污染研究（袁浩等，2008；Sun et al.，2015）等。然而，缺少该区域更新的、综合性的、系统的多介质持久性有机污染物、重金属污染物及烃类污染物的研究。例如，到目前为止，黄河三角洲地区，尤其是靠近黄河入海口的地区，多氯联苯和多溴联苯醚的研究很有限（Fan et al.，2009；Gao et al.，2009；Xie et al.，2012；Chen et al.，2012；刘静等，2007；苑金鹏，2013），与二者相比，该地区多环芳烃的研究相对较多，但大部分研究仅局限在16种美国环境保护局优控多环芳烃（Hui et al.，2009；Wang et al.，2009b；Yang et al.，2009a；Wang et al.，2011a；Hu et al.，2014；Yuan et al.，2014）。因此，本研究从持久性有机污染物、重金属及烃类污染物的角度出发，以多种环境介质为研究载体，全面分析了该区域多种有机污染物和重金属的污染状况，为该区域今后的环境生态风险评估和资源开发与保护提供参考资料。

2.2　样品采集

2.2.1　土壤

在整个研究工作中，共采集了两次土壤样品，第一次采样（2012年）主要围绕着原黄河入海口周边邻近区域进行样品采集，研究区相对较窄，这部分样品主要用于有机氯农药的分析；第二次采样（2013年）以黄河三角洲自然保护区为重点研究区域，在保护区内分实验区、缓冲区及核心区三个功能区进行采样，这部分样品主要用于多环芳烃、多溴联苯醚、重金属及正构烷烃的分析。

样品采集具体如下：2012年7月，在原黄河入海口周边邻近地区（图2-2和表2-1）共采集26个表层土壤。2013年8月，在黄河三角洲自然保护区内共采集46份表层土壤（图2-3和表2-2）。采样前，先用GPS进行定位，记录经度和纬度。采样时需要先去除土壤表面的覆盖物，如动植物残体等，然后用不锈钢铲子取表层的土壤，去除与铲子直接接触的土壤，用锡箔纸（提前在马弗炉中450℃以上高温烘烤）密封包裹，再放入聚乙烯塑料袋中，贴上对应标签，并记录样品编号和采样点周围主要情况等。样品立即运回实验室，在实验室经冷冻干燥后，充分研碎、过筛，所得样品充分混匀后部分在–20℃的条件下保存、部分储存于干燥器中，以备进一步分析。

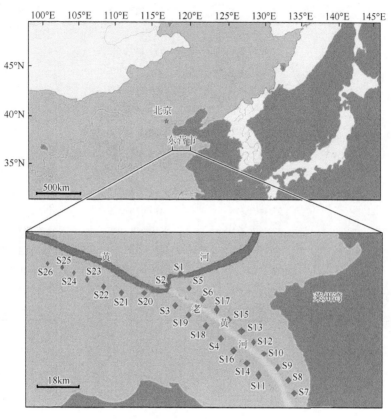

图 2-2　原黄河入海口周边邻近区域土壤样品采样位置

表 2-1　原黄河入海口周边邻近区域土壤样品位置

采样点	纬度	经度	备注
S1	37°45′35.4″N	119°09′27.6″E	黄河岸边
S2	37°45′34.4″N	119°09′17.6″E	黄河岸边
S3	37°45′30.4″N	119°09′31.5″E	公路旁
S4	37°45′14.4″N	119°10′05.2″E	公路旁
S5	37°44′58.0″N	119°10′36.2″E	公路旁
S6	37°44′54.2″N	119°10′41.4″E	公路旁
S7	37°42′24.4″N	119°13′46.7″E	公路旁
S8	37°42′30.5″N	119°13′41.5″E	原黄河沿岸

采样点	纬度	经度	备注
S9	37°42′39.4″N	119°13′43.0″E	原黄河沿岸
S10	37°42′43.0″N	119°13′45.5″E	原黄河沿岸
S11	37°42′46.3″N	119°13′47.4″E	公路旁
S12	37°42′57.8″N	119°13′29.6″E	公路旁
S13	37°43′02.5″N	119°13′22.6″E	公路旁
S14	37°43′21.1″N	119°12′57.0″E	公路旁
S15	37°43′38.8″N	119°12′34.7″E	公路旁
S16	37°44′12.0″N	119°11′52.4″E	公路旁
S17	37°44′35.2″N	119°11′19.7″E	公路旁
S18	37°44′52.6″N	119°10′22.1″E	旅游区进门大道旁
S19	37°44′49.8″N	119°09′53.6″E	旅游区进门大道旁
S20	37°44′42.6″N	119°08′52.5″E	旅游区进门大道旁
S21	37°44′55.8″N	119°07′31.8″E	旅游区进门大道旁
S22	37°45′20.4″N	119°06′15.0″E	旅游区进门大道旁
S23	37°45′41.1″N	119°05′03.4″E	旅游区进门大道旁
S24	37°45′51.6″N	119°03′42.3″E	旅游区进门大道旁
S25	37°45′46.3″N	119°02′48.0″E	旅游区进门大道旁
S26	37°45′44.7″N	119°01′16.6″E	旅游区进门大道旁

2.2.2 水样和沉积物

在整个研究工作中，共采集了两次水样和沉积物，第一次采样（2012年）以原黄河入海口的水体和表层沉积物为主，这部分样品主要用于有机氯农药的分析；第二次采样（2013年）以黄河入海口的水体和表层沉积物为主，这部分样品主要用于多环芳烃、多溴联苯醚、多氯联苯及重金属的分析。样品采集具体描述如下：2012年7月，对原黄河入海口及周边水域的表层水样和沉积物进行采集。每次采样前，用GPS进行定位，记录经度和纬度。具体采样位置信息如图2-4和表2-3所示。2013年8月，对黄河入海河流表层水样和沉积物进行采集，共采集21份表层水样和21份沉积物（图2-5和表2-4）。

采集水样时先用现场水样润洗事先已用超纯水洗净的聚四氟乙烯瓶3遍，然后再进行样品采集工作。样品采集后立即运回实验室冷藏保存（0～4℃），尽快完成重金属和有机氯农药的分析。

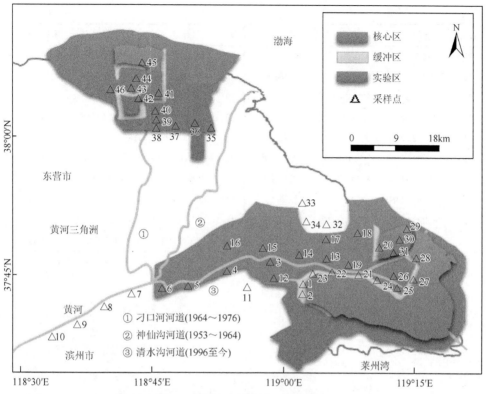

图 2-3　黄河三角洲自然保护区 46 份表层土样位置

表 2-2　黄河三角洲自然保护区地表土样品地理信息

编号	纬度	经度	所属区域	编号	纬度	经度	所属区域
1	37°47′4.70″N	118°58′51.93″E	缓冲区	14	37°48′12.94″N	118°58′27.79″E	实验区
2	37°45′49.49″N	118°58′29.61″E	缓冲区	15	37°47′43.65″N	118°54′11.15″E	实验区
3	37°47′4.46″N	118°56′11.77″E	实验区	16	37°47′36.52″N	118°53′8.16″E	实验区
4	37°46′12.26″N	118°51′2.99″E	实验区	17	37°48′50.21″N	119°2′17.50″E	实验区
5	37°45′18.82″N	118°47′26.71″E	实验区	18	37°48′52.70″N	119°4′45.36″E	实验区
6	37°44′10.72″N	118°42′50.59″E	实验区	19	37°46′27.00″N	119°4′30.62″E	实验区
7	37°41′46.63″N	118°39′30.39″E	保护区外	20	37°45′45.26″N	119°9′15.31″E	缓冲区
8	37°39′46.31″N	118°38′12.15″E	保护区外	21	37°45′11.27″N	119°6′43.87″E	缓冲区
9	37°38′18.08″N	118°35′41.60″E	保护区外	22	37°45′48.52″N	119°2′39.30″E	缓冲区
10	37°36′48.56″N	118°32′28.63″E	保护区外	23	37°45′39.98″N	118°59′43.21″E	缓冲区
11	37°45′17.44″N	118°52′11.04″E	保护区外	24	37°44′19.27″N	119°9′27.80″E	实验区
12	37°46′0.86″N	118°55′35.88″E	实验区	25	37°43′40.49″N	119°11′4.28″E	实验区
13	37°47′1.59″N	119°3′23.52″E	实验区	26	37°43′25.97″N	119°12′51.10″E	实验区

续表

编号	纬度	经度	所属区域	编号	纬度	经度	所属区域
27	37°42′5.45″N	119°14′13.15″E	缓冲区	37	38°1′6.85″N	118°48′10.64″E	实验区
28	37°44′1.87″N	119°14′54.57″E	实验区	38	38°1′14.39″N	118°45′57.66″E	实验区
29	37°48′22.97″N	119°14′40.21″E	核心区	39	38°1′36.55″N	118°45′58.01″E	实验区
30	37°46′56.66″N	119°13′53.65″E	核心区	40	38°2′47.30″N	118°44′44.22″E	实验区
31	37°46′12.62″N	119°12′15.02″E	核心区	41	38°4′32.30″N	118°44′15.52″E	缓冲区
32	37°51′37.39″N	119°2′19.75″E	保护区外	42	38°5′20.76″N	118°42′13.48″E	核心区
33	37°52′49.11″N	118°59′56.43″E	保护区外	43	38°6′20.24″N	118°41′32.49″E	实验区
34	37°51′40.51″N	118°59′50.27″E	保护区外	44	38°7′28.05″N	118°42′9.65″E	实验区
35	38°1′2.93″N	118°51′41.97″E	实验区	45	38°7′43.26″N	118°42′52.21″E	实验区
36	38°1′4.12″N	118°50′25.05″E	实验区	46	38°6′6.35″N	118°40′8.27″E	实验区

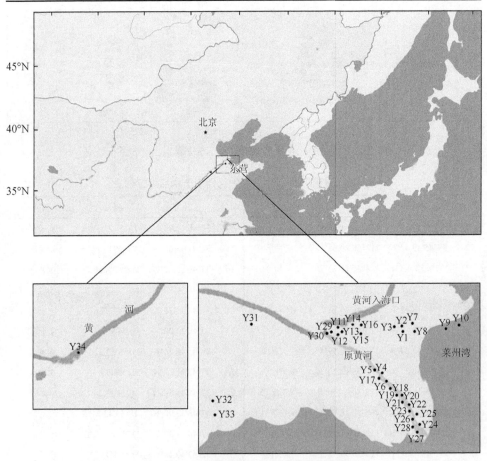

图 2-4　原黄河入海口水样和沉积物样品采样点

表 2-3　原黄河入海口水和沉积物采样位置

采样点	纬度	经度	备注
Y1	37°44′04.08″N	119°15′01.3″E	海水
Y2	37°44′06.11″N	119°15′03.7″E	海水
Y3	37°44′07.2″N	119°15′01.2″E	海水
Y4	37°42′23.5″N	119°13′47.0″E	原黄河
Y5	37°42′20.7″N	119°13′49.0″E	原黄河
Y6	37°42′04.3″N	119°14′11.4″E	原黄河
Y7	37°44′00.8″N	119°16′04.5″E	海水
Y8	37°44′01.3″N	119°16′04.6″E	海水
Y9	32°43′54.6″N	119°17′47.4″E	海水
Y10	37°43′54.7″N	119°18′24.2″E	海水
Y11	37°45′35.7″N	119°09′24.1″E	黄河
Y12	37°45′34.4″N	119°09′17.6″E	黄河
Y13	37°45′34.1″N	119°09′17.4″E	湿地
Y14	37°44′58.2″N	119°10′35.8″E	池塘
Y15	37°44′56.6″N	119°10′43.3″E	池塘
Y16	37°45′06.4″N	119°10′53.3″E	池塘
Y17	37°42′05.7″N	119°14′06.9″E	原黄河
Y18	37°41′47.6″N	119°14′24.9″E	原黄河
Y19	37°40′54.6″N	119°14′46.5″E	原黄河
Y20	37°40′54.6″N	119°14′58.1″E	原黄河
Y21	32°40′25.4″N	119°15′02.5″E	原黄河
Y22	37°40′00.3″N	119°15′25.7″E	原黄河
Y23	37°39′36.2″N	119°15′49.8″E	原黄河
Y24	37°39′19.8″N	119°16′15.1″E	原黄河
Y25	37°39′26.7″N	119°16′19.6″E	原黄河
Y26	37°39′29.6″N	119°16′13.9″E	原黄河
Y27	37°39′33.0″N	119°15′55.7″E	原黄河
Y28	37°39′35.7″N	119°15′47.0″E	原黄河
Y29	37°44′44.5″N	119°08′52.0″E	原黄河
Y30	37°44′41.2″N	119°08′32.3″E	原黄河
Y31	37°45′46.3″N	119°02′48.0″E	湖水
Y32	37°41′33.40″N	119°01′19.0″E	湖水
Y33	37°41′33.1″N	119°01′24.0″E	湖水
Y34	37°36′48.6″N	118°32′27.8″E	黄河

　　沉积物的采集用不锈钢抓泥斗完成，样品采集后立即运回实验室冷冻干燥、粉碎、研磨、过筛，部分样品于−20℃的条件下保存，部分样品储存于干燥器中，以备进一步分析有机污染物和重金属。

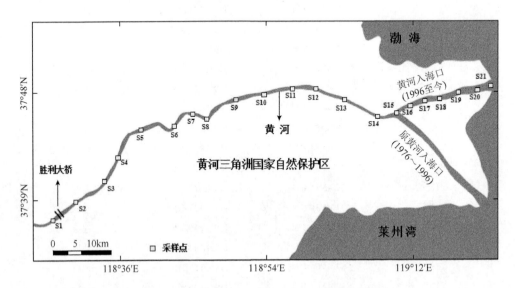

图 2-5　黄河入海口沉积物与表层水采样点示意图

表 2-4　黄河入海口 21 份表层水与 21 份沉积物位置

采样点	纬度	经度	采样点	纬度	经度
S1	37°36′48.45″N	118°32′28.50″E	S12	37°47′16.80″N	119°01′16.84″E
S2	37°38′18.08″N	118°35′41.60″E	S13	37°46′24.42″N	119°4′08.12″E
S3	37°39′46.31″N	118°38′12.18″E	S14	37°45′09.17″N	119°7′06.06″E
S4	37°41′46.65″N	118°39′30.37″E	S15	37°45′35.35″N	119°9′27.86″E
S5	37°44′10.76″N	118°42′52.59″E	S16	37°46′12.71″N	119°11′32.39″E
S6	37°44′13.35″N	118°45′30.00″E	S17	37°46′30.21″N	119°13′20.03″E
S7	37°45′18.74″N	118°47′26.66″E	S18	37°46′49.29″N	119°15′2.89″E
S8	37°45′04.60″N	118°49′20.14″E	S19	37°47′04.45″N	119°16′53.03″E
S9	37°46′27.91″N	118°51′48.20″E	S20	37°46′53.85″N	119°18′42.95″E
S10	37°47′04.36″N	118°55′04.01″E	S21	37°46′43.98″N	119°20′51.96″E
S11	37°47′34.38″N	118°58′28.83″E			

2.2.3　沉积柱

2012 年 7 月，在原黄河入海口附近采集了一根沉积柱，采样点位于清水沟入海河道的原黄河入海口（图 2-6），原黄河入海口在 1976～1996 年期间作为黄河的入海河道。沉积柱全长 41cm，用不锈钢刀片按 1cm 的间隔进行分割，共获得 41 个沉积柱子样品，0～1cm 范围样品记录深度为 0cm，1～2cm 范围样品记录深度为 1cm，依此类推，40～41cm 范围样品记录深度为 40cm。沉积柱样品用于本书中的年代学分析，以及有机氯农药、多环芳烃这两种典型有机污染物和重金属在黄河三角洲地区的历史重建研究。

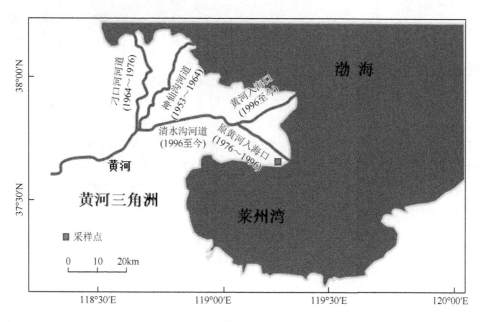

图 2-6　原黄河入海口沉积柱采样点示意图

2.2.4　生物样品

生物样品采集时间为 2014 年 8 月，共选择了 8 个采样点，其中在黄河入海口选择了 5 个采样点，莱州湾水域选择了 3 个采样点（图 2-7）。获取样品物种数目为 21 种，21 个物种归属于四大类，包括鱼类 17 种、虾类 1 种、蟹类 1 种和贝类 2 种。然后根据物种类别、生物体大小和采样点不同共分为 62 份样品，其中 40 份来自黄河，22 份来自莱州湾水域。

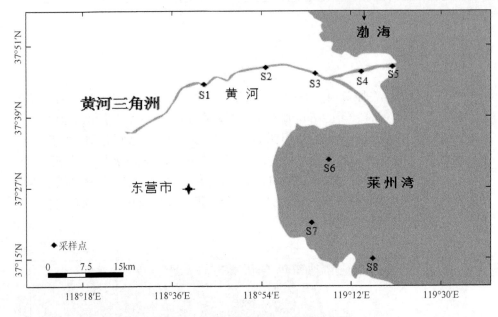

图 2-7　黄河及莱州湾生物样品分布图

　　本研究采用现场刺网捕鱼和地笼捕鱼两种方式进行样品采集，获得的样品立即放入便携式低温保温箱内。带回实验室后对水生生物的物种名称、长度、重量和数量进行鉴定和测量统计。先用自来水将生物样品冲洗干净，再用去离子水充分清洗，然后将样品分离剁碎、冷冻干燥至恒重，最后将干燥的样品彻底粉碎和混匀，保存于干燥器中，待后续分析测试。

2.3　样品处理与测试

2.3.1　样品前处理

　　水样中有机氯农药的分析测试工作用固相萃取进行预处理，具体过程如下：

　　(1) ENVI C_{18} 吸附小柱活化：加 5mL 二氯甲烷于柱内，真空抽滤，再分别用 5mL 甲醇和 5mL 水重复一次，该步骤填料不能被抽干。

　　(2) 上样：将样品储液器连接于 SPE 柱的顶端，加 100mL 异丙醇到 1L 水样中。混合后加入柱内，以 5mL/min 的流速真空抽滤，倒掉滤液。

　　(3) 淋洗：加 3mL 甲醇/水（50/50，体积分数）到柱内，以 5mL/min 的流速真空抽滤，再将 C_{18} 小柱进行干燥处理。干燥方法是在淋洗液通过柱子后真空抽滤继续保持 30s，用高纯氮气将柱子吹干。

（4）洗脱：取精馏后的二氯甲烷 5mL，分 2～3 次以 5mL/min 的流速对 C_{18} 小柱进行洗脱，收集洗脱液。用高纯氮气顶吹洗脱液，进行浓缩，当浓缩至 100μL 后，定容到 0.5mL，进行 GC-MS 分析。

本研究采用索氏抽提法对土壤、沉积物和沉积柱中有机氯农药及沉积柱中多环芳烃进行预处理：将事先用二氯甲烷抽提洗净的滤纸折成圆筒状，用镊子将圆筒一端紧压封严，称取适量样品于圆筒内，加入回收率指示物，再将圆筒另一端封实，放入索氏提取器中的圆筒内。取一干净的平底烧瓶，依次加入二氯甲烷、铜片，将烧瓶放到索氏提取器下，索氏提取器上方接冷凝管，冷凝管上方用锡箔纸封住。将索氏抽提系统放入水浴锅上加热抽提 48h，收集抽提液。关闭水浴锅，冷却后，将索氏抽提容器中残留的抽提液缓缓倒进平底烧瓶中，取下平底烧瓶，盖上磨口塞编号保存。表层沉积物和土壤中多环芳烃及土壤中正构烷烃的提取方法选择的是微波萃取法，样品经冷冻干燥研磨后加入回收率指示物，置于微波萃取系统的聚四氟乙烯萃取管中，用 1∶1 的正己烷∶丙酮混合溶剂进行提取，收集提取液。上述所有过程得到的提取液经旋转蒸发仪浓缩、溶剂转化为正己烷后，过氧化铝/硅胶（1∶2，体积分数）层析柱进行净化，然后用 15mL 正己烷溶液将含有正构烷烃的组分淋洗出来，用 70mL 二氯甲烷/正己烷（3∶7，体积分数）混合液将含有多环芳烃和有机氯农药的组分淋洗出来，经氮吹仪或旋转蒸发仪进一步浓缩后上机测试。

土壤和沉积物中多氯联苯和多溴联苯醚的提取和净化方法是在前人研究的基础上略作修改（Chen et al.，2012；Lei，2014）。样品经冷冻干燥研磨后加入回收率指示物和活化的铜粉，用 1∶1 的二氯甲烷∶正己烷混合液超声提取 30min，再在水浴锅中（70℃）提取 30min，收集提取液，然后加入新的二氯甲烷/正己烷混合液重复之前的操作。以上过程重复三次，收集三次的提取液，经旋转蒸发将溶剂转化为正己烷后，用多层色谱层析柱进行净化，然后用 6mL 正己烷和 6mL 二氯甲烷将含有多氯联苯和多溴联苯醚的组分淋洗出来，经氮吹仪进一步浓缩，上机测试。

土壤和沉积物样品有机碳分析的前处理过程如下：样品经冷冻干燥研磨后，用盐酸酸化过夜以去除碳酸盐，然后用水将土壤洗至中性，再在 60℃烘箱中烘干待测。

水样、沉积物土壤样品的重金属分析前处理过程如下：水样过 0.45μm 水系滤膜后加盐酸固定（25mL 水样加 0.5mL 6mol·L^{-1} HCl）。BCR 形态多级连续提取方法，被广泛应用于土壤或沉积物重金属形态分析（Tessier et al.，1979；Ure et al.，1993；Farkas et al.，2007；Nemati et al.，2011）。本研究中采用了改进的 BCR 形态提取方法（Arain et al.，2008a；Arain et al.，2008b；Nemati et al.，2011；Sahito et al.，2015），并对其进行适当调整，具体步骤如图 2-8 所示。

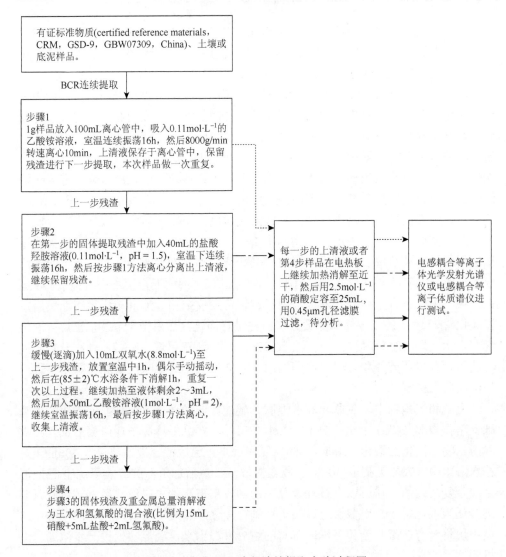

图 2-8　改进 BCR 多级连续提取实验过程图

　　生物样品的重金属分析前处理过程如下：每份样品称取 0.25g，做一个平行样，然后分别放入消解罐中，加入 6mL 硝酸（65%）和 2mL 双氧水（30%），放入微波消解系统消解（APL，MD8H-12H，中国），消解完成后用超纯水将消解液精确定容到 10mL，过滤，上机分析测试。实验使用玻璃和塑料容器均用 10%硝酸（体积分数）浸泡 24h 以上，然后用超纯水超声清洗 10min，最后用超纯水冲洗 5 次以上，自然晾干备用。

　　沉积柱常用的定年方法有古地磁法、生物法、化学法和放射性同位素法，其中，放射性同位素法是应用最广泛的定年法。本研究采用 ^{210}Pb 同位素定年技术对沉积柱年代进行测定（Guo et al., 2007；Piazza et al., 2009）。主要过程为：将自然风干的样品用玛瑙研钵磨细过 200 目尼龙筛，以保证样品的均匀性，105℃下烘干 24h 至恒量，称取 5g 样品至离心管中，密封保存 3 周以上。

2.3.2　分析测试

正构烷烃和多环芳烃的测试采用气相色谱-质谱（GC-MS）法（Thermo Trace Ultra 气相色谱仪-Thermo DSQ Ⅱ质谱仪）进行分析，模式为选择离子模式，色谱柱为 TR-5MS 毛细管柱（30m×0.25mm×0.25μm）。土壤和表层沉积物样品中 16 种优先控制多环芳烃的分析，柱温的升温程序为：起始温度为 50℃，保持 2min，以 20℃·min^{-1} 的速率升到 180℃保持 3min，然后以 8℃·min^{-1} 的速率升到 250℃，保持 3min，再以 2℃·min^{-1} 的速率升到了 265℃，然后以 5℃·min^{-1} 的速率升到 275℃，最后以 1℃·min^{-1} 的速率升到 285℃。7 种非优控多环芳烃柱温的升温程序如下：起始温度是 50℃，保持 2min，然后以 20℃·min^{-1} 的速率升到 275℃，最后以 0.5℃·min^{-1} 的速率升到 290℃，保持 2min。对沉积柱中 16 种优控多环芳烃进行分析时，柱温的升温程序略有不同：起始温度为 50℃，保持 2min，以 20℃·min^{-1} 的速率升到 180℃保持 3min，然后以 4℃·min^{-1} 的速率升到 250℃，保持 5min，最后以 2℃·min^{-1} 的速率升到 285℃，保持 3min。对于正构烷烃的分析，升温程序为：起始温度为 70℃，保持 4min，后以 10℃·min^{-1} 的速率升温至 290℃，保持 40min。本研究中有机氯农药的分析，同样由 GC-MS 完成。

多氯联苯和低溴代多溴联苯醚的测试选用的是由 Aglient 7890 气相色谱仪和 5975C 质谱仪连用的气质分析，模式为选择离子模式，分离用的色谱柱为 DB-5MS 毛细管柱（30m×0.25mm×0.1μm）。分析多氯联苯时，柱温的升温程序如下：起始温度是 50℃，保持 1min，以 30℃·min^{-1} 的速率升到 210℃，再以 2℃·min^{-1} 的速率升到 270℃，保持 5min。分析低溴代多溴联苯醚时，柱温的升温程序如下：初始温度是 60℃，保持 2min，以 10℃·min^{-1} 的速率升到 200℃，保持 2min，再以 20℃·min^{-1}升到 300℃，保持 5~10min。BDE 209 的测试选用的是由 Thermo Trace Ultra 气相色谱仪和 Thermo DSQ Ⅱ质谱仪联用的气质分析，模式为选择离子模式，分离用的色谱柱为 DB-5HT 毛细管柱（15m×0.25mm×0.1μm）。柱温的升温程序如下：起始温度 120℃，保持 1min，然后以 25℃·min^{-1} 的速度升到 330℃，保持 10min.。

沉积柱的定年采用 ^{210}Pb 同位素定年法，仪器为高纯锗井型探测器（Ortec HPGe GWL）。

使用电感耦合等离子体光学发射光谱仪（ICP-OES，PerkinElmer，Optima 2100 DV）和电感耦合等离子体质谱仪（ICP-MS，Thermo Fisher Scientific，X

Series 2）测定样品的铜、锌、铅、铬、镉、铁、锰和镍元素含量，采用 99.999% 氩气作为载气，仪器设置条件参数、检出限和定量限见表 2-5。采用伽马能谱/光谱仪（Ortec HPGe GWL）对沉积柱年代进行确定。采用玻璃电极 pH 计（Mettler Toledo，Delta 320）测定样品的 pH（土壤样品的料液比为 1：2.5，$W:V$）。马弗炉测定样品的烧失量（loss on ignition，LOI）（Guo et al.，2007；Piazza et al.，2009）。样品总有机碳（total organic carbon，TOC）含量用元素分析仪（Elementar，Vario MACRO）测定，样品前处理方法参照 Chen 等（2005）的研究结果。样品提取过程中，使用恒温振荡培养箱（上海知楚仪器有限公司，ZHTY-70 型）对其进行连续振荡混匀。

表 2-5　仪器测试参数及检出限

参数	Cu	Zn	Pb	Cr	Cd	Fe	Mn	Ni
检出限/($\mu g\cdot L^{-1}$)	14.7	22.5	0.051	18.0	0.360	23.5	12.5	0.160
定量限/($\mu g\cdot L^{-1}$)	44.1	67.5	0.153	54.0	1.08	70.5	37.5	0.480
波长/nm	327.393	206.200	220.353	267.716	228.802	238.204	257.61	231.604
同位素	^{65}Cu	^{66}Zn	^{208}Pb	^{52}Cr	^{111}Cd	^{56}Fe	^{55}Mn	^{60}Ni

2.4　质量保证和控制

有机氯农药的质量保证和控制过程如下：在所有样品处理过程中设置了实验室空白对照实验、空白加标实验和平行样实验。同时在样品提取之前加入 4,4′-二氯联苯回收率指示物，本实验通过试剂空白实验，在色谱图上没有出现色谱峰，表明溶剂和耗材中不含有干扰杂质，本实验中加入的回收率指示物计算结果表明，本次实验的回收率范围为 75%～102%，相对标准偏差在 0.2%～10%，水样和沉积物样的方法检测限分别为 0.001～0.01ng·L^{-1} 和 0.001～0.004ng·g^{-1}，处于可接受的范围内，因此本实验数据精度可靠，为本次研究和分析提供了保障。

土壤中正构烷烃的质量保证和控制过程如下：土壤样品提取前，将已知质量的正构烷烃加入预先经处理、干净的土壤中进行回收率实验，结果表明所有正构烷烃的回收率介于 70%～105% 之间。此外，每一批的土壤样品分析中，均会增加方法空白、加标空白、基质加标及样品平行来监测外界对于分析的影响。

土壤和表层沉积物中多环芳烃分析的质量保证和控制过程如下：在处理实际样品前，将已知量的 23 种多环芳烃加入预先经处理、干净的土壤和沉积物样品中进行回收率实验，结果表明，所有多环芳烃的回收率介于 70%～110% 之间。在分析实际样品时，所有的样品均会加入回收率指示物，得到的回收率也介于 70%～

110%之间。同时，对于每 8 个土壤或沉积物样品，会增加方法空白、加标空白、基质加标及样品平行来监测外界对于分析的影响。沉积柱中多环芳烃回收率指示物的平均回收率如下：菲-d10 的平均回收率达到了 88.9%±2.4%，苝-d12 的平均回收率达到了 91.6%±3.3%。土壤和表层沉积物中多氯联苯和多溴联苯醚分析的质量保证和控制过程为：在处理实际样品前，选择一些土壤和沉积物样品作为质量保证和控制（QA/QC）样品来进行回收率实验。将 QA/QC 样品分成 10 份平行重复样，其中 7 个平行重复样加入已知量的多氯联苯和多溴联苯醚标准溶液，另外三个平行重复样不加标。将加标和不加标的平行重复样品同时进行提取和分析实验，用加标和不加标样品的分析结果差值进行回收率的计算。回收率实验结果表明，QA/QC 样品中所有多氯联苯的回收率介于 78.67%±1.00%和 115.13%±2.14%之间，所有多溴联苯醚的回收率介于 76.43%±1.01%和 117.86%±1.42%之间。在分析实际样品时，所有的样品均会加入回收率指示物（8 种 ^{13}C 标记的多氯联苯回收率指示物和 3 种 ^{13}C 标记的多溴联苯醚回收率指示物）。此外，整个分析过程按照如下的程序进行分析和监控：对于每 14 个土壤或沉积物样品，会增加方法空白、加标空白及样品平行来监测外界对于分析的影响。

重金属的质量保证与控制过程如下：每批样品处理测试过程中都加入沉积物或土壤标准物质（certified reference material，CRM，GSD-9，GBW07309；GBW07405，GSS-5，地球物理地球化学勘查研究所，中国）或动物肌肉组织标准物质（standard reference material 2976，SRM 2976；Mussel Tissue，National Institute of Standards & Technology），用于对重金属分析测试方法和过程的有效性与实验准确性进行管理控制。实验中，称取标准物质 5 份，整个消解过程与样品处理完全一样。此外，每批实验分析空白样品 3 组，以检查整个实验过程药品试剂背景值和污染情况，所有数据都需要减去样品空白的平均值，作为样品最终浓度。每个样品做一个平行样，最后数据取两组样品的平均值。逐级提取的每一步所得重金属浓度总和与标准物质标准值进行比较，以检查逐级提取的准确性。每个元素的检出限按空白样品标准偏差的 3 倍计算，定量限按检出限的 3 倍计算（Committee，1987）。

重金属回收率方程如下所示：

$$R_T(\%) = (C_M / C_C) \times 100\% \qquad (2\text{-}1)$$

式中，R_T 为标准物质重金属总量的回收率；C_M 为标准物质的实测值；C_C 为标准物质的标定值。

逐级提取实验的回收率计算公式如下（Nemati et al.，2011）：

$$R_{SEP}(\%) = [(C_{F1} + C_{F2} + C_{F3} + C_{F4}) / C_C] \times 100\% \qquad (2\text{-}2)$$

式中，R_{SEP} 为标准物质的逐级提取的回收率；C_{F1}、C_{F2}、C_{F3} 和 C_{F4} 分别为标准物质形态 1、形态 2、形态 3 和残渣态的含量。

第 3 章　土壤中污染物的分布与迁移演化规律

引　言

土壤是地球生态系统的重要组成部分，也是人类及动植物赖以生存的基础物质因素之一。自然条件下，土壤能与大气、水、生物系统在宏观界面上形成相对的平衡体系。在一定范围内对土壤进行合理利用，不仅能满足人类生存需求，也不会对其产生严重破坏。然而，随着人类改造自然能力的增强，其生产、生活活动不断对土壤环境系统产生越来越重要的影响，尤其在欧洲工业革命以后，人类活动对土壤环境的破坏程度远远超出了其自身修复的能力范围，从而使整个土壤生态系统面临着巨大威胁。我国自新中国成立以来，随着工农业的快速发展，各类污染物被间接或直接排入土壤环境中，从而造成了严重的污染，包括来自工业、农业、生活和建筑等的有机农药、石油、重金属等污染物，土壤生态系统固有的动态平衡被打破，如出现土壤重金属和有机污染物超标、石油污染、土壤酸化、营养元素流失，导致土壤生态系统受到了严重破坏，这不仅降低了土壤的生产能力，且对人类和动植物产生了巨大的潜在毒害风险。因此，土壤系统的防治工作刻不容缓。

黄河三角洲作为中国相对较大的三角洲和年轻的河口湿地，具备极大的农业、工业和旅游等潜在用途。因此，在本研究中，对原黄河入海口邻近地区（参见图 2-2 和表 2-1）和黄河三角洲自然保护区的土壤样品（参见图 2-3 和表 2-2）进行了系统采样分析，前者区域主要用于土壤中有机氯农药的研究，后者主要用于土壤中多环芳烃、多溴联苯醚、重金属和正构烷烃的研究，旨在为该区域的进一步开发利用和保护提供基础信息。

3.1　土壤中有机氯农药的环境来源和风险评价研究

3.1.1　概述

有机氯农药（OCPs）是一类持久性有机污染物（POPs），由于其具有毒性、生物蓄积性和持久性而受到广泛关注（Yang et al.，2005a）。20 世纪 70 年代前，有机氯农药在全世界范围内被广泛用于农业（Wong et al.，2005；Zhang et al.，

2013b)。在中国，从 20 世纪 50 年代到 1983 年，有机氯农药曾被广泛用于农业的病害虫控制（Gao J et al.，2013）。由于它的持久性特点，目前多种环境介质中都检测出有机氯农药残留，且具有一定的环境风险（Jones and Voogt，1999）。土壤在有机氯农药存储和迁移方面扮演着重要的角色，土壤中的有机氯农药在一定条件下可能重新释放到大气中（Zhao et al.，2013）。土壤中有机氯农药污染在中国较大范围内都有报道，例如，太湖流域、香港、天津、海河平原、长江三角洲流域、珠江三角洲区域土壤中均存在一定程度的有机氯农药污染（Gao J et al.，2013）。然而，据调查可知，目前在黄河入海口区域有关土壤中有机氯农药的研究较少。而几十年前，有机氯农药被广泛用于这一区域，以保护环境农作物，因此，为了了解该区域当前的有机氯农药污染现状，本次研究采集了原黄河入海口的土壤（2012年采集土壤，参见图 2-2 和表 2-1），对土壤中 OCPs 的浓度和有机氯农药污染水平作出分析，并对其可能引起的致癌风险进行评估。

3.1.2　表层土壤中有机氯农药的含量

原黄河入海口周边邻近区域表层土壤中不同有机氯农药的含量列于表 3-1。在被选择的 22 种有机氯农药中共检测出 19 种，分别是 α-HCH，β-HCH，γ-HCH，δ-HCH，$o'p$-DDE，$o'p$-DDD，$o'p$-DDT，$p'p$-DDE，$p'p$-DDD，$p'p$-DDT，七氯，环氧七氯，顺式氯丹，反式氯丹，硫丹Ⅰ，硫丹Ⅱ，六氯苯，甲氧滴滴涕，灭蚁灵。总有机氯农药含量范围为 $0.01\sim10.49\mathrm{ng\cdot g^{-1}}$，平均值为 $1.678\mathrm{ng\cdot g^{-1}}$。在所有被检测出的有机氯农药中，DDT（包括 $o'p$-DDE，$o'p$-DDD，$o'p$-DDT，$p'p$-DDE，$p'p$-DDD 和 $p'p$-DDT）呈现最高的检测率，达到了 69.45%；其次是 HCH，检测率是 58.63%，这表明 DDT 和 HCH 广泛分布于黄河三角洲自然保护区的不同区域。DDT 的浓度范围为 $0.17\sim10.46\mathrm{ng\cdot g^{-1}}$，平均值为 $0.634\mathrm{ng\cdot g^{-1}}$，HCH 的浓度范围为 $0.28\sim1.32\mathrm{ng\cdot g^{-1}}$，平均值为 $0.345\mathrm{ng\cdot g^{-1}}$。DDT 和 HCH 是土壤中有机氯农药的主要组成成分。它们共占整个污染贡献的 58.34%（DDT 占 37.78%，HCH 占 20.56%）。根据检测率和残留水平可知，DDT 是土壤中的主要污染物。较高含量的 HCH 和DDT，表明这两种物质在这个区域曾被广泛使用。六氯苯（HCB）的检测率达到23%，平均浓度为 $0.19\mathrm{ng\cdot g^{-1}}$。HCB 通常是工业生产过程中的副产品，目前还没有关于 HCB 在中国曾经被过度使用的研究报告（Wang et al.，2013a）。氯丹类化合物（主要包括顺式氯丹、反式氯丹、七氯和环氧七氯）浓度也处于一个较高水平，这些化合物含量占整个有机氯农药含量的 15.54%。工业氯丹过去常被用来保护建筑物免受白蚁的侵害（Li et al.，1999；庞正平和杨建平，2004）。20 世纪 60~70年代七氯在中国被广泛生产和使用（李国刚和李红莉，2004）。另外，一些有机氯农药，如硫丹（包括硫丹Ⅰ和硫丹Ⅱ）、灭蚁灵和甲氧滴滴涕，分别占有机氯农药总量的 0.87%、10.13%和 3.75%，20 世纪 90 年代，硫丹在中国被用于农作物的病虫害防治（Jiang et al.，2009；Wang et al.，2013a）。灭蚁灵被广泛用于杀除白蚁和工业阻燃剂原料（Zhao et al.，2013）。狄氏剂类化合物（主要包括狄氏剂、异狄氏剂和艾氏剂）在土壤中未被检测出，可能是它们在中国历史上从未被生产（Wang et al.，2013a）。在所有氯丹化合物中（图 3-1），环氧七氯比顺式氯丹、反式氯丹和七氯的母体化合物浓度要高。土壤样品中有机氯农药平均浓度顺序为 DDTs＞HCHs＞氯丹＞硫丹。HCH 的不同异构体中，β-HCH 的残留水平最高，其次是 α-HCH、δ-HCH 和 γ-HCH。土壤中 β-HCH 含量高的主要原因可能是它有较低的蒸汽压和降解特性（Willett et al.，1998），而且，在环境中 α-HCH 和 γ-HCH 能够转化成 β-HCH（Walker et al.，1999）。在样品中 $p'p$-DDE 的残留水平比 $p'p$-DDD 和 $p'p$-DDT 要高得多。在环境中 DDT 在有氧条件下降解为 DDE，在无氧条件下降解为 DDD（Cocco et al.，2005）。因此，可以推断该区域土壤中的大多数 DDT 发生在有氧条件下。综上可知，该区域土壤中有机氯农药的残留水平主要受它们过去的使用量和在环境中的降解条件影响。

表 3-1　原黄河周边邻近区域表层土壤中的有机氯农药的含量

化合物	含量范围/(ng·g^{-1})	平均值/(ng·g^{-1})	检测率/%
α-HCH	0～0.39	0.135	23.4
β-HCH	0～0.51	0.14	97.9
γ-HCH	0～0.27	0.02	95.8
δ-HCH	0～0.15	0.05	30.2
$o'p$-DDE	0～0.33	0.08	47.92
$o'p$-DDD	0～0.4	0.014	33.33
$o'p$-DDT	0.05～1.21	0.07	72.91
$p'p$-DDE	0～5.32	0.24	45.83
$p'p$-DDD	0～0.49	0.07	83.3
$p'p$-DDT	0～2.71	0.16	37.5
七氯	0～2.63	0.021	8.75
艾氏剂	nd[a]	nd	nd
环氧七氯	0～3.53	0.15	3.71
顺式氯丹	0～9.07	0.029	7.8
反式氯丹	0～1.37	0.061	8.75
硫丹 I	0～0.08	0.0016	4.1
硫丹 II	0～6.04	0.013	8.9
六氯苯	0～0.58	0.19	23

续表

化合物	含量范围/(ng·g⁻¹)	平均值/(ng·g⁻¹)	检测率/%
狄氏剂	nd	nd	nd
甲氧滴滴涕	0～1.81	0.063	12
灭蚁灵	0～1.51	0.17	15.41
异狄氏剂	nd	nd	nd
DDTs	0.17～10.46	0.634	69.45
HCHs	0.28～1.32	0.345	58.63
OCPs	0.01～10.49	1.678	71.45

a. nd 表示未检出。

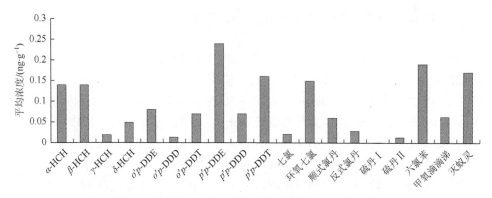

图 3-1　原黄河入海口表层土壤中有机氯农药的浓度

　　HCH 和 DDT 在中国历史上曾被广泛使用，因此，它们常常被用作评估 OCPs 的污染水平的代表化合物（Zhang et al.，2009a）。将本研究区域土壤中 HCH 和 DDT 的含量与其他地区相比（表 3-2），本研究区域土壤中 DDT 和 HCH 的残留水平与北京农场土壤含量类似，但是低于其他地区的土壤。本研究中，土壤中有机氯农药的水平比土壤阈值（2000ng·g⁻¹ HCHs，4000ng·g⁻¹ DDT/DDE/DDD）低得多（Gao J et al.，2013）。根据中国国家环境保护总局提供的土壤环境质量标准，耕地土壤中 HCH 和 DDT 的含量应低于 500ng·g⁻¹（Gao J et al.，2013）。因此，本研究区土壤有机氯农药污染较轻。

表 3-2　中国不同区域土壤中 HCH 和 DDT 含量（ng·g⁻¹）

样品位置	样品描述	ΣDDT	ΣHCH	参考文献
中国东南部	电子垃圾场	52	64	Liao et al.，2012
北京	农田	0.3813	0.0320	Shi et al.，2005
福建	农业用地	3.86	9.79	Yang et al.，2012b

续表

样品位置	样品描述	ΣDDT	ΣHCH	参考文献
中国西北部	农业用地	79.36	93.85	Wang et al., 2006b
三亚湾	海岸带	13.25	2.15	Zhang et al., 2013c
新华湾	海岸带	15.41	0.7	Zhang et al., 2013c
珠江三角洲	农用地	4.23	1.77	吴对林等，2009
洪泽湖	稻田	30.07	11.21	Gao et al., 2013
本研究区域	自然保护区	0.634	0.345	—

3.1.3　表层土壤中有机氯农药的组成和来源

HCH 主要包括林丹和工业 HCH，工业 HCH 主要组成是 α-HCH（55%～80%），β-HCH（5%～14%），γ-HCH（8%～15%）和 δ-HCH（2%～16%），而林丹的主要组成是 γ-HCH（>99%）（Ge et al., 2013）。在本研究中，HCH 异构体的含量如图 3-2（a）所示，β-HCH 是主要的组成成分。α-HCH，β-HCH，γ-HCH 和 δ-HCH 污染贡献率分别为 39%，41%，6%和 14%。与原始组分相比，α-HCH 的占比减少了，而 β-HCH 的占比有所增加。α-HCH 的含量减少的一个可能原因是 α-HCH 在环境中经过多年降解为 β-HCH（Hitch and Day, 1992）。高含量的 β-HCH 表明这个区域没有新的 HCH 输入。α-HCH/γ-HCH 的比值能够判断 HCH 的来源，当比值接近于零时，表明来自于近期林丹的输入，当比值为 4～7 时，表明来自于工业 HCH，在环境中随着 HCH 的逐渐降解，α-HCH/γ-HCH 的比值将逐渐增加（Iwata et al., 1995；Zhang et al., 2003）。另外，α-HCH 与其他异构体相比具有更高的蒸汽压，因此它更容易在大气中被传输（Iwata et al., 1994a；Yu et al., 2013）。而且，HCHs 的不同同分异构体的降解顺序为 α-HCH>γ-HCH>δ-HCH>β-HCH（Manz et al., 2001；Yu et al., 2013）。从图 3-3 看出，在本区域土壤中 α-HCH/γ-HCH 的比值范围为 0.39～7.24，平均值为 4.94，这表明大部分 HCH 来自于工业，仅一小部分 HCH 来自于林丹。α-HCH/γ-HCH 比值多小于 5.83，表明这个区域土壤中 HCH 主要来源于历史残留。仅有两个采样点 α-HCH/γ-HCH 比值小于 1，表明这两个采样点 HCH 来源于近期使用残留。可以推测这少量的林丹可能来自于大气远距离传输或雨水径流，因为黄河三角洲区域在 1992 年就被中国政府列为国家级自然保护区，因此，近年来林丹直接使用的可能性较小。

DDT 的组成包括 $p'p$-DDT（80%～85%）和 $o'p$-DDT（15%～20%）（Yu et al., 2013）或 $p'p$-DDT（75%），$o'p$-DDT（15%），$p'p$-DDE（5%），以及其他（5%）（Yang et al., 2005b）。本研究土壤中 DDT 的组成见图 3-2（b），DDT 的平均含量

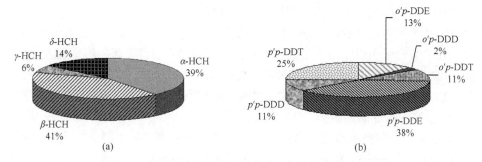

图 3-2　原黄河入海口表层土壤中 HCH 和 DDT 的组成

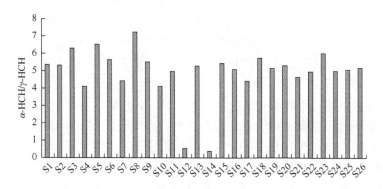

图 3-3　表层土壤中 α-HCH/γ-HCH 的比值

顺序为 $p'p$-DDE（38%）>$p'p$-DDT（25%）>$o'p$-DDE（13%）>$p'p$-DDD（11%）=$o'p$-DDT（11%）>$o'p$-DDD（2%），$p'p$-DDE 是主要组成成分。$p'p$-DDT/ΣDDT 的比值相对较低，表明这个区域土壤中没有新的工业 DDT 输入（Wang et al., 2007b）。另外，$p'p$-DDD/$p'p$-DDE 的比值能够判断 DDT 的降解条件，当比值>1 时，表明 DDT 是在无氧的条件下降解，当比值<1 时，表明 DDT 是在有氧的条件下发生降解（Cocco et al., 2005）。由图 3-4 可知，本研究中 $p'p$-DDD/$p'p$-DDE 比值范

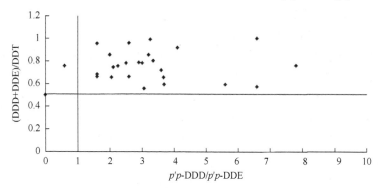

图 3-4　表层土壤中(DDD+DDE)/DDT 和 $p'p$-DDD/$p'p$-DDE 的比值

围为 0～7.8，平均值为 3.15，表明 DDT 的降解主要发生在无氧条件下。(DDD+
DDE)/ΣDDT 可以判断 DDT 来自于新污染源还是历史污染源。当比值大于 0.5 时，
表明 DDT 来自于历史输入；比值小于 0.5，表明 DDT 来自于新的污染输入（Li et
al.，2006b）。本研究区域土壤中(DDD+DDE)/ΣDDT 比值的范围为 0.5～1.0，平均
值为 0.74，表明该区域中 DDT 主要来源于历史残留，也有可能来自于其他区域
DDT 的迁移，而近期无新的 DDT 输入。

　　工业氯丹目前仍然被用作杀虫剂、除草剂和杀白蚁剂的主要组成成分，是由
多种化合物组成在一起的混合物，包含反式氯丹（13%）、顺式氯丹（11%）和七
氯（5%）。一般来说，工业氯丹中顺式氯丹与反式氯丹的比值接近 0.77（Zhang et
al.，2006），另外，反式氯丹在环境中降解比顺式氯丹要容易，如果顺式氯丹与反
式氯丹的比值大于 1.0，表明环境中的氯丹主要来自于历史性的输入而无新的输入
源（Zhao et al.，2013）。在本次研究中，这个比值的平均值是 2.10，表明研究区
域的氯丹主要来源于历史的输入。

　　硫丹是包括硫丹 I 和硫丹 II 的混合物，它们各自的含量分别为 70%和 30%，
因此，工业硫丹中二者的比值通常约为 2.33。由于硫丹 I 在环境中比硫丹 II 降解
更迅速，因此，如果它们的比值小于 2.33，则表明没有新的污染源输入（Zhao et al.，
2013）。在本研究中，硫丹 II（89.04%）的含量比硫丹 I（10.95%）要高得多。
较高含量的硫丹 II 和 2.33 的比值，表明该区域的硫丹主要来源于历史输入，而无
新的污染源。

　　综上可知，黄河三角洲自然保护区内土壤中的有机氯农药主要来源于历史性
残留，这与黄河三角洲自 1992 年被中国政府作为国家级自然保护区相一致，农药
的使用和残留呈下降趋势。

3.1.4　有机氯农药之间的相关性

　　土壤中的农药往往表现出复杂的相互关系。许多因素控制它们的环境行为，
如农药的来源、土壤的形成过程、人类活动和其他人为因素的污染。利用 SPSS
软件，用 Pearson 相关分析来确定这些农药之间的关系。表 3-3 归纳了 Pearson 积
矩相关系数。结果显示，大多数化合物表现出很强的相关性，相关系数大多超过
0.6，但是，甲氧滴滴涕和灭蚁灵相关性较弱。有机氯农药在土壤之间的高相关性
可能反映这些农药相似的污染水平或相同的污染来源。灭蚁灵除和甲氧滴滴涕之
间呈正相关，与其他农药均呈负相关，表明这两种农药具有不同的污染来源和迁
移特征。

表 3-3　表层土壤中有机氯农药之间的相关性

组成	α-HCH	β-HCH	γ-HCH	δ-HCH	o′p-DDE	o′p-DDD	o′p-DDT	p′p-DDE	p′p-DDD	p′p-DDT	Hept	Hepte	TC	CC	End I	End II	HCB	Meth	Mir
α-HCH	1																		
β-HCH	0.781**	1																	
γ-HCH	0.995**	0.797**	1																
δ-HCH	0.845**	0.636**	0.777**	1															
o′p-DDE	0.768	0.795	0.738**	0.477**	1														
o′p-DDD	0.543**	0.774**	0.641	0.132	0.777	1													
o′p-DDT	0.345*	0.124	0.629**	0.311**	0.838**	0.877	1												
p′p-DDE	0.378	0.623**	0.643	0.429	0.741	0.938**	0.613**	1											
p′p-DDD	0.789**	0.216	0.636**	0.193**	0.629**	0.641	0.638	0.777**	1										
p′p-DDT	0.871	0.275*	0.631*	0.736	0.543	0.729	0.841	0.838	0.715	1									
Hept	0.618*	0.671*	0.517	0.638**	0.739**	0.843**	0.729**	0.641**	0.238**	0.775	1								
Hepte	0.153	0.731**	0.638**	0.574	0.639	0.736	0.743*	0.629	0.351	0.168	0.634	1							
TC	0.678	0.723	0.631	0.638**	0.587	0.238	0.636	0.543	0.629	0.641	0.738**	0.173	1						
CC	0.642	0.634**	0.229**	0.641**	0.698*	0.474*	0.638	0.636	0.743**	0.329	0.363	0.638**	0.617	1					
End I	0.674*	0.654	0.613	0.829**	0.541	0.238	0.577	0.738**	0.636	0.146	0.329**	0.331**	0.738**	0.779	1				
End II	0.549**	0.345*	0.136	0.643	0.316**	0.311**	0.638**	0.377	0.638**	0.166	0.043*	0.621*	0.841**	0.638**	0.618	1			
HCB	0.701**	0.661**	0.138**	0.196*	0.243	0.129	0.541*	0.438	0.577**	0.238	0.036	0.153	0.029	0.641*	0.652**	0.713**	1		
Meth	0.093	0.145*	0.077	-0.138	-0.836**	0.113**	-0.229	0.341**	0.038	0.046	-0.321	0.136*	0.043	0.128*	0.193*	0.133*	0.192	1	
Mir	0.026	0.065	-0.168**	0.079**	0.178	-0.196	0.173	0.029**	-0.541	-0.435	0.077	0.138	0.036	0.193*	0.113	0.338**	0.127**	0.782**	1

显著水平: **$P<0.01$; *$P<0.05$。

注: Hept: 七氯; Hepte: H 环氧七氯; TC: 反式氯丹; CC: 顺式氯丹; End I: 硫丹 I; End II: 硫丹 II; Meth: 甲氧滴滴涕; Mir: 灭蚊灵。

3.1.5　风险评价

人体可能主要通过三个途径接触有机氯农药：①直接摄入；②暴露皮肤吸收；③通过口、鼻吸入悬浮粒子。这三种途径接触的污染物剂量通过式（3-1）～式（3-3）进行计算，计算方法参照美国环境保护局（USEPA，1997，2009b）。

$$CR_{ing}=(C×IngR×EF×ED)×CF×SF/(BW×AT) \qquad (3-1)$$

$$CR_{derm}=(C×SA×AF×ABS×EF×ED)×CF×SF×GIABS/(BW×AT) \quad (3-2)$$

$$CR_{inh}=(C×InhR×BF×EF×ED)×IUR/(PEF×AT) \qquad (3-3)$$

式中，CR 为致癌风险；C 为基质上的有机氯农药浓度（$mg·kg^{-1}$）；IngR 为摄食率，本研究中，取值为 $100mg·d^{-1}$（USEPA，2001）；InhR 为吸入率，本研究中，取值为 $15.8m^3·d^{-1}$（USEPA，1989）；EF 为曝光频率，本研究中，取值为 $350d·a^{-1}$（USEPA，1989）；ED 为暴露时间，本研究中，取值为 70 年（USEPA，1989）；CF 为转换因子，本研究中，取值为 $1×10^{-6}kg·mg^{-1}$（USEPA，1997）；SF 为口服斜率因子，本研究中，取值为 $2kg·d·mg^{-1}$（Ge et al.，2013）；SA 为暴露的皮肤面积，本研究中，取值为 $3300cm^2$（USEPA，2001）；BW 为平均体重，本研究中，取值为 70kg（Ge et al.，2013）；AT 为平均年龄，本研究中，取年龄为 70 年，$70×365=25550d$（Ge et al.，2013）；AF 为皮肤黏附因子，$0.2mg·cm^{-2}·d^{-1}$（USEPA，2001）；ABS 为皮肤吸收的因素，DDT 是 0.2，HCH 是 0.1（Health Canada，2004）；GIABS 为污染物吸收的胃肠道中的分数，取值为 1（Ge et al.，2013）；BF 为肺部吸收的因素，取值为 1（Ge et al.，2013）；IUR 为吸入的风险单位，取值为 $0.57mg^{-1}·m^3$（Ge et al.，2013）；PEF 为颗粒排放因子，取值为 $1.36×10^9m^3·kg^{-1}$（Ge et al.，2013）；

根据美国标准，致癌风险可划分为：非常低（风险值$≤10^{-6}$）；低（$10^{-6}≤$风险值$≤10^{-4}$）；中等（$10^{-4}≤$风险值$≤10^{-3}$）；高（$10^{-3}≤$风险值$≤10^{-1}$）；非常高（风险值$≥10^{-1}$）（Ge et al.，2013）。

根据美国标准和以上方程来评价人类健康风险。由表 3-4 可以看出，HCH 的致癌风险均小于 10^{-6}，表明这些化合物在这个区域土壤中致癌风险非常低。DDT 的致癌风险接近美国规定的标准阈值，这表明通过以上三种暴露途径，DDT 对人类有非常低的致癌风险。根据美国标准，有机氯农药总的致癌风险处于很高的水平。对于以上三种暴露途径，所有 HCH 和 DDT 的致癌风险顺序为基质颗粒直接摄入＞通过口、鼻吸入悬浮粒子＞暴露皮肤吸收。

表 3-4 三种不同途径对人类的致癌风险值

暴露途径	HCH	DDT	OCPs
CR_{ing}（10^{-6}）	0.945	1.737	4.596
CR_{derm}（10^{-6}）	0.624	1.147	3.033
CR_{inh}（10^{-6}）	0.002	0.004	0.011

3.1.6 小结

本节对黄河三角洲自然保护区土壤中有机氯农药的组成、来源及环境风险进行了研究。表层土壤中共计检测出 19 种有机氯农药，浓度范围为 0.01～10.49ng·g^{-1}，平均浓度为 1.678ng·g^{-1}，其中 DDT 是主要污染物。与其他研究区域进行比较，该研究区域土壤中有机氯农药的水平相对较低，表明该区域的土壤有机氯农药污染较轻，而发现较高的 β-HCH 含量表明该区域近期没有新的有机氯农药污染输入，当前污染主要来自于来自于历史残留。土壤中农药之间相关性较高，则表明了研究的有机氯农药具有相似的污染水平或有相似的污染来源。风险评价结果显示 HCH 化合物环境风险水平较低，DDT 化合物也呈现非常低的致癌风险，而所有有机氯农药的致癌风险则处于较高风险水平。

3.2 土壤中多环芳烃的来源和潜在毒性评价

3.2.1 概述

多环芳烃是一类受到人类极大关注的有机污染物，具有潜在的致癌致畸性（Schubert et al.，2003；Agarwal et al.，2009）。近年来，关于多环芳烃污染的研究已经在黄河三角洲的部分水体、沉积物及土壤中相继展开（Wang et al.，2009b；Yang et al.，2009a；Wang et al.，2011a；Yuan et al.，2014）。但是，这些研究多集中在对 16 种优控多环芳烃的研究上，缺少对非优控多环芳烃的研究。另外，据了解，在最近一次对黄河三角洲自然保护区各个功能区范围进行调整后，还没有关于黄河三角洲自然保护区土壤及黄河入海口沉积物中的非优控多环芳烃，尤其是对高致癌性二苯并芘同分异构体赋存特征的报道。为了填补这一空缺，本节以黄河三角洲自然保护区及保护区外邻近地区的土壤为研究载体，以 16 种优控多环芳烃和包括高致癌性二苯并芘同分异构体在内的 7 种非优控多环芳烃为研究对象，进一步探究黄河三角洲地区土壤中多环芳烃的赋存特征和潜在毒性。

3.2.2 土壤中多环芳烃的含量和分布特征

表 3-5 列出了黄河三角洲自然保护区不同功能区及保护区外邻近地区土壤中 23 种多环芳烃的单独浓度、浓度之和（$\sum$23PAHs）、16 种美国环境保护局优控多环芳烃浓度之和（$\sum$16PAHs）、国际防癌研究委员会规定的 7 种致癌性多环芳烃浓度之和（$\sum$7CarPAHs）及美国公众与健康卫生服务部列出的 4 种致癌性极强的二苯并芘的同分异构体浓度之和（$\sum$4DBPs）。保护区土壤（n=38）中$\sum$23PAHs 的含量介于 87.2～319ng·g^{-1} 之间，平均值为 133ng·g^{-1}。$\sum$16PAHs 的含量介于 79.2～311ng·g^{-1} 之间，平均值为 119ng·g^{-1}，占采样点中$\sum$23PAHs 含量的 60.6%～98.8%。$\sum$16PAHs 在该地区的浓度远远高于典型内源性土壤自然活动所产生的多环芳烃总浓度（1～10ng·g^{-1}）（Wilcke，2000）。保护区土壤中$\sum$7CarPAHs 的浓度介于 6.76～19.7ng·g^{-1} 之间，平均浓度为 12.9ng·g^{-1}，占$\sum$16PAHs 浓度的 5.8%～18.1%。$\sum$4DBPs 的浓度介于 0～15.2ng·g^{-1} 之间，平均浓度为 6.24ng·g^{-1}，仅占$\sum$23PAHs 浓度的 0%～14.6%。本研究中，土壤中多环芳烃的检出率介于 6.5%～100%之间，所有样品中均检测出萘、苊烯、苊、芴、菲、蒽、荧蒽、芘、苯并[a]蒽、苯并[k]荧蒽及苊，检出率最低的是晕苯。Maliszewska-Kordybach（1996）曾经提出了一个关于$\sum$16PAHs 浓度的土壤污染分级标准：无污染土壤（＜200ng·g^{-1}）、轻微污染土壤（200～600ng·g^{-1}）、污染土壤（600～1000ng·g^{-1}），以及重度污染土壤（＞1000ng·g^{-1}）。依据该分级标准，发现本研究中只有两个采样点的土壤（T43 和 T45）受到了多环芳烃的轻微污染，而其他的采样点，甚至包括保护区外邻近地区的土壤，都被归为无污染土壤（＜200ng·g^{-1}）。

表 3-5　黄河三角洲自然保护区多环芳烃含量（ng·g^{-1} 干重）

PAHs	实验区（n=26）			缓冲区（n=8）			核心区（n=4）			保护区外（n=8）		
	最小值	最大值	平均值	最小值	最大值	平均值	最小值	最大值	平均值	最小值	最大值	平均值
萘	5.93	42.6	14.5	6.11	15.8	10.1	6.5	10.5	8.31	6.28	16.3	9.12
苊烯	2.67	7.91	3.46	2.63	4.41	3.2	2.55	2.91	2.71	2.51	4.15	3.02
苊	0.629	4.81	1.47	0.597	1.63	0.87	0.578	0.725	0.648	0.62	1.3	0.853
芴	4.31	49.9	11.4	4.16	13.1	6.61	3.95	4.77	4.41	4.32	15.2	7.41
菲	16.2	119	33.8	17.1	35.4	22.7	15.4	18.8	17.4	16.2	41.3	23.8
蒽	11.7	27	14.9	12	14.9	12.7	11.7	12.1	11.9	11.7	15.8	12.9
荧蒽	6.67	46.8	14.1	7.79	17.4	12.8	10.6	12	11.2	8.91	15.8	12.2
芘	13	48	17.4	12.9	21.5	15.1	12.2	13.4	12.7	12.5	18.1	14.4
苯并[a]蒽	0.255	3.26	0.921	0.228	1.03	0.691	0.579	0.655	0.605	0.335	0.981	0.64

续表

PAHs	实验区（n=26）			缓冲区（n=8）			核心区（n=4）			保护区外（n=8）		
	最小值	最大值	平均值	最小值	最大值	平均值	最小值	最大值	平均值	最小值	最大值	平均值
萉	nd[a]	4.56	1.62	1.27	2.02	1.57	1.19	1.4	1.27	1.28	1.78	1.49
苯并[b]荧蒽	2.41	4.99	3.16	2.43	3.65	2.84	nd	2.55	1.87	2.41	3.62	2.78
苯并[k]荧蒽	2.16	2.63	2.32	2.17	2.45	2.25	2.19	2.46	2.27	2.2	2.43	2.29
苯并[a]芘	nd	2.96	1.11	nd	3.27	1.48	nd	2.86	0.714	nd	3	1.81
茚并[1, 2, 3-c, d]芘	nd	10.5	4.46	nd	5.12	1.17	4.24	4.25	4.25	4.24	4.81	4.38
二苯并[a, h]蒽	nd	3.31	0.368	nd	nd	nd	nd	3.11	0.777	nd	3.31	0.803
苯并[g, h, i]苝	4.26	16.1	5.84	4.06	6.01	4.75	4.26	4.64	4.39	nd	5.32	1.89
惹烯	nd	14	2.92	0.019	12.6	2.86	nd	1.15	0.709	nd	26.6	4.68
苝	1.42	19.2	3.2	1.36	5.71	2.57	1.34	1.75	1.54	1.46	2.98	1.93
晕苯	nd	66.2	3.19	nd	nd	nd	nd	nd	nd	nd	nd	nd
二苯并[a, l]芘	nd	2.34	1.14	nd	2.27	1.42	2.25	2.26	2.26	nd	2.3	1.42
二苯并[a, e]芘	nd	10	4.58	nd	9.92	2.48	nd	nd	nd	nd	9.93	6.2
二苯并[a, i]芘	nd	3.1	0.581	nd	3.05	1.51	nd	3.01	1.5	nd	3.05	0.381
二苯并[a, h]芘	nd	3.75	0.144	nd	3.75	0.468	nd	3.78	1.89	nd	3.75	0.468
∑(2~3环)PAHs	42.6	247	82.4	44.8	60.1	59.1	42.1	50.7	46.1	42.5	94.7	61.7
∑4环PAHs	22.3	99.2	34	28	41.9	30.1	24.8	27.5	25.7	24.8	34.1	28.8
∑(5~7环)PAHs	16.5	119	30.1	13.3	28.9	20.9	14.8	26.8	21.4	15.5	35.9	24.3
∑23PAHs	96.2	319	147	93.5	165	110	87.2	101	93.2	85.7	151	115
∑16PAHs	80.6	311	131	86.6	143	98.8	79.2	92.8	85.3	82.4	135	99.7
∑7CarPAHs	6.76	19.7	14	6.94	14.3	10	8.76	16.8	11.7	11.2	16.4	14.2
∑4DBPs	nd	15.2	6.45	nd	15.2	5.88	2.25	9.02	5.64	nd	15.3	8.46

a. nd 表示未检出。

图 3-5 描绘了∑23PAHs、∑16PAHs、∑7CarPAHs 和∑4DBPs 在黄河三角洲自然保护区及保护区外邻近地区土壤中的空间分布情况。从图 3-5 中可以看出，在保护区内部，采样点 45 的∑23PAHs 和∑16PAHs 的浓度最高，其次是采样点 43。

这两个采样点都位于保护区的实验区内，且都位于油井附近。此外，本研究中多环芳烃浓度相对较高的几个采样点，如 13、14、24、27 和 46，都位于含有油井或油田设施的区域。因此本研究推测，这些采样点较高的多环芳烃含量可能是由所在区域强烈的油田勘探活动或石油管道的偶尔泄漏造成的。保护区内∑23PAHs和∑16PAHs 浓度最低的点是采样点 30，该点位于保护区的核心区内。总体看来，保护区内核心区和缓冲区多环芳烃的浓度低于实验区，这可能是由于胜利油田的大部分分支油井都位于实验区。另外，为了达到保护区的保护目的，核心区和缓冲区中的人类活动强度远远低于实验区，这也可能是造成核心区和缓冲区多环芳烃浓度较低的原因之一。综合考虑本研究中的所有采样点，发现∑23PAHs 浓度最低的点竟然位于保护区外的采样点 8。造成该点多环芳烃浓度最低的原因可能是该点位于黄河沿岸的农田耕地内，由于一些植被的存在，在一定程度上阻止了污染物在土壤中的沉积（Orecchio，2010）。

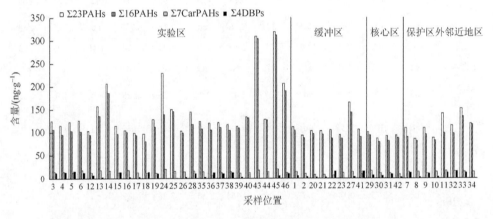

图 3-5　黄河三角洲自然保护区及保护区外邻近地区多环芳烃的空间分布

有机质是影响土壤中多环芳烃污染的一个重要因素（Boehm et al.，2002）。本研究采集的 46 个土壤样品的有机碳含量介于 0.019%~0.572%之间，平均含量为0.061%。关于 46 个土壤中∑23PAHs 浓度和有机碳含量间的 Pearson 相关性分析表明二者间的相关性很弱（$r=0.312$，$p<0.05$）。图 3-6 是描绘土壤中有机碳含量和多环芳烃浓度关系的散点图。从图 3-6 中可以看出，有四个点的值较为异常，与其他点相比，这四个点多环芳烃浓度相对较高或有机碳含量相对较高。当这四个异常点被去除后，对剩余的 42 个土壤样品中的∑23PAHs 和有机碳重新进行了相关性分析，结果显示二者呈现显著的相关性（$r=0.559$，$p<0.01$）。这一结果表明，尽管保护区内不同的区域可能会存在不同的多环芳烃输入源，但多环芳烃和有机碳间的分配可能是本研究区域土壤中一个占主导地位的活动过程。

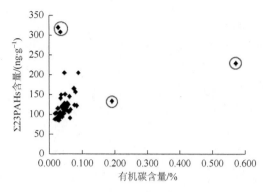

图 3-6 土壤中有机碳含量和多环芳烃浓度关系的散点图

3.2.3 污染源解析

本研究中的 23 种多环芳烃根据环数可以被分成三组：低分子量 2～3 环多环芳烃（萘、苊烯、苊、芴、菲、蒽和惹烯）、4 环多环芳烃（荧蒽、芘、苯并[a]蒽和䓛）及高分子量 5～7 环多环芳烃（苯并[b]荧蒽、苯并[k]荧蒽、苯并[a]芘、二苯并[a, h]蒽、茚并[1, 2, 3-c, d]芘、苯并[g, h, i]芘、芘、晕苯、二苯并[a, l]芘、二苯并[a, e]芘、二苯并[a, i]芘和二苯并[a, h]芘）。图 3-7 描绘了保护区内不同功能区及保护区外邻近地区土壤中多环芳烃的组成情况。与 4 环和 5～7 环多环芳烃相比，该区域土壤中所含的低分子量 2～3 环多环芳烃比例相对较高（平均值为 53.7%）。人类活动产生的多环芳烃大体上分为油成因和热成因多环芳烃两种。一般来说，油成因的多环芳烃以低分子量多环芳烃为主，而热成因的多环芳烃以高分子量多环芳烃为主（Zakaria et al.，2002）。本研究区域以低分子量多环芳烃为主的现象表明多环芳烃可能主要来源于油成因。另外，与高分子量多环芳烃相比，低分子量多环芳烃的生物可降解性更高，亲脂性相对更低，使得它们的持久性和可吸附性相对更低一些，而本研究区域含有大量的低分子量多环芳烃，表明这些多环芳烃产生的时间不长（Agarwal et al.，2009）。然而，除了低分子量多环芳烃，这些土壤也包含一定比例的 4 环和 5～7 环多环芳烃，表明该区域存在油成因和热成因的混合污染源。采样点 24 靠近油井，根据以上分析，该点本应该会受到油田开采的影响而含有相当大比例的低分子量 2～3 环多环芳烃，而非高分子量 5～7 环多环芳烃。然而，如图 3-7 所示，实验区中有个样品以高分子量的 5～7 环为主（52.0%），这个点是 24。仔细分析 24 中多环芳烃的组成，发现该点高比例的 5～7 环多环芳烃主要是由晕苯造成。晕苯在本研究中的大部分土壤中都没有被检出，在 24 这个点的浓度却高达 66.2ng·g^{-1}。晕苯是高温燃烧源和机动车尾气排放源的标志物（Nielsen，1996）。该点含有浓度较高的晕苯可能是由于附近油田开发和供应运输中密集的交通运输活动造成的。

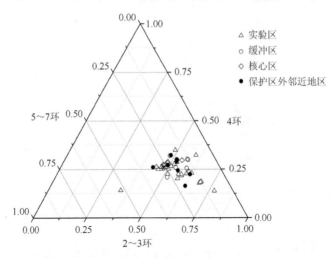

图 3-7　黄河三角洲自然保护区及保护区外邻近地区多环芳烃的组成

　　根据低分子量和高分子量多环芳烃相对比例的分析，得出了黄河三角洲自然保护区存在油成因和热成因混合来源的大致结论。然而，这种依据分子量高低来识别多环芳烃污染源的方法只是一个近似的估计（Cortazar et al.，2008）。由于多环芳烃同分异构体间具有大小相当的热力学分配和传递动力学系数，它们在和自然颗粒物混合及在进入其他物相的过程中的程度和行为相似，使得同分异构体比值在识别多环芳烃污染源时能够发挥重要作用（Dickhut et al.，2000）。本研究选取了蒽/(蒽+菲)、茚并[1, 2, 3-c, d]芘/(茚并[1, 2, 3-c, d]芘+苯并[g, h, i]芘)、苯并[a]蒽/(苯并[a]蒽+䓛)和荧蒽/(荧蒽+芘)四个比值来对黄河三角洲自然保护区土壤中的多环芳烃来源进行识别。这四个比值的污染源识别阈值是依据 Yunker 等（2002）的研究成果，并由图 3-8 来呈现。如图 3-8 所示，所有采样点土壤中蒽/(蒽+菲)值都大于 0.1，表明该地区的多环芳烃主要是由燃烧过程产生的。综合考虑所有土壤样品中这四个比值的范围，得出的结论是该地的多环芳烃来自于石油直接输入、石油燃烧、生物质燃烧及煤燃烧的混合污染。然而，大多数土壤样品的茚并[1, 2, 3-c, d]芘/(茚并[1, 2, 3-c, d]芘+苯并[g, h, i]芘)和荧蒽/(荧蒽+芘)的比值分别介于 0.2~0.5 和 0.4~0.5 的范围内，表明石油燃烧源在研究区多环芳烃污染源中占据主导地位。

　　为了进一步明确黄河三角洲自然保护区及保护区外邻近地区多环芳烃的可能性污染源，本研究对数据进行主成分分析和多元线性回归分析。利用主成分分析，提取出几个代表污染源的主成分因子，再将得到的因子得分和 23 种多环芳烃浓度之和的标准化分数分别作为自变量和因变量代入多元线性回归模型中，从而得到一个多元线性回归关系式。利用这个关系式中各个主成分单独的回归系数和所有主成分回归系数之和的比值，可以估算各个污染源对该地多环芳烃污染的贡献率（Larsen and Baker，2003）。本研究选用 SPSS 15.0 来进行主成分和多元线性回归分析，共提取了 7 个主成分（PC1，PC2，PC3，PC4，PC5，PC6 和 PC7），能够代表的方差贡献率达到了 80.3%（表 3-6）。

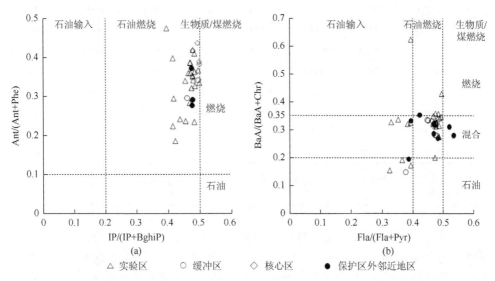

图 3-8　黄河三角洲自然保护区及保护区外邻近地区土壤中多环芳烃同分异构体比值

Ant：蒽；Phe：菲；IP：茚并[1, 2, 3-c, d]芘；BghiP：苯并[g, h, i]苝；BaA：苯并[a]蒽；Chr：䓛；Fla：荧蒽；Pyr：芘

表 3-6　黄河三角洲自然保护区及保护区外邻近地区土壤中多环芳烃的主成分分析

PAHs	PC1	PC2	PC3	PC4	PC5	PC6	PC7
萘	**0.921**	0.026	−0.104	0.070	0.084	0.096	−0.081
苊烯	**0.781**	0.212	−0.008	0.414	−0.034	−0.079	0.615
苊	0.525	**0.700**	0.038	0.317	0.005	0.111	−0.076
芴	**0.933**	0.026	−0.150	0.014	0.159	0.077	−0.089
菲	**0.948**	0.084	−0.097	0.096	0.196	0.040	−0.049
蒽	**0.761**	0.511	−0.035	0.202	0.264	0.021	−0.035
荧蒽	0.459	−0.039	0.280	**0.704**	0.212	−0.137	0.083
芘	0.604	0.190	0.256	**0.596**	0.283	0.008	0.013
苯并[a]蒽	0.438	0.101	0.075	0.125	**0.711**	0.107	−0.237
䓛	**0.757**	0.059	0.230	−0.009	−0.150	−0.068	0.382
苯并[b]荧蒽	0.498	0.426	0.165	0.393	0.241	0.194	−0.064
苯并[k]荧蒽	0.469	0.467	0.432	−0.001	0.198	−0.043	0.148
苯并[a]芘	−0.046	−0.124	−0.044	−0.086	**−0.720**	0.151	−0.346
茚并[1, 2, 3-c, d]芘	0.233	**0.651**	0.178	−0.13	0.122	−0.048	−0.052
二苯并[a, h]蒽	−0.111	−0.069	**0.779**	−0.061	−0.061	−0.248	−0.191

PAHs	PC1	PC2	PC3	PC4	PC5	PC6	PC7
苯并[g, h, i]芘	0.246	**0.777**	−0.308	0.141	0.137	0.048	−0.013
惹烯	−0.043	0.136	**0.794**	0.104	0.154	0.36	−0.052
芘	−0.048	**0.934**	0.129	0.201	0.039	0.054	−0.006
晕苯	−0.091	**0.962**	−0.042	0.036	−0.024	−0.055	0.008
二苯并[a, l]芘	−0.022	−0.220	0.259	**−0.644**	0.027	−0.099	0.219
二苯并[a, e]芘	−0.139	−0.173	0.090	0.104	−0.321	**0.693**	0.272
二苯并[a, i]芘	0.018	−0.055	−0.207	−0.113	0.099	0.148	**0.814**
二苯并[a, h]芘	−0.177	−0.111	0.056	0.045	−0.093	**−0.803**	0.024
方差 贡献率/%	26.4	18.3	8.6	8.2	6.9	6.5	5.4

从表 3-6 可以看出，PC1 的方差贡献率为 26.4%，以萘、苊烯、芴、菲及蒽这些低分子量多环芳烃为主。如前所述，油成因的多环芳烃主要以低分子量多环芳烃为主（Zakaria et al.，2002）。此外，PC1 在菡上的因子载荷也相对较高。Yang 等（2009a）曾经报道芴和菡是石油燃烧典型的标志物。因此，PC1 被识别为石油燃烧源。胜利油田位于黄河三角洲地区，大部分分支油井遍布保护区的实验区内，可能会在石油的开采活动中造成多环芳烃的污染。

PC2 的方差贡献率为 18.3%，在苊、茚并[1, 2, 3-c, d]芘、苯并[ghi]芘、芘及晕苯上的因子载荷较高。茚并[1, 2, 3-c, d]芘、苯并[g, h, i]芘及晕苯是多环芳烃机动车来源的典型标志物（Harrison et al.，1996；Nielsen，1996；Simcik et al.，1999；Larsen and Baker，2003）。黄河三角洲自然保护区是我国一个重要的旅游景点。另外，在石油的开采和加工过程中需要汽车频繁进行运输和传递工作。因此，PC2 被识别为机动车尾气排放污染源。

PC3 的方差贡献率为 8.6%，主要以惹烯和二苯并[a, h]蒽为主。惹烯是石油燃烧的标志物（Ramdahl，1983；Simcik et al.，1999；Larsen and Baker，2003），Hays 等（2005）曾经报道小麦秸秆的燃烧会释放出惹烯。汽油发动机会产生二苯并[a, h]蒽（Ye et al.，2006）。黄河三角洲地区除了交通运输活动较多之外，芦苇、木材及秸秆燃烧的现象也很常见（Wang et al.，2009b）。因此，PC3 代表了生物质燃烧和机动车石油发动机尾气排放的混合污染源。PC4 的方差贡献率为 8.2%，在荧蒽、芘和二苯并[a, l]芘上因子载荷较高。燃煤过程会产生大量的荧蒽和芘（Mastral et al.，1996；Zhang et al.，2008；Liu et al.，2010）。另外，有学者在煤焦油的标准参考物质（SRM 1597）中曾检测到过高浓度的二苯并[a, l]芘（Schubert et al.，2003）。煤是我国主要的能源，大约占据所有能源供给的 75%（Chen et al.，2004）；

在我国，尤其是华北地区，有超过 4 亿的人使用煤炭来满足家庭能源供给（Xu et al.，2006；Liu et al.，2008a）。因此，PC4 反映了煤炭对于该地多环芳烃的贡献。

PC5 的方差贡献率为 6.9%，在苯并[a]蒽和苯并[a]芘上的因子载荷较高。苯并[a]蒽曾被报道为天然气燃烧的示踪物，同时也经常在柴油机燃烧的过程中被发现（Rogge et al.，1993a；Khalili et al.，1995）。苯并[a]芘通常来源于汽车尾气的排放（Rogge et al.，1993b；Rogge et al.，1993c）。在黄河三角洲胜利油田原油开采的过程中，伴生气也会同时产生，可以用来满足石油生产、居民日常生活、工业生产及燃气汽车的能源需要，因此，PC5 可能反映了天然气燃烧所产生的多环芳烃。

PC6 的方差贡献率为 6.5%，在二苯并[a, e]芘和二苯并[a, h]芘上因子载荷较高，而这两种物质都曾在煤焦油的标准参考物质（SRM 1597）中被检测到，且浓度较高（Schubert et al.，2003）。Wang 等（2013b）曾报道二苯并[a, h]芘是焦油的一种可能性标志物。尽管东营市是一个石油化工城市，依然存在一些生产焦油的化工厂，因而，本研究推测 PC6 代表主要由于焦油生产所产生的多环芳烃。PC7 的方差贡献率为 5.4%，在二苯并[a, i]芘上因子载荷较高。根据目前的数据资料，这一来源无法解释。

多元线性回归分析得到的关系式如下：Σ23PAHs=0.839 PC1+0.408 PC2+0.086 PC3+0.255 PC4+0.169 PC5+0.109 PC6+0.001 PC7（$r = 0.991$）。计算结果显示，PC1、PC2、PC3、PC4、PC5、PC6 和 PC7 对黄河三角洲自然保护区及保护区外邻近区域土壤中多环芳烃的贡献率分别为 44.94%、21.85%、4.61%、13.66%、9.05%、5.84%和 0.05%，表明该区域多环芳烃主要来源于石油的贡献（PC1）。

3.2.4　潜在毒性评价

在所有具有潜在致癌性的多环芳烃中，只有苯并[a]芘具有作为推导致癌能力因素的充足毒理学数据（Peters et al.，1999）。为了评估其他多环芳烃的毒性，本研究用其他致癌性多环芳烃与苯并[a]芘的毒性进行对比所得到的毒性当量因子（TEF）来计算多环芳烃的苯并[a]芘毒性当量（BaPeq），计算时运用的公式如下：BaPeq 总量=$\sum_i C_i \times TEF_i$，其中，C_i 为一种多环芳烃的单独浓度；而 TEF_i 为其对应的毒性当量因子（Agarwal，2009）。表 3-7 列出了黄河三角洲自然保护区及保护区外邻近地区土壤中单个多环芳烃和所有多环芳烃在不同采样点的平均毒性当量。由于缺少惹烯毒性当量因子的数据，惹烯在计算所有多环芳烃的毒性当量时被剔除。黄河三角洲自然保护区土壤中除去惹烯外的剩余 22 种多环芳烃（$\sum22PAHs$）的毒性当量范围介于 1.35～294.5ng·g^{-1} 之间，平均含量为 150.4ng·g^{-1}；保护区内 16 种优控多环芳烃（$\sum16PAHs$）的毒性当量范围介于 0.815～7.157ng·g^{-1}

之间，平均含量为 2.764ng·g^{-1}，远远低于我国上海市城区土壤中多环芳烃的毒性当量（428ng·g^{-1}，Jiang et al.，2009），以及印度德里农村土壤中多环芳烃的毒性当量（48ng·g^{-1}，Agarwal，2009）。保护区内 7 种致癌性多环芳烃（$\sum$7CarPAHs）的平均毒性当量为 2.481ng·g^{-1}，仅占$\sum$22PAHs 毒性当量的 1.6%；而另外 4 种二苯并芘同分异构体（$\sum$4DBPs）的平均毒性当量（147.6ng·g^{-1}）占$\sum$22PAHs 毒性当量的 98.1%。结果表明，虽然这四种二苯并芘同分异构体的浓度在黄河三角洲自然保护区土壤中的多环芳烃总浓度中所占的比例很小（表 3-5），但它们却是该地区土壤中多环芳烃的主要毒性贡献物。从表 3-7 可以看出，黄河三角洲自然保护区内部土壤中$\sum$22PAHs、$\sum$16PAHs、$\sum$7PAHs 和$\sum$4DBPs 的平均毒性当量低于保护区外邻近地区土壤，结果表明，尽管胜利油田的很多油井和装置遍布保护区内部，但保护区的保护措施执行较好，受到的污染相对较小。

表 3-7　黄河三角洲自然保护区及保护区外邻近地区土壤中多环芳烃毒性当量

PAHs	毒性当量因子	苯并[a]芘毒性当量	
		黄河三角洲自然保护区（n=38）	保护区外邻近地区（n=8）
萘	0.001[a]	0.013	0.009
苊烯	0.001[a]	0.003	0.003
苊	0.001[a]	0.001	0.001
芴	0.001[a]	0.01	0.007
菲	0.001[a]	0.03	0.024
蒽	0.01[a]	0.141	0.129
荧蒽	0.001[a]	0.013	0.012
芘	0.001[a]	0.016	0.014
苯并[a]蒽	0.1[a]	0.084	0.064
䓛	0.01[a]	0.016	0.015
苯并[b]荧蒽	0.1[a]	0.296	0.277
苯并[k]荧蒽	0.1[a]	0.23	0.229
苯并[a]芘	1[a]	1.147	1.806
茚并[1, 2, 3-c, d]芘	0.1[a]	0.375	0.438
二苯并[a, h]蒽	1[a]	0.334	0.803
苯并[g, h, i]苝	0.01[a]	0.055	0.019
苝	0.001[a]	0.003	0.002
晕苯	0.001[a]	0.002	0
二苯并[a, l]芘	100[b]	131.3	141.7
二苯并[a, e]芘	1[c]	3.658	6.197

续表

PAHs	毒性当量因子	苯并[a]芘毒性当量	
		黄河三角洲自然保护区（*n*=38）	保护区外邻近地区（*n*=8）
二苯并[a, i]芘	10^c	8.737	3.81
二苯并[a, h]芘	10^c	3.959	4.683
$\sum$22PAHs		150.4	160.2
$\sum$16PAHs		2.764	3.850
$\sum$7CarPAHs		2.481	3.632
$\sum$4DBPs		147.6	156.3

a. 数据引自 Tsai et al., 2004；b. 数据引自 Bergvall and Westerholm, 2007；c. 数据引自 Collins et al., 1998。

3.2.5　小结

本研究所采集的大部分土壤样品中多环芳烃含量较低，且以低分子量多环芳烃为主。研究发现有机碳是影响该地区土壤中多环芳烃污染的一个重要因素。保护区内土壤中缓冲区和核心区中多环芳烃的浓度低于实验区。石油、机动车尾气排放、煤、生物质和天然气燃烧及焦油的生产都是该地区多环芳烃的可能性来源，但以石油来源为主。尽管四种二苯并芘同分异构体（二苯并[a, l]芘、二苯并[a, i]芘、二苯并[a, e]芘和二苯并[a, h]芘）的浓度在黄河三角洲自然保护区土壤中的多环芳烃总浓度中所占的比例很小，但却是该地区土壤中多环芳烃的主要致癌贡献物。

3.3　土壤中多溴联苯醚的来源和潜在风险评价

3.3.1　概述

多溴联苯醚是一类广泛应用于各类商品中的添加型溴代阻燃剂，由于其具有生物累积性和毒性，已经受到了极大的关注（Lagalante et al., 2011；Drage et al., 2015；Li et al., 2015）。尽管多溴联苯醚商品的生产使用已经被限制，且逐渐被移出全球市场，近年来，它们仍然在大气（Li et al., 2015）、水体（Yang et al., 2015）、沉积物（Nouira et al., 2013）、土壤（Parolini et al., 2013）、植物体（Wang et al., 2011b）、海洋哺乳动物（Zhu et al., 2014）、鸟类（Erratico et al., 2015），以及人体组织中（Bramwell et al., 2014；Król et al., 2014；Fromme et al., 2015）被广泛地检测到。因此，不断研究各种环境介质中多溴联苯醚当前的污染水平很有必要，由此可以获得多溴联苯醚限制措施的作用效果，并以此为依据制定减少它们对环境负面效应的应对措施。黄河三角洲自然保护区南岸的莱州湾地区经济发展迅速，而我国最大的溴代阻燃剂生产中心位于莱州湾地区（Pan et al.，2011；Zhu et al.，2014b），因此黄河三角洲地区可能会受到莱州湾溴代阻燃剂生产的影响，如多溴联苯醚这样的溴代阻燃剂可能会在黄河三角洲地区产生污染。然而，目前关于黄河三角洲多溴联苯醚的研究很有限（Gao et al.，2009；Chen et al.，2012；Wang et al.，2016）。因此，围绕着含量、空间分布、组成、输入途径及潜在风险等问题，本节对黄河三角洲土壤中的 39 种低溴代多溴联苯醚进行了研究。

3.3.2　土壤中多溴联苯醚的含量和分布特征

在研究区的 46 个土壤样品中，多溴联苯醚在 44 个样品中被检测到，表明多溴联苯醚在该区域分布广泛。表 3-8 列出了保护区不同功能区（实验区、缓冲区及核心区）及保护区外邻近地区土壤中多溴联苯醚的浓度。如表 3-8 所示，在本研究所涉及的 39 种低溴代多溴联苯醚中，只检测到 14 种，包括 BDE 17&25、BDE 28&33、BDE 35、BDE 37、BDE 47、BDE 100、BDE 119、BDE 99、BDE 118、BDE 154、BDE 153 和 BDE 183。另外，这 14 种多溴联苯醚在不同功能区土壤中的检测率有所差别：实验区检测到 12 种，缓冲区检测到 6 种，核心区检测到 3 种，保护区外邻近地区检测到 14 种。黄河三角洲自然保护区土壤（$n=38$）检测到的多溴联苯醚总浓度（$\sum$PBDEs）范围介于"未检出"至 0.732ng·g^{-1} 之间，平均浓度是 0.142ng·g^{-1}。像多溴联苯醚这样的疏水性有机污染物主要与富含有机碳的环境介质结合（Mai et al.，2005）。然而，本研究区域的$\sum$PBDEs 和有机碳间没有相关性（$|r|=0.076$），这可能是该区域多溴联苯醚浓度较低或有机碳和多溴联苯醚间的分配行为并不是一个主要的活动过程等原因造成的。

表 3-8　黄河三角洲自然保护区及保护区外邻近地区土壤中多溴联苯醚的含量（ng·g^{-1} 干重）

PBDEs	实验区（$n=26$）			缓冲区（$n=8$）			核心区（$n=4$）			保护区外邻近地区（$n=8$）		
	最小值	最大值	平均值	最小值	最大值	平均值	最小值	最大值	平均值	最小值	最大值	平均值
BDE17&25	nd[a]	0.0187	0.002	nd	nd	nd	nd	nd	nd	nd	0.023	0.003
BDE28&33	nd	nd	nd	nd	nd	nd	nd	nd	nd	nd	0.072	0.041
BDE35	nd	0.028	0.002	nd	nd	nd	nd	nd	nd	nd	0.049	0.014
BDE37	nd	0.029	0.002	nd	nd	nd	nd	nd	nd	nd	0.023	0.005
BDE47	nd	0.105	0.017	nd	0.043	0.007	nd	0.008	0.003	0.001	0.119	0.070
BDE100	nd	0.124	0.019	nd	0.049	0.012	nd	nd	nd	nd	0.14	0.072
BDE119	nd	0.024	0.003	nd	0.022	0.002	nd	nd	nd	nd	0.036	0.016
BDE99	nd	0.126	0.018	nd	0.049	0.012	nd	0.008	0.002	nd	0.133	0.070
BDE118	nd	0.021	0.006	nd	nd	nd	nd	nd	nd	0.049	0.084	0.062

PBDEs	实验区（n=26）			缓冲区（n=8）			核心区（n=4）			保护区外邻近地区（n=8）		
	最小值	最大值	平均值	最小值	最大值	平均值	最小值	最大值	平均值	最小值	最大值	平均值
BDE154	nd	0.118	0.028	nd	0.05	0.012	nd	0.023	0.006	nd	0.129	0.072
BDE153	nd	0.417	0.063	nd	0.057	0.026	nd	nd	nd	nd	0.136	0.079
BDE183	nd	0.134	0.024	nd	nd	nd	nd	nd	nd	nd	0.159	0.184
三溴联苯醚	nd	0.066	0.005	nd	nd	nd	nd	nd	nd	nd	0.072	0.048
四溴联苯醚	nd	0.105	0.017	nd	0.043	0.007	nd	0.008	0.003	0.001	0.119	0.070
五溴联苯醚	nd	0.25	0.046	nd	0.098	0.027	nd	0.008	0.002	0.066	0.325	0.203
六溴联苯醚	nd	0.432	0.092	nd	0.105	0.038	nd	0.023	0.006	nd	0.265	0.151
七溴联苯醚	nd	0.134	0.024	nd	nd	nd	nd	nd	nd	nd	0.159	0.084
∑PBDEs	nd	0.732	0.183	0.002	0.242	0.073	nd	0.025	0.011	0.098	0.94	0.586

a. nd 表示未检出。

为了从全球的视角来了解研究区多溴联苯醚当前的污染水平，本研究将黄河三角洲自然保护区土壤中多溴联苯醚的浓度与国内外其他区域进行了对比，结果在表 3-9 中呈现。从表 3-9 可以看出，与国内其他区域相比，研究区土壤中∑PBDEs的浓度要高于青藏高原（Wang et al.，2009c），但远远低于邻近的莱州湾地区（Pan et al.，2011）和一些著名的工业化地区，如北京、上海、长江三角洲和珠江三角洲地区（Zou et al.，2007；Duan et al.，2010；Jiang et al.，2010；Zhang et al.，2013a）及一些著名的电子垃圾拆解回收区，如浙江台州和广东地区（Fu et al.，2011；Wang et al.，2011b）。与国外其他区域相比，研究区多溴联苯醚的浓度略高于北极地区的土壤和科威特的背景土壤（Gevao et al.，2011；Zhu et al.，2015），但低于美国密歇根、西班牙、坦桑尼亚、苏格兰、越南中部这奈泄湖的土壤和科威特城区的土壤及欧洲地区的背景土壤（Hassanin et al.，2004；Eljarrat et al.，2008；Yun et al.，2008；Parolini et al.，2013；Romano et al.，2013；Zhang et al.，2014）。基于这些比较，可以看出黄河三角洲自然保护区多溴联苯醚的污染程度相对较低。

表 3-9　国内外土壤中多溴联苯醚浓度对比（ng·g^{-1} 干重）

采样位置	样品描述	目标 PBDEs[a]	浓度范围	平均值	参考文献
本研究区域	自然保护区	39	nd[b]～0.732	0.142	本研究
中国青藏高原	偏远山区	13	0.0043～0.035[c]	0.011[c]	Wang et al.，2009c
中国莱州湾区域	河流沉积物	7	0.01～53	4.5	Pan et al.，2011
中国莱州湾区域	海洋沉积物	7	nd～0.66	0.32	Pan et al.，2011
中国珠江三角洲	非点源土壤	9	0.13～3.81	1.02	Zou et al.，2007

续表

采样位置	样品描述	目标 PBDEs[a]	浓度范围	平均值	参考文献
中国珠江三角洲	点源土壤	9	1.93～19.5	—	Zou et al.，2007
中国长江三角洲	背景土壤	26	0.16～2.3	0.76	Duan et al.，2010
中国北京	工业土壤	41	0.23～23	—	Zhang et al.，2013a
中国上海	城市土壤	43	0.0223～0.889	0.258	Jiang et al.，2010
中国广东	电子垃圾回收区	7	1.5～249	—	Wang et al.，2011b
中国台州	电子垃圾拆解区	13	0.06～31.2	0.4	Fu et al.，2011
北极斯瓦尔巴特群岛	极地地区	13	0.0017～0.416	0.0655	Zhu et al，2015
科威特	背景土壤	7	0.0247～0.296	—	Gevao et al.，2011
科威特	城市土壤	7	0.226～6.031	—	Gevao et al.，2011
美国密歇根	潮滩土壤	9	0.02～14.67	—	Yun et al.，2008
坦桑尼亚	背景土壤	13	0.136～0.952	0.386	Parolini et al.，2013
欧洲	背景土壤	22	0.065～12.0	—	Hassanin et al.，2004
西班牙	污泥改性土壤	10	5.4～103	—	Eljarrat et al.，2008
苏格兰	—	7	0.02～13.2[d]	—	Zhang et al.，2014
越南中部这奈泄湖	—	14	0.21～4.02	—	Romano et al.，2013

a. 去除 BDE 209；b. nd 表示未检出；c. 包括 BDE 209；d. 归一于土壤有机质（SOM）的浓度。

　　图 3-9 描绘了黄河三角洲自然保护区及保护区外邻近地区土壤中多溴联苯醚的空间分布情况。由图 3-9（a）可见，在黄河三角洲自然保护区，∑PBDEs 浓度最高的点出现在实验区的采样点 5。∑PBDEs 在实验区、缓冲区、核心区及保护区外邻近地区的平均浓度分别为 0.183ng·g^{-1}、0.073ng·g^{-1}、0.011ng·g^{-1} 和 0.586ng·g^{-1}。保护区内实验区∑PBDEs 的平均浓度高于缓冲区和核心区，这与人类在不同保护

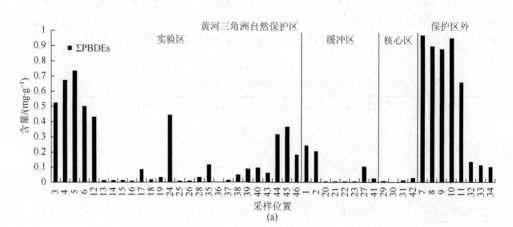
(a)

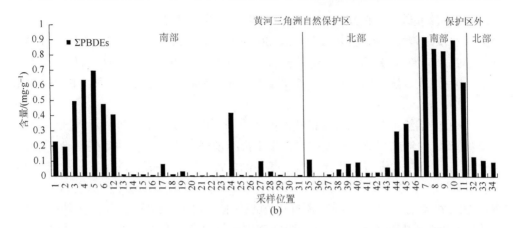

图 3-9 黄河三角洲自然保护区及保护区外邻近地区土壤中多溴联苯醚的空间分布

区功能区的活动强度一致：为了保护黄河三角洲自然保护区稀有的野生动植物资源，保护区中人类活动强度受到严格控制，并大致按照实验区＞缓冲区＞核心区顺序降低，这与 ∑PBDEs 浓度在不同功能区的分布情况相对应。比较保护区内外∑PBDEs 的平均浓度，保护区内部多溴联苯醚的浓度（平均值为 0.142ng·g^{-1}）低于保护区外部，这也体现了黄河三角洲自然保护区较好的保护效果。

根据地理位置，黄河三角洲自然保护区从整体上可以分为南部区域和北部区域两部分，同样，保护区外邻近地区也可以根据地理位置分为南北两部分。黄河三角洲自然保护区的南部区域由黄河口和大汶流管理站管理，北部区域由一千二管理站管理。图 3-9（b）描绘了∑PBDEs 在黄河三角洲自然保护区及保护区外邻近地区的南北分布情况。∑PBDEs 浓度的南北分布呈现如下的分布特征：黄河三角洲自然保护区南部地区（平均值为 0.157ng·g^{-1}）＞北部地区（平均值为 0.110ng·g^{-1}），保护区外邻近地区土壤的南部（平均值为 0.869ng·g^{-1}）＞北部地区（平均值为 0.115ng·g^{-1}）。此外，部分相对靠南的采样点，如采样点 1～12，土壤中多溴联苯醚的浓度相对较高。这一现象在意料之中，因为研究区南部更加靠近有很多溴代阻燃剂工厂分布的潍坊滨海经济技术开发区和寿光市，这些地区的溴代阻燃剂产业在迅速发展的同时也产生了大量的工业废物。

3.3.3 污染源识别

根据多溴联苯醚溴原子个数的不同，本研究中的 39 种低溴代多溴联苯醚可以分为一溴联苯醚（BDE1，2，3）、二溴联苯醚（BDE7，8，10，11，12，13，15）、三溴联苯醚（BDE17，25，28，30，32，33，35，37）、四溴联苯醚（BDE47，49，66，71，75，77）、五溴联苯醚（BDE85，99，100，116，118，119，126）、六溴联苯醚（BDE 138，153，154，155，166）和七溴联苯醚（BDE 181，183，190）。

　　图3-10描绘了黄河三角洲自然保护区不同功能区及保护区外邻近地区土壤中多溴联苯醚的组成情况。从图中可以看出，一溴联苯醚和二溴联苯醚在研究区所有的土壤样品中均没有检测到。对于其他的多溴联苯醚，五溴联苯醚和六溴联苯醚是研究区土壤中最丰富的多溴联苯醚种类，二者浓度加在一起占实验区$\sum$PBDEs 浓度的 74.74%、缓冲区的 90.10%、核心区的 73.06%、保护区外邻近地区的 63.12% 及从整体上占整个保护区$\sum$PBDEs 浓度的 76.53%。经常在五溴联苯醚商品中被发现的 BDE 47、99、100、154 和 153 这五种多溴联苯醚在黄河三角洲自然保护区各个采样点的浓度之和占$\sum$PBDEs 浓度的百分比介于 0%～100% 之间，平均百分比为 59.21%（图 3-11）。而八溴联苯醚商品的主要成分 BDE 183 和 138 的总浓度，在黄河三角洲自然保护区各个采样点土壤中占$\sum$PBDEs 浓度的百分比介于 0%～20.83% 之间，平均百分比为 4.23%，表明八溴联苯醚商品可能不是黄河三角洲自然保护区多溴联苯醚的一个主要来源。然而，五溴联苯醚商品是否为该区域多溴联苯醚的一个重要来源，仅依靠 BDE 47、99、100、154 和 153 这五种多溴联苯醚在该区域所占比例较高的现象还不能作出判断。为了找出该区域多溴联苯醚的潜在污染源，本研究将土壤和五溴联苯醚商品（Bromkal 70-5DE 和 DE-71）中这五种多溴联苯醚的具体组成进行对比（Sjödin et al.，1998；Konstantinov et al.，2008）。从图 3-11 可以看出，土壤和 Bromkal 70-5DE 或 DE-71 中多溴联苯醚的具体组成差别明显：BDE 47 和 BDE 99 是这两种五溴联苯醚商品的主要成分，而土壤中检测到的多溴联苯醚却以 BDE 153 为主，表明五溴联苯醚品可能也不是黄河三角洲自然保护区多溴联苯醚的主要来源。十溴联苯醚是我国主要的多溴联苯醚商品（Zhu et al.，2014b）。Chen 等（2012）曾对黄河三角洲土壤中包括 BDE 209 在内的多溴联苯醚做过研究，该研究和本研究区的部分采样点距离较近，结果表明黄河三角洲土壤中的多溴联苯醚以十溴联苯醚（BDE 209）为主，主要来源于山东省的十溴联苯醚制造厂（Chen et al.，2012）。因此，在本研究中，尽管由于缺乏土壤中 BDE 209 的浓度数据无法对低溴代多联苯醚和 BDE209 之间的关系作相关性分析，排除五溴联苯醚和八溴联苯醚商品这两种污染源，推测研究区的低溴代多溴联苯醚可能来源于十溴联苯醚的脱溴作用和远距离大气传输过程。此外，一些高分子量的多溴联苯醚，如 BDE 138 和 BDE 183，在该区域所占的百分比较低，这可能是因为与低分子量多溴联苯醚相比，这些高分子量多溴联苯醚在环境中的挥发性和迁移性相对较低。

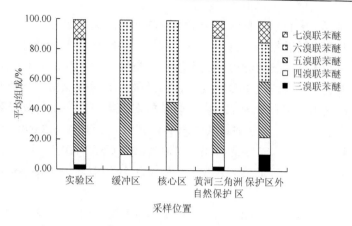

图 3-10　多溴联苯醚的组成

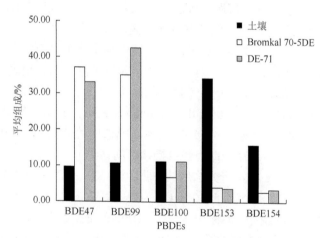

图 3-11　土壤和五溴联苯醚商品中五种多溴联苯醚的具体组成对比

3.3.4　潜在风险评价

为了研究黄河三角洲自然保护区土壤中所含的多溴联苯醚是否会成为黄河三角洲地区农产品及水域中多溴联苯醚的潜在污染源,本研究运用式(3-4)对该区域 $\sum$PBDEs 的储存量进行了估算(Zou et al.,2007):

$$I=\sum kC_i A_i dp \qquad (3-4)$$

式中, C_i 为 $\sum$PBDEs 在黄河三角洲自然保护区各个采样区土壤中的平均浓度(ng·g^{-1}); A_i 为保护区各个采样区的面积(km^2); d 为所采土壤样品的深度(cm); p 为干土壤颗粒的平均密度(g·cm^{-3}); k 为单位转换系数。黄河三角洲自然保护区土壤采样深度为 5cm,土壤密度选用的是大多数研究中所用到的 1.5g·cm^{-3},由此估算的黄河三角洲自然保护区土壤中多溴联苯醚的储存量为 12.41kg，该值要高于我国长江三角洲地区崇明岛背景土壤中所估算的储存量（Duan et al.，2010），但是远远低于我国珠江三角洲地区的多溴联苯醚储存量（Zou et al.，2007）。

此外，人类可能会通过摄食、皮肤接触及吸入土壤颗粒物这三种方式暴露于土壤中的多溴联苯醚中。土壤中的多溴联苯醚对人类可能产生的致癌风险可以通过式（3-5）～式（3-7）进行估算（USEPA，1997；USEPA，2009b）：

$$致癌风险_{摄食}=C\times IngR\times EF\times ED\times CF\times CSF/（BW\times AT） \quad (3-5)$$

$$致癌风险_{皮肤接触}=C\times SA\times AF_{土壤}\times ABS\times EF\times ED\times CF\times CSF\times GIABS/（BW\times AT） \quad (3-6)$$

$$致癌风险_{呼吸}=C\times InhR\times AF_{呼吸}\times EF\times ED\times IUR/（PEF\times AT） \quad (3-7)$$

式中，致癌风险_{摄食}、致癌风险_{皮肤接触}和致癌风险_{呼吸}分别为通过摄食、皮肤接触及呼吸这三种方式摄入多溴联苯醚所导致的致癌风险；C 为土壤中多溴联苯醚的浓度（$mg\cdot kg^{-1}$）；在本研究区，为了保护自然保护区，核心区人类活动的强度很弱，所以人类暴露在核心区土壤中多溴联苯醚的可能性很小，可以忽略不计，本研究对多溴联苯醚致癌风险的估算以实验区、缓冲区及保护区外邻近地区土壤中多溴联苯醚的平均浓度（$0.239\times 10^{-3} mg\cdot kg^{-1}$）为基础；IngR 为摄食土壤的速率（$mg\cdot d^{-1}$），本研究选用是成人的推荐值 $100mg\cdot d^{-1}$（Calabrese et al.，1987；Man et al.，2011；Ge et al.，2013）；EF 为暴露频率（$d\cdot a^{-1}$），本研究选用的 EF 值为 $350d\cdot a^{-1}$（Man et al.，2011；Ge et al.，2013）；ED 为暴露持续时间（年），本研究中选用的值为 70 年；BW 为人类体重（kg），本研究选用的体重值为 70kg；AT 为平均暴露时间（d），按照如下公式计算：$70\times 365=25550d$；CF 为换算系数（$1\times 10^{-6} kg\cdot mg^{-1}$）；CSF 为癌症斜率系数：多溴联苯醚中只有 BDE209 的 CSF 值是已知的，为 $7\times 10^{-4} mg\cdot kg^{-1}\cdot d^{-1}$，因此本研究选用 BDE209 的 CSF 值来估算多溴联苯醚的致癌风险（Staskal et al.，2008；Ni et al.，2012；Yang et al.，2015）；SA 为接触到土壤的皮肤表面积（cm^2），本研究选用的值为 $3300cm^2$（Man et al.，2011）；$AF_{土壤}$ 为皮肤吸附土壤的系数（$mg\cdot cm^{-2}$），本研究选用的值为 $0.2mg\cdot cm^{-2}$（USEPA，1997）；ABS 为皮肤吸收因子，具有化学特异性，依据化学性质的不同而不同，对多溴联苯醚来说，它们的 ABS 值和二噁英（TCDD）及其他相关的化合物类似，本研究选用的 ABS 值为 0.03（USEPA，2004；Johnson-Restrepo and Kannan，2009）；GIABS 为胃肠道吸附多溴联苯醚的系数，而 $AF_{呼吸}$ 为肺吸收因子，本研究将 GIABS 和 $AF_{呼吸}$ 的值都设定为 1，以此对多溴联苯醚的致癌风险做一个初步的估算和评价（Ge et al.，2013）；InhR 为呼吸速率（$m^3\cdot d^{-1}$），选用的值为 $15.8m^3\cdot d^{-1}$（Ge et al.，2013）；PEF 为颗粒物释放因子（$1.36\times 10^9 m^3\cdot kg^{-1}$）（Man et al.，2011；Ge et al.，2013）；IUR 为吸入单位风险，选用的值为 $0.57mg\cdot m^{-3}$（Man et al.，2011；Ge et al.，2013）。将上述三个公式得到的结果相加，以此来估算通过摄食、皮肤接触及呼吸这三种途径摄入多溴联苯醚的联合致癌风险（Man et al., 2011；Ge et al., 2013）。根据以下标准对罹患癌症的风险进行分级（ATSDR，1995）：当估算值≤10^{-6}时，致癌风险非常低；当10^{-6}<估算值<10^{-4}，致癌风险较低；当10^{-4}≤估算值<10^{-3}，致癌风险中等；当10^{-3}≤估算值<10^{-1}，致癌风险较高；当估算值≥10^{-1}，致癌风险非常高。根据计算得知黄河三角洲自然保护区实验区、缓冲区及保护区外邻近地区土壤中多溴联苯醚的联合致癌风险估算值为 $1.785×10^{-12}$，远远低于10^{-6}，因此对人类健康的威胁较小。

3.3.5　小结

本研究区土壤中只检测到 14 种低溴代多溴联苯醚，并与国内外其他区域相比，结果显示本研究区多溴联苯醚污染程度较低。研究发现，有机碳对研究区土壤中多溴联苯醚的影响较小。在空间分布上，保护区、核心区和缓冲区中多溴联苯醚的浓度要低于实验区，保护区内外南部地区土壤中多溴联苯醚的浓度要高于北部地区。该研究区土壤中的多溴联苯醚以五溴联苯醚和六溴联苯醚为主，可能来源于十溴联苯醚的脱溴和大气的远距离传输。由于土壤中多溴联苯醚浓度相对较低，因此其在土壤中的储存量和致癌性风险都非常低。

3.4　土壤中重金属地球化学特征与风险评价

3.4.1　概述

黄河三角洲国家自然保护区在植物资源、动物资源及科研资源方面都有重要价值（如湿地生态系统、天然林及遗传基因研究、土壤改良利用等）。但是，黄河三角洲国家自然保护区濒临中国第二大油田，即胜利油田，它可能面临原油开采及周围化工厂所产生的污染（Wang et al., 2011c），因此，该保护区的生态敏感性和潜在发展前景，以及独特的环境条件已经引起学者的广泛关注。本课题主要目的是：①研究重金属的空间分布规律；②识别重金属可能的污染来源；③评估研究区重金属的污染程度和潜在环境风险。

3.4.2　土壤基本理化特性

实验分析结果显示，土壤的 pH 变化范围为 7.22~9.35，平均值为 8.37，属于碱性土壤，总有机碳变化范围为 0.019%~0.572%，平均含量为 0.061%（表 3-10）。

表 3-10　黄河三角洲地表土基本化学特征（$n = 46$）

编号	pH	TOC/%	编号	pH	TOC/%	编号	pH	TOC/%	编号	pH	TOC/%
1	8.54	0.066	13	8.01	0.082	25	7.77	0.038	37	9.06	0.040
2	7.22	0.036	14	8.25	0.090	26	8.34	0.046	38	8.73	0.054
3	8.55	0.059	15	7.98	0.050	27	8.11	0.077	39	7.76	0.043
4	8.67	0.028	16	8.29	0.023	28	8.30	0.063	40	8.52	0.192
5	8.36	0.085	17	8.32	0.036	29	8.31	0.031	41	8.12	0.062
6	7.67	0.046	18	8.39	0.030	30	7.82	0.026	42	8.22	0.026
7	8.58	0.047	19	7.86	0.057	31	8.36	0.065	43	8.81	0.035
8	8.41	0.031	20	8.51	0.019	32	8.07	0.051	44	8.42	0.048
9	8.33	0.057	21	9.23	0.041	33	8.40	0.050	45	8.52	0.028
10	9.22	0.019	22	9.33	0.034	34	9.05	0.040	46	8.67	0.048
11	8.15	0.036	23	9.35	0.041	35	8.17	0.078	平均值	8.37	0.061
12	8.22	0.042	24	7.87	0.572	36	8.20	0.052	范围	7.22～9.35	0.019～0.572

3.4.3　土壤重金属分布规律

表 3-11 对方法的回收率、样品中重金属平均含量、土壤背景值和环境质量限值进行了归纳，结果表明，标准物质的重金属回收率较高，为 95.5%～106.4%。逐级提取实验中，四步提取的重金属浓度之和与标准物质的标准值也比较接近，其回收率为 94.3%～109.4%，显示整个提取实验过程有较高的准确性。

表 3-11　地表土壤重金属平均含量及方法回收率

项目	铜	锌	铅	铬	镉	铁	锰	镍
测量值（GSS-5）	153.2	507.2	532.8	113.4	0.479	92605.2	1299.1	39.6
标准值（GSS-5）	144	494	552	118	0.45	88340	1360	40.0
总量回收率/%	106.4	102.6	96.5	96.1	106.4	104.8	95.5	99.0
四步提取之和/%	149.2	460.8	528.2	120.8	0.49	96624.4	1297.4	41.8
逐级提取回收率/%	103.6	94.3	95.7	102.4	109.4	109.4	95.3	104.3
样品平均含量/(mg·kg⁻¹)	19.4	65.2	38.4	55.9	0.078	41546.5	510.3	27.5
样品含量范围/(mg·kg⁻¹)	7.22～33.5	20.1～98.4	5.21～300.9	6.36～178	0～0.62	28243～54489	49.2～768	4.07～49.3
地壳背景值/(mg·kg⁻¹)	25.0	65.0	14.8	126	0.10	43200	716	56.0
中国土壤背景值/(mg·kg⁻¹)	22.6	74.2	26.0	61.0	0.097	29400	583	26.9
土壤环境质量限值/(mg·kg⁻¹)	100	300	80.0	250	0.80	—	—	100

样品中重金属铜、锌、铅、铬、镉、铁、锰和镍的平均浓度分别为 19.4mg·kg^{-1}、65.2mg·kg^{-1}、38.4mg·kg^{-1}、55.9mg·kg^{-1}、0.078mg·kg^{-1}、41546.5mg·kg^{-1}、510.3mg·kg^{-1} 和 27.5mg·kg^{-1}。铁是含量最高的元素，其他元素含量依次为锰＞锌＞铬＞镍＞铅＞铜＞镉。总体来看，铜、锌、铅、铬、镉和镍均未超出中国土壤环境质量限值（GB 15618—1995）。将这些元素的结果与中国土壤背景值（魏复盛等，1991）或地壳背景值（Wedepohl，1995）进行比较，发现重金属铜、锌、铬、镉的含量偏低，显示这些重金属的富集程度较低。然而，铅、铁和镍却显示了较高的浓度，比中国土壤标准参考值高出较多，说明黄河三角洲国家自然保护区中土壤的铁、铅和镍含量相对较高。黄河三角洲国家自然保护区位于胜利油田范围内，因此，石油的开采和化石燃料的燃烧等因素都会导致铅等元素污染的加重。此外，铅的熔点较低，在燃烧或金属冶炼加工过程所产生的铅易以气溶胶形式传播到更远范围（Dauvalter and Rognerud，2001）。实验发现采样点 20 非常接近红柳油田和黄河口旅游饭店，此采样点的铅和镉含量非常高。采样点 44 处于飞雁滩油田附近，属于保护区的缓冲区，此采样点的铬含量也较高。

3.4.4　重金属污染来源解析

一定环境介质中，土壤基质或理化指标的相互关系可以说明其重金属的污染来源和迁移途径。表 3-12 和表 3-13 总结了重金属之间的相关性分析和主成分分析结果。结果显示，多种重金属之间存在显著正相关：如铜-锌-锰-镍，铅-镉-镍，铜-铁-锰-镍，铜-铬，铬-镍及锰-铬，这些存在显著正相关的元素可能有着类似的污染来源和迁移行为。

表 3-12　地表土样品重金属相关性分析

元素	铜	锌	铅	铬	镉	铁	锰	镍
铜	1							
锌	0.68**	1						
铅	0.12	0.13	1					
铬	0.36*	0.25	0.07	1				
镉	0.09	0.21	0.97**	0.05	1			
铁	0.63**	0.29	−0.15	−0.05	−0.21	1		
锰	0.85**	0.86**	0.12	0.38*	0.17	0.30*	1	
镍	0.75**	0.79**	0.56**	0.35	0.59**	0.19	0.87**	1

**在 α=0.01 水平上显著相关；*在 α=0.05 水平上显著相关。

表 3-13　地表土样品重金属相主成分分析

元素	第一主成分	第二主成分	第三主成分
铜	**0.95**	0.00	−0.01
锌	**0.85**	0.14	0.14
铅	0.08	**0.97**	0.00
铬	0.33	−0.05	**0.83**
镉	0.09	**0.98**	0.04
铁	0.62	−0.29	−0.57
锰	**0.92**	0.10	0.23
镍	0.80	0.53	0.19
贡献率/%	49.3	26.1	12.8

　　主成分分析进一步研究了研究区域中重金属污染的来源，共提取了三个特征值大于 1 的主要因子，它们对全部数据信息的贡献率之和为 88.2%，三个主成分分别占全部信息的比例为 43.9%、26.1% 和 12.8%（表 3-13），因此，这三个主成分在解释研究区重金属污染方面有足够的代表性。第一主成分的贡献率是 49.3%，虽然因子变量表现在铜（0.95）、锌（0.85）、锰（0.92）和镍（0.80）上有较高的正载荷，表明这些重金属有类似的来源，但是土壤中这些金属的浓度与中国土壤背景值比较接近，因此，这些重金属应该主要来于自然源。第二主成分的贡献率是 26.1%，在铅和镉两个变量上有非常高的正载荷，数值分别是 0.97 和 0.98，这些结果表明化石燃料所产生的重金属污染对整个研究区金属元素的污染产生了重要影响。第三主成分的贡献率是 12.8%，对铬元素有较高的正载荷（0.83），这可能主要来自于化工产业的污染。

3.4.5　重金属赋存形态特征

　　样品重金属形态测试结果显示（表 3-14 和图 3-12），重金属以残渣态形态为主，各重金属残渣态平均含量分别为：铜 57.0%，锌 61.5%，铬 84.1%，铁 85.6%，镍 66.6%。铜、锌、铅和镍元素的可氧化态比例较高，分别占总量的比例为 27.0、32.4、25.6 和 25.2%，表明这些元素有相当一部分以有机化合物形态或金属硫化物形式存在（Tokalioğlu et al., 2000）。镉元素的含量较低，形态提取中大部分数值都低于检出限，因此，未对镉赋存形态特征进行分析讨论。

表 3-14   黄河三角洲国家自然保护区地表土重金属形态特征（%）

形态	铜	锌	铅	铬	铁	锰	镍
F1	3.02±1.18	1.29±1.42	5.15±2.30	0.696±3.58	0.127±0.16	**40.2±5.89**	3.03±0.91
	1.50～6.88	0.01～6.79	0.35～10.6	0.01～24.5	0.02～0.84	27.0～57.5	0.87～5.32
F2	12.9±3.87	4.78±2.46	**45.3±7.52**	1.98±3.71	3.16±1.04	11.2±6.90	5.26±1.17
	1.40～22.0	0.59～12.8	10.6～59.0	0.56～26.1	1.31～6.01	4.18～34.6	1.41～7.46
F3	**27.0±4.45**	**32.4±8.60**	25.6±8.55	13.2±2.93	11.1±4.14	9.51±1.99	**25.2±4.85**
	18.0～37.14	17.4～50.6	16.2～72.0	8.54～26.0	3.55～21.0	5.37～12.9	13.2～33.2
F4	**57.0±5.39**	**61.5±8.11**	23.9±5.89	**84.1±9.45**	**85.6±4.14**	**39.1±6.28**	**66.6±5.51**
	47.3～72.0	42.9～78.0	12.6～36.0	23.4～90.2	76.5～94.0	26.5～56.4	57.60～84.5

注：F1：可交换态；F2：可还原态；F3：可氧化态；F4：残渣态；数据表示格式为平均值±标准差（如 3.02 ±1.18）和范围（如 1.50～6.88）。

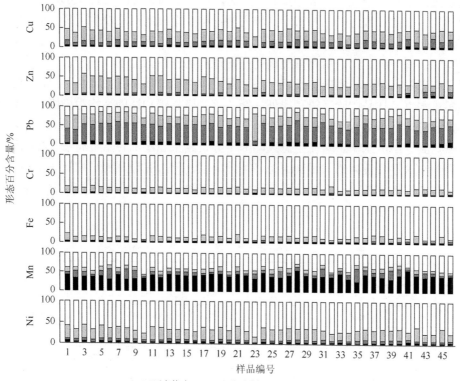

图 3-12   黄河三角洲地表土重金属赋存形态

　　铅元素的可还原态形态占总量的比例最大，平均含量为 45.3%，这表明铅的主要组分可能以铁锰氧化物形式存在，因此具有热不稳定性，在厌氧条件下可能释放出来而对环境造成一定危害。铅的可氧化态和残渣态也占较大比例，分别为 25.6%和 23.4%。

形态逐级提取实验发现，锰元素形态组成与其他元素存在较大差别，占锰总量比例最高的形态是可交换态，平均含量为 40.2%，这可能是大部分锰与样品中的碳酸盐和氧化物结合，这一形态的锰对 pH 比较敏感，酸性条件下容易释放出来（Tessier et al.，1979；Tokalioğlu et al.，2000），因此，这意味着它对环境土壤具有较大潜在风险，剩余部分的锰主要以残渣态存在，占总量的平均含量为 39.1%。

3.4.6　重金属风险评价

表 3-15 对土壤的富集因子进行了总结，这些重金属的平均富集因子大小顺序为 Pb＞Ni＞Cr＞Zn＞Mn＞Cu＞Cd。总体而言，样品中铜、锌、铬、铁、锰和镍的富集因子都小于 1，显示无富集，然而，铅的平均富集因子为 1.09，说明有轻微富集，因此，人为活动对研究区域内的铅等重金属的污染产生了重要影响。土壤样品的地质累积指数分析结果显示，重金属的污染水平由重到轻依次为锰＞铅＞铬＞锌＞铜＞镍＞镉，所有重金属的平均地质累积指数值都小于零，表明土壤几乎没有污染，然而，实验也发现，很多采样点铅的地质累积指数高于 1，处于中度污染水平。样品中除了铅和镍外，铜、锌、铬、镉和锰的平均污染因子数值较小，显示为低污染水平，而铅元素污染因子数值最大，平均数值为 1.48，其污染水平达到了中度水平。潜在生态风险因子分析结果显示，各重金属潜在生态因子由大到小顺序为镉＞铅＞镍＞铜＞铬＞锌＞锰，但所有金属的平均潜在生态风险因子数值都低于 40，表明整个研究区域内这几种重金属的平均生态风险都显示为低潜在生态水平。

表 3-15　黄河三角洲地表土重金属污染生态风险评估

项目	铜	锌	铅	铬	镉	锰	镍
EF	0.21～0.82	0.16～0.97	0.12～10.12	0.09～2.20	0.01～5.58	0.05～0.80	0.09～1.60
	0.60±0.11	0.63±0.18	**1.09±1.39**	0.66±0.29	0.60±0.79	0.62±0.16	0.73±0.23
I_{geo}	−2.23～0.02	−2.47～0.18	−2.9～2.95	−3.82～0.98	−6.74～2.09	−0.64～0.31	−4.15～0.19
	−0.86±0.41	−0.85±0.51	−0.29±0.80	−0.81±0.69	−1.37±1.28	−0.099±0.20	−0.89±0.71
C_f	0.32～1.48	0.27～1.33	0.20～11.57	0.10～2.92	0.01～6.38	0.08～1.32	0.15～1.83
	0.86±0.22	0.88±0.26	**1.48±1.57**	0.92±0.38	0.80±0.90	0.88±0.25	1.03±0.30
Er	1.60～7.42	0.27～1.33	1.00～57.87	0.21～5.84	0.42～191.46	0.08～1.32	0.76～9.17
	4.28±1.08	0.88±0.26	7.38±7.86	1.83±0.754	**24.0±27.06**	0.88±0.25	5.12±1.52

注：数据表示格式为范围（如 0.21～0.82）和平均值±标准差（如 0.60±0.11）。

表 3-16 归纳了生态风险评价结果，46 个地表土样品中，污染程度（C_d）变化范围是 3.02～24.2，平均值是 8.24，表明研究区整体而言，单个重金属污染程度都处于中度污染水平。潜在生态风险指数（RI）和污染负荷指数（PLI）的平均值分别为 44.4 和 0.931，总体显示每个采样点的重金属综合污染程度为低生态风险水平。在所有采样点中，采样点 S20 的重金属污染最为严重，尤其是重金属铅和镉污染相对最严重，污染程度、污染负荷指数和潜在生态风险指数的最大值都出现在采样点 20 处，数值分别为 24.2、1.703 和 265.9，污染程度为中等至比较严重，这可能是因为采样点 20 邻近黄河口旅游饭店和孤东石油冶炼厂，此处的交通运输和其他污染物来源较多，而铅和镉又是相对容易挥发的重金属，因此这两种元素含量较高。

表 3-16 黄河三角洲地表土重金属污染生态风险评估

编号	C_d	PLI	RI	编号	C_d	PLI	RI	编号	C_d	PLI	RI
1	8.59	1.053	49.5	17	7.70	0.946	37.7	33	6.93	0.813	28.0
2	8.78	1.078	44.7	18	8.12	1.001	42.0	34	6.02	0.704	24.9
3	8.69	1.065	50.5	19	9.75	1.183	48.3	35	6.80	0.77	30.8
4	7.99	0.959	50.5	20	24.23	1.703	265.9	36	3.04	0.243	9.6
5	9.93	1.12	62.3	21	9.45	1.164	55.2	37	6.93	0.826	29.3
6	9.51	1.152	43.1	22	8.33	1.030	50.7	38	7.22	0.811	26.1
7	7.72	0.949	44.5	23	6.62	0.804	40.1	39	7.99	0.915	30.3
8	10.76	1.323	66.3	24	9.00	1.096	42.2	40	7.61	0.869	32.3
9	9.92	1.222	59.9	25	8.14	1.003	45.7	41	6.89	0.763	28.7
10	6.98	0.859	37.6	26	9.30	1.123	39.6	42	5.99	0.484	15.4
11	8.38	1.019	37.4	27	8.43	0.125	44.0	43	5.74	0.669	23.3
12	8.16	0.999	51.2	28	11.38	1.395	59.9	44	7.90	0.729	23.4
13	8.81	1.087	50.4	29	7.92	0.968	38.7	45	4.19	0.422	11.1
14	8.55	1.04	53.3	30	7.30	0.871	30.8	46	3.02	0.289	15.3
15	8.34	1.026	45.0	31	10.75	1.299	50.0	平均值	8.24	0.931	44.4
16	8.43	1.038	44.8	32	6.85	0.826	31.9	范围	3.02～24.23	0.125～1.703	9.60～265.9

3.4.7 小结

（1）研究区域铜、锌、铬、镉、锰和镍的平均浓度比中国土壤背景值要低，显示低污染水平，但是铅和铁浓度高出这一背景值。

（2）多数重金属之间的正相关显著或极显著，表明这些重金属可能有类似的地球化学行为。主成分分析结果显示大部分金属元素来自于土壤母质和化石燃料的燃烧，化工产业对污染也有一定贡献，因此，研究区域重金属的来源是自然源和人为活动因素共同所致。

（3）形态逐级提取结果显示铜、锌、铬、铁和镍元素以残渣态为主，显示为低环境风险水平；铜、锌、铅和镍元素的可氧化态所占比例较高；铅元素可氧化态占总量比例较高，其次是可氧化态和残渣态；锰元素的可交换态含量与残渣态接近，呈现出较高的潜在生态风险和生物有效性。

（4）生态风险评估结果显示，所有样品中铜、锌、铬、镉、锰和镍的污染水平轻微，呈现无富集状态；铅元素的富集因子和污染因子相对较高，为轻微富集状态，显示为中等污染水平；重金属的潜在生态风险指数、污染负荷指数均显示为轻微污染，而总体污染程度显示为中等污染水平。

3.5 土壤中正构烷烃的潜在来源探究

3.5.1 概述

为更好地保护河口湿地生态系统，使其不受石油烃类污染物的影响，探究自然保护区的土壤中烃类污染物的潜在来源及其污染水平显得非常重要。本节旨在对黄河三角洲自然保护区表层土壤中正构烷烃的组成、分布和来源进行系统的研究。同时，可通过正构烷烃的含量和分子组成来判断烃类污染物的潜在来源及各来源的相对贡献。研究结果可为河口湿地生态系统的保护和重建提供建议。

3.5.2 土壤中正构烷烃的组成及含量

利用气相色谱-质谱法对 2013 年采集的黄河三角洲自然保护区内、外 46 个表层土壤样品中的正构烷烃进行定量分析，并对其组成、分布特征及来源进行研究。结果表明，黄河三角洲自然保护区表层土壤中正构烷烃的碳数分布范围为 $C_{12}\sim$

C_{35}，其中 C_{12}、C_{13}、C_{32}、C_{33}、C_{34} 和 C_{35} 的正构烷烃仅在少数采样点被检出。C_{12}、C_{13}、C_{32} 和 C_{34} 的正构烷烃浓度显著低于 C_{33} 和 C_{35}。正构烷烃浓度的典型分布模式如图 3-13 所示，可以发现保护区内、外表层土壤中正构烷烃的分布大多呈现双峰分布模式，而仅有一部分土壤样品呈现单峰分布模式。

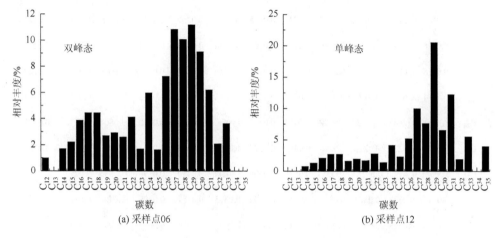

图 3-13　黄河三角洲自然保护区表层土壤中正构烷烃的典型碳数分布

　　黄河三角洲自然保护区内各功能区（核心区、缓冲区和实验区）及保护区外邻近区域表层土壤中的正构烷烃浓度如表 3-17 所示。我们利用 3σ 原则识别出了正构烷烃总浓度（T-ALK）的两个异常值（采样点 24 和采样点 44）。在后续的数据分析过程中，去除了这两个异常值，以下所有分析均基于剩余的 44 个表层土壤样品。

表 3-17　黄河三角洲自然保护区及保护区外邻近区域表层土壤中正构烷烃的含量（$\mu g \cdot g^{-1}$，干重）

正构烷烃	核心区			缓冲区			实验区			保护区外		
	最小值	最大值	平均值	最小值	最大值	平均值	最小值	最大值	平均值	最小值	最大值	平均值
C_{12}	nd[a]	0.00518	0.00130	nd	0.00437	0.00224	nd	0.00512	0.00288	nd	0.00522	0.00372
C_{13}	nd	nd	nd	nd	nd	nd	nd	0.000813	0.000177	nd	0.000291	0.0000620
C_{14}	0.00507	0.00621	0.00580	0.00573	0.0150	0.00919	0.00574	0.0167	0.00852	0.00604	0.00787	0.00724
C_{15}	0.00953	0.00983	0.00965	0.00990	0.0146	0.0113	0.00946	0.0130	0.0105	0.00958	0.0106	0.00992
C_{16}	0.0137	0.0169	0.0151	0.0161	0.0360	0.0226	0.0154	0.0319	0.0198	0.0156	0.0186	0.0173
C_{17}	0.0192	0.0213	0.0199	0.0202	0.0259	0.0224	0.0196	0.0272	0.0213	0.0198	0.0208	0.0202

正构烷烃	核心区			缓冲区			实验区			保护区外		
	最小值	最大值	平均值	最小值	最大值	平均值	最小值	最大值	平均值	最小值	最大值	平均值
C_{18}	0.0184	0.0195	0.0191	0.0204	0.0307	0.0240	0.0196	0.0345	0.0226	0.0196	0.0209	0.0203
C_{19}	0.0109	0.0121	0.0117	0.0125	0.0211	0.0158	0.0119	0.0267	0.0151	0.0117	0.0132	0.0125
C_{20}	0.0118	0.0134	0.0128	0.0140	0.0310	0.0200	0.0134	0.0405	0.0189	0.0131	0.0167	0.0144
C_{21}	0.0118	0.0123	0.0120	0.0120	0.0230	0.0159	0.0119	0.0247	0.0151	0.0119	0.0150	0.0128
C_{22}	0.0184	0.0192	0.0188	0.0189	0.0300	0.0240	0.0188	0.0382	0.0233	0.0187	0.0243	0.0201
C_{23}	0.00795	0.00871	0.00837	0.00780	0.0322	0.0159	0.00783	0.0358	0.0150	0.00804	0.0172	0.0101
C_{24}	0.0274	0.0279	0.0276	0.0270	0.0468	0.0329	0.0272	0.0467	0.0314	0.0275	0.0289	0.0282
C_{25}	0.00631	0.00860	0.00731	0.00557	0.0537	0.0208	0.00586	0.0486	0.0196	0.00636	0.0217	0.0107
C_{26}	0.0317	0.0328	0.0323	0.0315	0.0518	0.0394	0.0315	0.0577	0.0395	0.0324	0.0415	0.0347
C_{27}	0.0480	0.0513	0.0495	0.0471	0.0921	0.0625	0.0471	0.0929	0.0628	0.0488	0.0598	0.0527
C_{28}	0.0447	0.0456	0.0452	0.0443	0.0622	0.0513	0.0442	0.0651	0.0511	0.0454	0.0527	0.0474
C_{29}	0.0505	0.0638	0.0556	0.0455	0.164	0.0830	0.0459	0.147	0.0700	0.0464	0.0732	0.0572
C_{30}	0.0410	0.0424	0.0416	nd	0.0642	0.0449	nd	0.0974	0.0474	0.0417	0.0545	0.0456
C_{31}	0.0258	0.0603	0.0390	0.0128	0.167	0.0754	0.0126	0.252	0.0796	0.0258	0.0752	0.0438
C_{32}	nd	0.0106	0.00520	nd	0.0234	0.0128	nd	0.0249	0.0127	0.00881	0.0208	0.0116
C_{33}	nd	0.0218	0.00842	nd	0.0670	0.0250	nd	0.0800	0.0276	nd	0.0377	0.0168
C_{34}	nd	nd	nd	nd	nd	nd	nd	0.0228	0.00175	nd	nd	nd
C_{35}	nd	nd	nd	nd	0.0510	0.0242	nd	0.262	0.0549	nd	0.0471	0.0189
T-ALK[b]	0.422	0.500	0.446	0.361	1.02	0.656	0.367	1.16	0.671	0.442	0.674	0.516

a. nd 表示未检出；b. 总正构烷烃浓度。

黄河三角洲自然保护区表层土壤中正构烷烃的总浓度为 $0.361\sim1.16\mu g\cdot g^{-1}$（干重），均值为 $0.643\mu g\cdot g^{-1}$（表 3-17）。在所有采样点中，含量最低点是位于缓冲区的采样点 2（$0.361\mu g\cdot g^{-1}$），含量最高的是实验区的采样点 19（$1.16\mu g\cdot g^{-1}$），此外，采样点 35，15，27，45，20 和 17 的正构烷烃浓度也相对较高。这些采样点分别位于柳树林（采样点 17），芦苇地（采样点 35），玉米田（采样点 15），油井（采样点 27）和油田设施（采样点 20 和 45）附近。胜利油田的许多油田装置和分支油井分布在实验区和缓冲区。在石油开采和运输过程中，石油可能会通过输送管道或其他途径溢漏至地表土壤，从而导致土壤中正构烷烃的浓度增加。因此，植物输入的增加以及偶然的石油溢漏可能导致了研究区域土壤样品中正烷烃浓度的增加。核心区、缓冲区和实验区表层土壤中正构烷烃的平均浓度分别为 $0.446\mu g \cdot g^{-1}$、$0.656\mu g \cdot g^{-1}$ 和 $0.671\mu g \cdot g^{-1}$（表 3-17）。实验区表层土壤中正构烷烃的平均浓度显著高于核心区（1.50 倍，$p<0.05$）。然而，实验区和缓冲区表层土壤中正构烷烃的平均浓度并没有显著的统计学差异（$p>0.05$）。黄河三角洲自然保护区中正构烷烃含量的空间分布特征与实际情况下各功能区域的特征相吻合。为了保护黄河三角洲自然保护区的湿地生态系统，核心区的人类活动受到严格的控制。而由于油田的存在，缓冲区和实验区的人为活动比核心区更为频繁，这可能导致这两个区域表层土壤中正构烷烃浓度的升高。此外，黄河三角洲自然保护区内表层土壤中正构烷烃的平均浓度（$0.643\mu g \cdot g^{-1}$）显着高于保护区外邻近区域（$0.516\mu g \cdot g^{-1}$）（1.25 倍，$p<0.05$）。如前所述，缓冲区和实验区中的油井和油田设施可能会增加烃类污染物的输入。

　　与国内外其他地区相比，研究区域的正构烷烃含量处于同一个数量级，但数值相对较小（表 3-18），表明该地区的烃类污染水平较低。导致该地区 T-ALK 较低的原因可能是：采样时间为 8 月，正值黄河汛期，受季风影响，以及夏季降水量较大（Xu，2008），该地区的表层土壤受到黄河的影响及雨水的冲刷，较细的土壤颗粒随降水迁移到远处，而沉积下来的土壤颗粒粒径相对较大（姚鹏等，2012）。粒径较细的颗粒物吸附有机质的能力较强（Guo et al.，2011a），且吸附的有机质相对较多，携带大量有机质的细颗粒物被冲走，从而导致该研究区域正构烷烃的含量偏低。

表 3-18　黄河三角洲自然保护区和其他区域正构烷烃总含量的比较

研究区域	样品类型	T-ALK[a]	参考文献
黄河三角洲自然保护区	表层土壤	0.36～4.04	本研究
巢湖	湖泊沉积物	0.43～3.87	Wang et al.，2012
松花江	河流沉积物	nd[b]～14.70	Guo et al.，2011a
渤海	海洋沉积物	0.88～3.48	Li et al.，2015
尼日尔三角洲	河流沉积物	0.47～79.20	Sojinu et al.，2012
巴士拉，伊拉克	表层土壤	3.58～21.27	Al-Saad et al.，2015
巴生河，马来西亚	河流沉积物	17008～27116	Bakhtiari et al.，2010

a. 浓度单位：$\mu g \cdot g^{-1}$；b. nd 表示未检出。

3.5.3 正构烷烃的来源解析

本研究中,大多数土壤样品中正构烷烃气相色谱图的基线不平,呈现不同程度的隆起。先前的研究表明,正构烷烃气相色谱图基线的隆起表明未分离的复杂混合物(UCM)的存在(Gough and Rowland,1990;Wang et al.,2012)。UCMs 是由不同类别的石油相关化合物组成的,通常认为 UCMs 是芳香族化合物、支链和环状脂肪烃的混合物(Gough and Rowland,1990;Wang et al.,2011a;Wang et al.,2012)。缓冲区及保护区外的部分样品和实验区中大部分样品均有不同形状的 UCMs 存在。因此,我们推断研究区域的表层土壤可能受到了石油烃的污染。但是微生物对天然有机物的降解也会导致 UCMs 的出现(Han and Calvin,1969;Tahir et al.,2015;Venkatesan and Kaplan,1982)。自然来源的正构烷烃总是呈现显著的奇数碳优势(Salem et al.,2014),而人为来源的正构烷烃通常没有奇数碳优势(Eganhouse and Kaplan,1982;Salem et al.,2014)。同样地,经微生物改造的正构烷烃也没有显著的奇数碳优势(Blumer et al.,1971)。本研究中,部分土壤样品呈现奇数碳优势,主峰碳为 C_{27}、C_{29} 和 C_{31},反映了高等植物的来源(Nishigima et al.,2001;Quenea et al.,2004;Tolosa et al.,1996)。但是,剩下的土壤样品呈现微弱的奇数碳优势或无奇偶碳数优势,这可能是由于微生物降解作用或石油烃的输入。C_{18}~C_{24} 的正构烷烃在大多数土壤样品中占优势,且具有轻微的偶数碳优势,这可能是微生物的活动、石油烃及化石燃料燃烧的输入导致的(Al-Saad et al.,2015;Salem et al.,2014)。此外,低分子质量的正构烷烃中丰富的 C_{16}、C_{17} 和 C_{18} 也证实了石油烃的存在(Commendatore et al.,2000;Tahir et al.,2015)及生物来源的输入,包括浮游生物和水生藻类(Ghosh et al.,2015;Meyers,2003;Meyers and Ishiwatari,1993)。

碳优势指数(CPI),天然正构烷烃比率(NAR)和总正构烷烃与正十六烷的比率($\Sigma n\text{-alkanes}/nC_{16}$)(表 3-19)被用于评估人为源与生物源贡献的相对强度(Mille et al.,2007;Salem et al.,2014;Sojinu et al.,2012)。本研究中,CPI_1 和 CPI_2 的值分别由所有的正构烷烃浓度和典型生物来源的正构烷烃浓度计算所得。CPI_1 和 CPI_2 值的变化情况如图 3-14 所示。从图中可以看出,所有土壤样品中 CPI_1 和 CPI_2 值的变化范围分别为 0.807~2.60 和 0.914~2.47,均值分别为 1.27 和 1.45。根据先前的研究,由微生物及化石燃料(石油、原油)产生的正构烷烃通常具有较低的 CPI 值(小于 1)(Al-Saad et al.,2015;Wang et al.,2012),而来源于高等植物的正构烷烃通常具有较高的 CPI 值(5~10)(Mandalakis et al.,2014;Salem et al.,2014)。因此,研究区域的土壤中的烃类污染物可能是高等植物、石油烃及微生物降解的混合来源,其中石油烃的贡献较大(Mandalakis et al.,2014;Xu et al.,2008;Yamamoto and Polyak,2009)。一般来说,石油或原油中正构烷烃的 NAR

值接近于 0，$\Sigma n\text{-alkanes}/n\text{C}_{16}$ 值小于 15（Colombo et al.，1989；Salem et al.，2014），然而，若 NAR 值接近 1 或 $\Sigma n\text{-alkanes}/n\text{C}_{16}$ 值大于 50，则表明正构烷烃来源于生物（Mille et al.，2007；Salem et al.，2014）。本研究中的 NAR 和 $\Sigma n\text{-alkanes}/n\text{C}_{16}$ 值的变化范围分别为 $-0.0700\sim0.374$ 和 $19.1\sim57.9$，进一步证实了土壤中的正构烷烃为自然源和人为源的共同贡献。

表 3-19　黄河三角洲自然保护区及保护区外邻近区域表层土壤中正构烷烃的地球化学参数

正构烷烃	核心区			缓冲区			实验区			保护区外		
	最小值	最大值	平均值	最小值	最大值	平均值	最小值	最大值	平均值	最小值	最大值	平均值
P_{aq}[a]	0.123	0.159	0.145	0.151	0.280	0.195	0.103	0.330	0.190	0.141	0.209	0.169
$\Sigma n\text{-alkanes}/n\text{C}_{16}$	25.0	33.7	29.7	19.8	51.5	29.7	19.1	57.9	34.3	26.2	37.2	29.8
NAR[b]	-0.0260	0.109	0.0180	-0.0690	0.327	0.120	0.00900	0.374	0.166	-0.0480	0.136	0.0280
CPI_1[c]	0.908	1.16	0.987	0.807	1.92	1.26	0.895	2.60	1.39	0.865	1.34	1.06
CPI_2[d]	1.05	1.43	1.17	0.948	2.35	1.54	0.914	2.47	1.55	0.964	1.47	1.19
WNA/%[e]	16.9	24.3	19.7	20.7	35.2	28.0	16.5	51.9	29.8	17.4	25.5	22.1

a. $P_{aq} = \dfrac{C_{23}+C_{25}}{C_{23}+C_{25}+C_{29}+C_{31}}$；

b. $NAR = \dfrac{\Sigma(C_{19}-C_{33}) - 2\Sigma even(C_{20}-C_{34})}{\Sigma(C_{19}-C_{33})}$；

c. $CPI_1(C_{13}-C_{35}) = \dfrac{1}{2}\left(\left(\dfrac{\Sigma odd(C_{12}-C_{35})}{\Sigma even(C_{12}-C_{34})}\right) + \left(\dfrac{\Sigma odd(C_{12}-C_{35})}{\Sigma even(C_{14}-C_{36})}\right)\right)$；

d. $CPI_2(C_{24}-C_{35}) = \dfrac{1}{2}\left(\left(\dfrac{\Sigma odd(C_{25}-C_{33})}{\Sigma even(C_{24}-C_{32})}\right) + \left(\dfrac{\Sigma odd(C_{25}-C_{33})}{\Sigma even(C_{26}-C_{34})}\right)\right)$；

e. $WNA = \dfrac{\Sigma C_n - 0.5(C_{n-1}+C_{n+1})}{\Sigma(C_{12}-C_{35})}$。

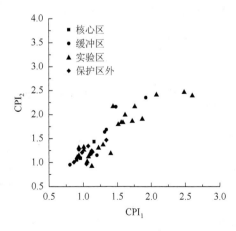

图 3-14　黄河三角洲自然保护区及保护区外邻近区域表层土壤中正构烷烃的 CPI_1 和 CPI_2 值

　　为了进一步研究不同植物对生物来源的脂肪烃的贡献，我们对正构烷烃水生植物指标（P_{aq}）和高等植物蜡质指标（WNA）进行了研究（Ficken et al., 2000; Wang et al., 2009d）。本研究中，P_{aq}值的变化范围为0.103～0.330（平均值为0.183），表明研究区域土壤中的正构烷烃为陆源高等植物、挺水、沉水及漂浮植物的共同贡献（Ficken et al., 2000）。WNA被用于定量描述陆源高等植物蜡质的输入（Bi et al., 2005; Wang et al., 2009d）。WNA值的变化范围为16.5%～51.9%，平均值为27.1%。如图3-15所示，核心区、缓冲区、实验区及保护区外的WNA平均值分别为19.7%、28.0%、29.8%和22.1%，表明陆源高等植物蜡质的贡献相对较低。

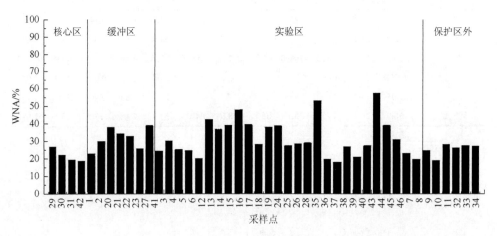

图3-15　黄河三角洲自然保护区及保护区外邻近区域表层土壤中正构烷烃WNA的分布特征

　　为了进一步定量识别该研究区域烃类污染物的来源，用方差极大旋转法（SPSS 17.0）对44个表层土壤样品中24个正构烷烃同系物的相对丰度进行主成分分析，在主成分分析之前进行了KMO检验，结果表明，这些数据适合因子分析。经主成分分析得到四个主成分（表3-20），解释了总方差的83.0%。

表3-20　黄河三角洲自然保护区及保护区外邻近区域表层土壤中正构烷烃的组成

变量	PC1	PC2	PC3	PC4
C_{12}	−0.077	0.075	0.012	0.797
C_{13}	0.201	0.427	−0.071	0.466
C_{14}	0.125	0.935	0.050	0.201
C_{15}	0.376	0.880	0.093	0.023
C_{16}	0.213	0.946	0.087	0.058
C_{17}	0.381	0.816	0.336	−0.052
C_{18}	0.355	0.768	0.507	0.066
C_{19}	0.423	0.643	0.609	0.072

变量	PC1	PC2	PC3	PC4
C_{20}	0.444	0.659	0.571	0.090
C_{21}	0.497	0.376	0.761	−0.092
C_{22}	0.509	0.507	0.685	0.025
C_{23}	0.540	0.306	0.761	−0.094
C_{24}	0.575	0.446	0.438	−0.027
C_{25}	0.682	0.269	0.654	−0.088
C_{26}	0.624	0.336	0.684	−0.026
C_{27}	0.819	0.202	0.484	0.021
C_{28}	0.781	0.350	0.356	0.150
C_{29}	0.679	0.185	0.002	−0.503
C_{30}	0.677	0.209	−0.046	0.445
C_{31}	0.728	0.317	0.284	0.160
C_{32}	0.653	0.219	0.243	−0.151
C_{33}	0.712	0.275	0.182	−0.053
C_{34}	−0.081	0.101	0.779	0.068
C_{35}	0.253	−0.153	0.823	−0.071
方差贡献率%	27.56	25.88	23.44	6.16

PC1 解释了总方差的 27.6%。其中 C_{27}，C_{28}，C_{31} 和 C_{33} 正构烷烃占优势，表明了陆源高等维管植物的输入（Guo et al.，2011a；Jeng and Huh，2008）。

PC2 解释了总方差的 25.9%，以短链正构烷烃（C_{14}，C_{15}，C_{16}，C_{17} 和 C_{18}）为主，没有奇偶碳数优势。先前的研究表明，水生藻类和浮游生物中的正构烷烃以 C_{15} 和 C_{17} 占优势（Ficken et al.，2000）。此外，短链正构烷烃通常被认为是石油烃的输入（Wang et al.，2012）。因此，PC2 表明了水生藻类，浮游生物和石油烃的混合输入。

PC3 解释了总方差的 23.4%，C_{21}，C_{23}，C_{34} 和 C_{35} 的正构烷烃占优势。一般来说，C_{21} 和 C_{23} 多出现在沉水/漂浮的大型植物中（Wang et al.，2012）。此外，长链正构烷烃通常在陆源高等植物和挺水植物中较为丰富（Ficken et al.，2000）。因此，PC3 表明了陆源高等植物和挺水植物的混合输入。

PC4 解释了总方差的 6.16%，其中 C_{12} 正构烷烃具有显著优势。本研究中，64% 的样品检测到 C_{12} 正构烷烃，而仅有 20% 的样品检测到 C_{13} 正构烷烃。此外，所有样品中，C_{12} 正构烷烃的浓度均高于 C_{13} 正构烷烃。微生物降解作用可以产生更轻的正构烷烃并增加 C_{12} 浓度，因此，我们将 PC4 中 C_{12} 正构烷烃的独立变化归因于微生物降解作用。

3.5.4　小结

　　研究区域的大部分土壤样品呈双峰态分布，只有少部分样品呈单峰态分布；正构烷烃的总浓度（T-ALK）为 0.361～1.16μg·g^{-1}。黄河三角洲自然保护区表层土壤中的正构烷烃含量显着高于保护区外邻近区域。保护区内胜利油田的油田设施和分支油井可能导致了表层土壤中石油烃类物质的积累。尽管黄河三角洲自然保护区及其周边地区存在油类污染，但与国内外其他地区相比，烃类污染水平相对较低。此外，通过主成分分析（PCA）和正构烷烃地球化学参数（CPI、NAR、$\Sigma n\text{-alkanes}/n C_{16}$、$P_{aq}$ 和 WNA）的分析表明，研究区域土壤中的正构烷烃为混合来源，包括石油烃类物质，浮游生物，水生藻类，沉水/漂浮大型植物，挺水植物，陆源高等植物以及微生物的降解。

第4章　水体中污染物的分布与迁移演化规律

引　言

水体生态系统是构成环境系统的基本要素之一，也是人类赖以生存和发展的重要场所，然而，在人类社会发展的同时，水环境的污染和破坏已成为当今世界所关注的重要环境问题之一。来自工业、农业和生活等未经处理的污（废）水直接排入水体中，引起水生系统污染物增加和水体生态系统功能下降。这不仅破坏了沿岸自然环境、危害了周围居民的身心健康，同时对区域经济的发展也产生严重阻碍，这是我国当前一项重大环境问题，也是当今世界关注的环境问题之一。

黄河入海河流的水体质量可较为直接地反映上游环境中纳入水体的污染种类和水平。因此，本章主要对采集于现、原黄河入海口表层水体的两类典型污染物（有机氯农药和重金属）及常规理化指标进行了分析，以期为该区域的环境污染特点和潜在生态风险提供参考数据，也为该区域水环境防治工作提供基础理论支持。

4.1　表层水体中有机氯农药环境评价研究

4.1.1　概述

最近几十年，随着经济的发展和土地大规模开发利用，持久性有机污染物随雨水冲刷、大气沉降进入水体（Cheng et al.，2006；Liu et al.，2013），这些持久性有机污染物被水体中的一些悬浮颗粒物质吸附后经过沉降作用进入水体沉积物中或通过生物吸收富集于生物体中，生物体死亡后经过底泥分解最终也进入沉积环境中。这些持久性有机污染物在沉积物中的降解速度非常缓慢，而且通过水体和生物的摄取，然后通过生物富集放大进入高一级的食物链，最终进入人体后影响人体健康（Zhang et al.，2003）。有机氯农药作为一类特殊的持久性有机污染物引起了全世界的广泛关注，这是因为它在环境中具有高毒性、持久性、半挥发性和生物聚集性（Wu et al.，2013）。查阅相关文献可知，有机氯农药在不同介质中均有检出，如土壤、沉积物、水体、大气等（Da et al.，2014；Barakat et al.，2002）。这些化合物在不同的环境介质中通过食物链逐级影响着生态环境系统和人类健康（Liu et al.，2013）。有学者曾报道过水体环境中有机氯农药的浓度与人体健康的影响（Zhang et al.，2003；Amymarie and Gschwend，2002）。黄河三角洲作为中国最大的三角洲，拥有独特的动植物资源和生态系统，具有极大的经济开发潜力，但该区域是一个新生的陆地系统，因此环境敏感性较强，生态环境相对脆弱，容易受到人为等因素的影响。但据调研所知，目前几乎还没有评价关于黄河入海口水体中有机氯农药的污染水平和生态毒理效应。本节以原黄河入海口及其邻近水域的表层水（参见表 2-3 和图 2-4）为研究对象，研究有机氯农药在该地区水体中的污染水平，评价水体的环境质量，对水体中有机氯农药造成的人类健康风险进行评价。

4.1.2　表层水中有机氯农药的残留水平

表层水体中有机氯农药（HCH 和 DDT）的浓度见表 4-1。HCH 和 DDT 的检测率分别为 87.5%和 21.56%，这表明 HCH 普遍存在于黄河入海口区域表层水体中。HCH 和 DDT 的浓度分别为 13.71ng·L^{-1} 和 0.077ng·L^{-1}，HCH 的浓度比 DDT 的浓度高得多。由此得出，黄河入海口区域表层水体中存在的主要有机氯农药是 HCH，将这一结果和之前这个区域内的表层沉积物中有机氯农药进行对比（Da et al.，2013），HCH 的检测率和平均含量都有所增加，而 DDT 的检测率和平均含量减少了，这可能是由于 DDT 具有较低的水溶性、较低的饱和蒸气压和较高的亲油性（Yang et al.，2004）。因此，DDT 更容易吸附颗粒物而随着重力沉降到沉积物中（Nhan et al.，2001）。另外，据文献记载，中国历史上，HCH 的使用量比 DDT 要大很多（Yang et al.，2005b），另外，这个区域 HCH 的禁药期比 DDT 要晚。

表 4-1　表层水体中的有机氯农药的浓度（ng·L^1）

样品	α-HCH	β-HCH	γ-HCH	δ-HCH	ΣHCH	o'p-DDE	p'p-DDE	o'p-DDT	p'p-DDT	p'p-DDD	o'p-DDD	ΣDDT
Y1	2.12	5.07	1.05	0.03	8.27	nd[a]	0.04	nd	nd	nd	nd	0.04
Y2	5.73	24.39	11.32	nd	41.44	0.12	nd	nd	0.013	nd	nd	0.133
Y3	5.18	13.02	4.13	nd	22.33	nd	nd	nd	nd	0.19	nd	0.19
Y4	2.12	11.28	3.21	0.12	16.73	nd	nd	nd	nd	nd	nd	0
Y5	1.79	15.26	2.85	0.06	19.96	nd	nd	nd	0.163	nd	nd	0.163
Y6	1.02	4.72	1.76	nd	7.5	nd	0.011	0.11	nd	nd	nd	0.121
Y7	1.11	5.54	2.36	nd	9.01	nd	nd	nd	nd	nd	nd	0

续表

样品	α-HCH	β-HCH	γ-HCH	δ-HCH	ΣHCH	o'p-DDE	p'p-DDE	o'p-DDT	p'p-DDT	p'p-DDD	o'p-DDD	ΣDDT
Y8	1.43	11.20	2.16	0.22	15.01	nd	nd	n.d	n.d	n.d	nd	0
Y9	1.34	5.43	1.85	0.08	8.7	nd	nd	nd	n.d	nd	0.011	0.011
Y10	1.91	13.9	2.87	0.09	18.77	nd	nd	nd	nd	nd	nd	0
Y11	nd	12.99	2.67	nd	15.66	0.012	nd	n.d	nd	0.013	nd	0.013
Y12	1.34	5.5	1.81	0.16	8.81	0.041	nd	nd	nd	nd	nd	0
Y13	1.67	5.64	2.74	0.11	10.16	nd	nd	nd	nd	0.013	nd	0.013
Y14	1.88	3.91	2.36	0.20	8.35	nd	0.013	nd	nd	nd	nd	0.013
Y15	1.45	3.53	2.56	nd	7.54	nd	0.03	nd	0.12	nd	0.02	0.17
Y16	0.94	3.09	1.87	nd	5.9	nd	0.25	0.11	nd	nd	0.12	0.48
Y17	1.22	5.07	2.15	0.13	8.57	0.13	nd	0.04	0.09	nd	0.05	0.18
Y18	nd	4.39	1.32	nd	5.71	nd	nd	0.06	nd	nd	nd	0.06
Y19	0.28	3.02	1.13	nd	4.43	0.014	nd	0.05	nd	nd	nd	0.05
Y20	1.12	11.28	2.11	0.12	14.63	nd	nd	nd	nd	nd	0.012	0.012
Y21	1.19	10.16	1.85	0.05	13.25	nd	nd	0.03	0.013	nd	nd	0.043
Y22	2.43	4.12	2.79	nd	9.34	nd	0.013	0.15	nd	nd	nd	0.163
Y23	3.18	3.59	4.36	nd	11.13	nd	nd	nd	nd	nd	nd	0
Y24	3.43	10.45	3.19	0.13	17.2	nd	nd	0.012	nd	0.31	nd	0.322
Y25	5.54	6.43	1.95	0.01	13.93	nd	nd	nd	0.02	nd	0.01	0.03
Y26	2.91	13.9	2.57	0.03	19.41	nd	nd	nd	nd	0.017	nd	0.017
Y27	2.11	11.98	2.67	nd	16.76	nd	nd	0.01	nd	0.013	nd	0.023
Y28	2.34	5.56	1.91	0.06	9.87	nd	nd	nd	nd	nd	nd	0
Y29	0.67	4.64	2.07	0.13	7.51	nd	nd	nd	nd	0.019	nd	0.019
Y30	2.88	13.91	2.96	0.26	20.01	nd	0.008	nd	nd	nd	0.001	0.009
Y31	3.45	3.53	4.56	nd	11.54	0.06	nd	nd	nd	nd	0.02	0.02
Y32	1.94	2.89	2.47	nd	7.3	nd	nd	0.11	nd	nd	nd	0.11
Y33	1.02	15.07	8.05	0.92	25.06	nd	0.01	nd	Nd	0.13	0.05	0.19

a. nd 表示未检出。

将有机氯农药结果与世界上其他区域的河流进行对比，如表 4-2 所示。这个区域水体中 HCH 的浓度比圣劳伦斯河、埃布罗河、孟买海、巢湖和洪湖水体中 HCH 含量要高，但比屈曲德雷斯河、Mar Menor 湖、EI-Haram 湖、国际安扎里湿地、闽江河口、海河、苏州河、珠江干线河口和大亚湾中 HCH 含量要低得多，与晋江有机氯农药含量相似。DDT 的浓度比表 4-2 中的河流（Mar Menor 湖除外）中的 DDT 含量要低得多，综上，与世界其他区域河流相比较，黄河入海口区域表层水体中 HCH 的含量相对较高，而 DDT 的含量相对较低。

表 4-2　　与其他区域表层水体中有机氯农药进行对比（ng·L^{-1}）

采样位置	ΣHCH	ΣDDT	参考文献
西班牙埃布罗河	3.1	3.4	Fernandez et al.，1999
印度孟买海	0.16～15.92（5.42）	3.01～33.2（12.45）	Pandit et al.，2006
加拿大圣劳伦斯河	0.06	0.9～22	Pham et al.，1993
土耳其屈德雷斯河	187～337	72～120	Turgut，2003
Mar Menor 湖	30～300	nd	Pérez-Ruzafa et al.，2000
埃及 EI-Haram 湖	20.7～86.2	2.300～61	El-Kabbany et al.，2000
坦桑尼亚流域	4.7	1.27	Hellar-Kihampa et al.，2013
伊朗国际安扎里湿地	57.73	108.83	Javedankherad et al.，2013
巢湖	2.0	5.9	Liu et al.，2013
闽江河口	205.5	142.0	Zhang et al.，2003
晋江	14.04	3.56	Yang et al.，2013b
洪湖	2.97（2.36）	0.24（0.41）	Yuan et al.，2013
海河	300～1070	9～152	Yang et al.，2005a
苏州河	17～90	17～99	Hu et al.，2005a
珠江口	5.8～99.7	0.52～9.53	Yang et al.，2004
大亚湾	35.3～1228.6	8.6～29.8	Zhou et al.，2001a
黄河	13.71	0.077	本研究

4.1.3　有机氯农药的空间分布

　　从图 4-1 中可以看出，HCH 的最高值存在于海水中，其次是黄河和湖水中，HCH 的最低值位于池塘。据报道，HCH 比其他类农药具有更高的挥发性和水溶性的特点（Hitch and Day，1992）。在这项研究中，海水和黄河水与外界交换频繁，而且受到外部水流的影响，这可能导致 HCH 从外部输入海水和黄河水体中。DDT 的最高值位于池塘中，其次是湖水。DDT 的最低值位于湿地。这可能与沉积物中的有机质相关（El Nemr et al.，2013a）。从图 4-1 看出，HCH 和 DDT 空间分布存在差异。HCH 的浓度比 DDT 要高出较多，这可能与它们的水溶性有关，与 DDT 相比，HCH 在水中的溶解度要高得多。尽管中国自 1983 年就正式禁止生产和使用六六六和滴滴涕，但中国直到 2000 年才终止林丹的生产（Tao et al.，2008；Hu et al.，2009）。由于农业大量使用 HCH，在海河水系及海河平原的土壤中 HCH 污染很严重（Tao et al.，2008；Liu et al.，2008b），因此，根据这些报道，本研究中，黄河入海口水体中高的 HCH 水平可能主要与周围农业土壤中高的 HCH 残留水平流入有关。

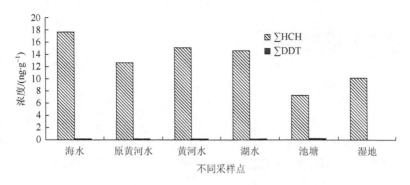

图 4-1　不同采样区域水体中有机氯农药浓度

4.1.4　有机氯农药组分之间的相关性

　　水体中的有机氯农药通常表现出复杂的相关性，许多因素影响着它们的环境行为，例如，农药的来源、大气沉降、水流和人类活动等。根据多元统计分析法（即主成分分析法）来分析有机氯农药之间的相关性。主成分分析是用来探索测量参数和各种污染物在总量中的贡献的关系（Hu et al.，2009），可通过 SPSS11.0 软件进行分析。主成分分析结果如图 4-2 所示。前三个主成分解释了总方差的 59.02%。β-HCH，γ-HCH 和 $o'p$-DDE 在第一主成分中，占最高的污染贡献率（22.26%），表明这三种农药可能含有相同的来源。第二主成分贡献率为 21.80%，主要包括 $p'p$-DDE，$o'p$-DDT，$o'p$-DDD，表明它们可能具有类似的迁移或污染来源，第二主成分反映了历史输入的 DDT 来源及其降解产物的存在。δ-HCH 和 $p'p$-DDD 在第三主成分（14.97%）中，表明这些农药可能有类似的迁移特征和来源途径。

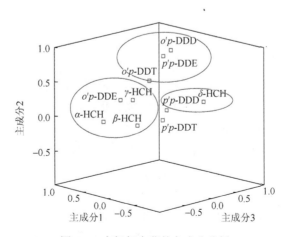

图 4-2　有机氯农药的主成分分析

4.1.5　水体环境质量评价

1. 评价模型

$$P_i=C_i/S_i \tag{4-1}$$

式中，P_i 为污染物的单因子污染指数；C_i 为污染物浓度；S_i 为污染物的评价标准浓度。当 $P_i>1$，表明它超出标准值；当 $P_i<1$，表明它未超出标准值。

2. 质量评价

表层水体环境质量标准（EPA，2002）适用于中国境内的江河、河流水库、沟渠等水体环境。本研究根据Ⅲ类水质标准对黄河河口地表水水环境质量进行评价。根据式（4-1），计算了黄河入海口表层水体中有机氯农药污染物的单因子污染指数（P_i），计算结果如表 4-3 所示。在所有表层水样中，污染物的单因子污染指数（P_i）均小于 1，说明这个区域表层水体中有机氯农药的污染没有超过标准值，因此水质良好。

表 4-3　表层水体中有机氯农药的环境质量评价

污染物	因子	超过标准值/%	样品个数	标准值	参考文献
HCH	0.0002~0.013（0.001）	0	34	5000	（EPA，2002）
DDT	0.002~0.053（0.017）	0	34	1000	（EPA，2002）

4.1.6　健康风险评价

1. 健康风险评价模型

有机氯农药暴露途径通常是经过食物链、饮用水和呼吸系统等。本研究采用的方法是由美国环境保护局（USEPA，1996）提出的计算剂量方法，该标准方法将暴露人群分为两组：儿童（0~6 岁）和成人（≥18 岁），计算公式如下：

$$CDI=（C×IR×EF×ED）/（BW×AT） \tag{4-2}$$

$$R=CDI×SF \tag{4-3}$$

$$HI=CDI/RfD \tag{4-4}$$

式中，CDI 为长时间暴露剂量；C 为 OCPs 的浓度（mg·L^{-1}）；IR 为日常饮用的剂量（儿童：1L·d^{-1}，成人：2.2L·d^{-1}）；EF 为暴露频率（350d·a^{-1}）；ED 为暴露时间

（儿童：6 年，成人：76.27 年）；BW 为平均体重（儿童：14kg，成人：60kg）；AT 为平均时间（儿童：2190d，成人：26280d）；R 为致癌风险；SF 为致癌斜率因子（$2kg·d·mg^{-1}$）；HI 为非致癌性风险；RfD 为参考剂量（$0.02mg·kg^{-1}·d^{-1}$）。

2. 健康风险评价

根据上面的式（4-2）～式（4-4），计算了黄河入海口表层水体中有机氯农药造成的年平均致癌/非癌性风险。不同化合物的风险见表 4-4。结果显示，不管是致癌风险还是非致癌风险，儿童的风险均比成人的风险高出较多。结果与前人研究结论较为一致（Ferré-Huguet et al.，2009；胡英等，2011），儿童的致癌风险范围为 $0.004×10^{-6}$～$1.19×10^{-6}$，除了 β-HCH 呈现较高的风险值（$1.19×10^{-6}$），这些化合物的风险值都比 USEPA（USEPA，1996）规定的风险值要低出较多，这表明黄河入海口表层水体被有机氯农药污染所造成的健康风险非常低。而且，对于儿童群体几乎没有致癌风险。但是，β-HCH 的致癌风险应该引起高度重视。HCH 的致癌风险值比 DDT 要高得多。此外，HCH 的风险值超过美国环境保护局规定的风险临界值（$1×10^{-6}$），这表明 HCHs 导致了儿童的潜在致癌风险。DDT 的风险值低于美国环境保护局规定的风险临界值，这表明研究区水体中 DDT 没有引起儿童的潜在致癌风险。从表 4-4 可以看出，对成人的致癌风险范围从 $0.002×10^{-6}$～$0.65×10^{-6}$。所有的致癌风险值均低于 USEPA 规定的风险阈值，这表明研究区域水体中 DDT 没有造成成人的致癌风险。同样发现，HCH 的风险值超过风险临界值，显示研究区域水体中 HCH 已引起成人的致癌风险。

表 4-4　表层水体中有机氯农药的致癌/非致癌风险

污染物	R（$×10^{-6}$）		HI（$×10^{-6}$）	
	儿童	成人	儿童	成人
α-HCH	0.31	0.17	7.65	4.16
β-HCH	1.19	0.65	29.69	16.15
γ-HCH	0.39	0.21	9.77	5.31
δ-HCH	0.02	0.011	0.52	0.29
$\sum$HCH	1.878	1.02	46.96	25.54
$o'p$-DDE	0.01	0.005	0.22	0.12
$p'p$-DDE	0.01	0.003	0.16	0.09
$o'p$-DDT	0.01	0.005	0.24	0.13
$p'p$-DDT	0.01	0.004	0.21	0.11
$p'p$-DDD	0.01	0.007	0.30	0.16
$o'p$-DDD	0.004	0.002	0.11	0.06
$\sum$DDT	0.01	0.006	0.26	0.14

在黄河入海口表层水体中有机氯农药的年平均非致癌风险（HI）见表 4-4。成人和儿童的有机氯农药的非致癌风险范围分别为 $0.11 \times 10^{-6} \sim 29.69 \times 10^{-6}$ 和 $0.06 \times 10^{-6} \sim 16.15 \times 10^{-6}$。根据美国环境保护局的定义，如果有机氯农药的风险值在 1 以上，表明对人体有害（USEPA，2002）。在这项研究中，所有的有机氯农药的非致癌风险均小于 1，表明研究区域水体中有机氯农药对儿童和成人没有非致癌风险。

4.1.7　小结

本节评价了黄河入海口表层水体中有机氯农药的环境质量风险和人体健康风险。与世界其他地区的河流相比，HCH 污染水平相对较高，而 DDT 的污染水平很低。HCH 是表层水体中检测出的主要有机氯农药。主成分分析结果表明，有机氯农药化合物之间有类似的迁移规律。有机氯农药的环境质量评价结果表明，黄河入海口的水环境质量受有机氯农药污染较轻。健康风险评价显示，儿童呈现出高于成年人的致癌和非致癌风险。β-HCH 的致癌风险也应该引起高度重视。儿童的致癌风险分析结果表明，儿童的健康风险很低。成人的致癌风险分析表明该研究区域水体中有机氯农药没有引起成人的致癌风险。有机氯农药的非致癌风险分析表明，在该区域水体中有机氯农药没有引起成人及儿童的非致癌风险。

4.2　表层水体中重金属赋存形态与风险评估

4.2.1　概述

当前生态环境中，由于大量工业、生活等污（废）水未经处理直接排入环境中，引起水体污染物增加，水质恶化，导致水体生物多样性和生态系统功能下降，给沿岸地区带来巨大的经济损失，这是我国当前的重大环境问题之一，也是目前世界各国所关注的重大环境问题。本节以 2013 年采集于现黄河入海口的表层水样（参见图 2-5 和表 2-4）为研究对象，对该水域重金属的污染现状进行了测试分析，并对水体重金属的生态风险作出了评价。对水体的主要研究内容包括：①分析入海口水质状况，了解其当前污染状况；②分析各水质指标，揭示目前污染物的分布特点与规律，为水资源管理提供参考；③分析特定污染物来源，为水体环境进一步的保护与治理提供参考。

4.2.2　表层水基本理化性质

从表 4-5 可以看出，21 份水样的平均 pH 为 7.88（7.18～8.06），氟离子平均浓度为 0.754mg·L^{-1}（0.271～0.905mg·L^{-1}），均处于 I 类地表水范围；总氮和总磷

污染较为严重，含量均处于劣V类地表水范畴。电导率平均含量为 614μs·cm⁻¹、TDS 平均含量为 307mg·L⁻¹、盐度平均含量为 0.32ppt；氯离子平均浓度为 99.5mg·L⁻¹、硫酸根平均浓度为 178mg·L⁻¹、硫酸盐（以 SO_4^{2-} 计）和氯化物（以 Cl⁻计）含量均未超出集中式饮用水地表水源地标准限值（均为 250mg·L⁻¹）；硝酸根的平均浓度为 11.4mg·L⁻¹（硝态氮为 2.57mg·L⁻¹），硝态氮含量也未超出集中式饮用水地表水源地标准限值（限值为 10mg·L⁻¹）（GB 3838—2002）。

表 4-5　表层水样理化特征（n=21）

编号	pH	电导率/(μs·cm⁻¹)	TDS	盐度/ppt	F⁻	Cl⁻	SO_4^{2-}	NO_3^-	TN	TP
S1	8.02	767	376	0.4	0.623	201	147	0.793	1.95	0.027
S2	8.06	512	255	0.2	0.905	68.7	183	3.307	2.19	0.090
S3	7.77	1385	692	0.8	0.599	494	151	1.244	2.05	0.239
S4	7.98	539	269	0.3	0.821	72.0	181	14.1	4.62	0.558
S5	8.02	532	265	0.3	0.792	72.4	191	14.0	4.39	0.388
S6	8.01	532	264	0.3	0.897	72.6	186	14.0	4.55	0.541
S7	7.97	546	273	0.3	0.271	21.2	56	4.04	4.62	0.222
S8	7.95	510	255	0.2	0.640	83.9	122	6.45	2.90	0.536
S9	7.99	565	282	0.3	0.792	72.4	196	13.8	4.37	0.484
S10	7.95	594	297	0.3	0.793	73.7	189	13.9	4.57	0.435
S11	8.02	545	272	0.3	0.797	73.4	194	14.1	4.45	0.472
S12	7.95	595	297	0.3	0.792	73.5	194	13.7	4.24	0.388
S13	7.72	596	300	0.3	0.804	73.7	200	13.2	4.44	0.452
S14	7.95	563	280	0.3	0.813	78.1	202	13.8	4.16	0.489
S15	7.77	614	309	0.3	0.783	77.4	196	13.8	4.32	0.486
S16	8.03	579	292	0.3	0.788	80.5	189	14.2	4.84	0.500
S17	7.90	537	267	0.3	0.792	80.0	168	14.1	4.31	0.572
S18	7.61	560	280	0.3	0.776	79.8	196	14.0	4.18	0.524
S19	7.70	608	307	0.3	0.781	80.0	197	14.1	4.55	0.524
S20	7.88	598	299	0.3	0.783	79.8	198	14.0	4.46	0.445
S21	7.18	618	309	0.3	0.799	80.7	189	13.6	4.74	0.378
最小值	7.18	510	255	0.2	0.271	21.2	55.7	0.793	1.95	0.027
最大值	8.06	1385	692	0.8	0.905	494	202	14.2	4.84	0.572
平均值	7.88	614	307	0.32	0.754	99.5	178	11.4	4.043	0.417
标准差	0.203	185	92.2	0.12	0.134	95.4	34.5	4.80	0.911	0.151
分类	I 类	—	—	—	I 类	—	—	劣V类	劣V类	

注：TDS、F⁻、Cl⁻、SO_4^{2-}、NO_3^-、TN 和 TP 的浓度单位都为 mg·L⁻¹。

4.2.3　表层水体重金属分布特征

由表 4-6 可以看出，表层水体各重金属（铜、锌、铅、铬、镉）含量较低，都属于Ⅰ类地表水范畴，这可能是由于黄河的汛期在 8 月，水流量较大，且汛期水流中多为上游汇集的降雨，污染物浓度相对较低，从而稀释了水中污染物的浓度，导致多数重金属含量偏低。不同采样点的重金属含量分布存在较大差别，重金属平均含量（$\mu g \cdot L^{-1}$）和范围依次为：铜 3.49（1.82～7.00）、锌 9.10（3.78～22.5）、铅 0.289（0.066～0.985）、铬 0.916（0.286～1.58）、镉 0.055（0.19～0.066）、铁 19.5（6.46～46.9）、锰 0.954（0.441～1.89）、镍 1.45（0.996～2.89）。其中铁和锰含量均超出我国集中式饮用水地表水源地标准限值（铁和锰限值分别为 $0.3 mg \cdot L^{-1}$ 和 $0.1 mg \cdot L^{-1}$）（GB 3838—2002）。

表 4-6　黄河表层水重金属分布（$\mu g \cdot L^{-1}$）

编号	铜	锌	铅	铬	镉	铁	锰	镍
S1	1.82	13.1	0.574	1.10	0.026	23.4	1.16	1.46
S2	2.52	7.01	0.495	0.286	0.062	6.46	0.441	1.21
S3	1.90	6.52	0.204	0.642	0.019	40.4	0.665	2.89
S4	3.02	8.20	0.298	0.766	0.058	26.8	1.89	1.20
S5	2.92	6.62	0.454	0.846	0.054	10.7	1.21	1.24
S6	3.15	6.66	0.117	0.449	0.055	12.1	1.20	1.21
S7	7.00	11.4	0.203	1.584	0.057	18.5	0.994	1.19
S8	3.47	22.5	0.985	0.999	0.040	46.9	0.865	1.57
S9	3.05	8.62	0.093	0.908	0.056	13.0	0.859	1.10
S10	2.80	3.80	0.066	0.460	0.055	14.3	0.763	0.996
S11	3.21	7.19	0.214	0.654	0.062	14.3	1.21	1.49
S12	3.18	4.09	0.099	0.928	0.058	14.2	0.895	1.16
S13	3.78	10.0	0.563	1.06	0.063	17.0	0.857	1.84
S14	3.88	8.16	0.088	0.523	0.062	11.1	1.13	2.35
S15	3.65	8.39	0.130	1.24	0.060	22.6	1.09	1.17
S16	3.80	6.55	0.208	1.33	0.064	13.9	0.802	1.21
S17	3.68	10.7	0.151	1.19	0.061	21.4	0.832	1.24
S18	4.14	3.78	0.438	1.44	0.063	15.0	0.728	1.26
S19	4.31	12.5	0.504	1.24	0.066	24.6	0.954	1.82
S20	3.65	5.47	0.100	0.542	0.061	14.2	0.617	1.22
S21	4.38	20.0	0.093	1.05	0.062	29.7	0.879	1.61

续表

编号	铜	锌	铅	铬	镉	铁	锰	镍
最小值	1.82	3.78	0.066	0.286	0.019	6.46	0.441	0.996
最大值	7.00	22.5	0.985	1.58	0.066	46.9	1.89	2.89
平均值	3.49	9.10	0.289	0.916	0.055	19.5	0.954	1.45
标准差	1.06	4.82	0.236	0.357	0.012	10.0	0.298	0.457
等级	I 类	I 类	I 类	I 类	I 类	—	—	—

4.2.4　相关性与主成分分析

相关性分析显示大部分重金属之间存在显著正相关，如铜-铬、铁-锌，揭示了这些金属可能存在共同的污染来源。部分元素之间存在显著负相关（如铁-铬），铅、锰元素与其他元素之间的相关性较弱，元素间显著的负相关或较弱的相关性表明这些元素之间存在着不同途径的污染来源（表 4-7）。

表 4-7　黄河地表水重金属相关性分析（$n=21$）

重金属	铜	锌	铅	铬	镉	铁	锰	镍
铜	1							
锌	0.232	1						
铅	−0.117	0.502*	1					
铬	0.600**	0.305	0.191	1				
镉	0.514*	−0.195	−0.282	0.113	1			
铁	−0.061	0.673**	0.417	0.229	−0.590**	1		
锰	−0.011	0.062	−0.025	0.032	0.014	0.070	1	
镍	−0.158	0.180	0.113	−0.142	−0.452*	0.458*	−0.095	1

**在 $\alpha=0.01$ 水平上显著相关；*在 $\alpha=0.05$ 水平上显著相关。

从表 4-8 可以看出，黄河地表水中，3 个主成分共反映了全部信息的 71.08%，三个主成分特征值分别是 2.651、2.001 和 1.034，其贡献率依次为 33.14%、25.01% 和 12.93%。第一主成分的贡献率为 33.14%，特征表现在锌（0.785）和铁（0.909）上有较高的正载荷，污染主要来自金属加工和自然源。第二主成分对铜（0.898）和铬（0.782）有较高的正载荷，这类污染可能来自冶金和化工。第三主成分显示对锰（0.951）有极高的正载荷，这类污染主要来自地壳背景值，主成分结果与 Pearson 相关性分析结果非常一致。

表 4-8　黄河地表水主成分分析（$n=21$）

重金属	主成分 1	主成分 2	主成分 3
铜	−0.057	**0.898**	−0.057
锌	**0.785**	0.338	0.074
铅	0.662	0.058	0.037
铬	0.296	**0.782**	0.035
镉	−0.634	0.577	0.080
铁	**0.909**	−0.040	0.001
锰	0.069	−0.048	**0.951**
镍	0.502	−0.360	−0.364
特征值	2.651	2.001	1.034
贡献率/%	33.14	25.01	12.93

4.2.5　小结

（1）研究区域地表水平均 pH 为 7.88（7.18～8.06），氟离子浓度为 0.754（0.271～0.905mg·L^{-1}），均处于 I 类地表水标准范围；总氮和总磷含量已超出五类地表水标准；重金属（铜、锌、铅、铬、镉）含量不高，都属于 I 类地表水范畴，铁和锰含量超出我国集中式饮用水地表水源地标准限值。

（2）相关性和主成分分析显示，地表水大部分元素具有类似的污染途径，但地表水中的铅、锰元素及沉积物中铅元素具有不同的污染途径。地表水污染主要来自金属加工和自然源，沉积物污染主要来自冶金与加工，化工和自然来源也占一定比例。

第 5 章　沉积物中污染物的分布与迁移演化规律

引　言

沉积物是地球化学循环中的一类重要载体，能对多种物质组分进行存储，它们能较好地反映人类活动对水生环境的影响，常被用来鉴别污染物的时空来源，因此，沉积物在环境污染领域有着重要的地球化学指示作用。

河口是陆地径流与海水的交汇区，也是物质交换最活跃的区域，该区域是河海物质动态互换的沉淀区和重要理化信息的储存区。相对于河口区水体存留时间较短的特点，水体中污染物浓度因受到多种因素的影响，具有综合动态变化的特点。沉积物中污染物的含量是长时期与水生系统交换积累的结果，因而能更好地反映研究区域污染物较长时期的变化。因此，对沉积物中污染物的分析评价更具意义。

本章节中，分别从原黄河入海口邻近地区（参见表 2-3 和图 2-4）和黄河入海口区域（参见表 2-4 和图 2-5）采集沉积物，前者主要用于有机氯农药的研究，后者主要用于多环芳烃、多氯联苯、多溴联苯醚及重金属的研究。

5.1　沉积物中有机氯农药的分布和生物效应研究

5.1.1　概述

有机氯农药（OCPs）作为典型有毒的环境持久性有机污染物，已经引起全世界的广泛关注。由于这些有机化合物具有环境持久性、生物蓄积性、半挥发性、远距离运输等特点，以及对环境和生物产生重要影响，因此，研究这些化合物具有重要的意义（Barakat et al.，2013；Wong et al.，2005；Kezios et al.，2013）。环境中这些化合物主要来自工业和农业源，可通过流出物释放、大气沉降、径流等途径进入环境中。沉积物通常被看作是多种人为污染物在环境中的最终归宿。中国曾是世界上生产和消费农药的大国（Zhang et al.，2002；Liu et al.，2012a）。在过去的几十年中，为了获得持续高产的农作物供给，以满足中国庞大的人口需要，大量的有机氯农药被用于病虫害控制（Wan et al., 2005; Lamon et al., 2009)。DDT 和 HCH 在中国曾经是被大量使用的有机氯农药,其次是氯丹、六氯苯和硫丹。最近几十年,如有机氯农药这样的持久性有机污染物已经引起了中国政府和科学家的广泛关注(Zhou et al., 2001a; Jaffé, 1991)。随着黄河入海口周边地区的工业和农业的快速发展,它已经在过去的几十年中被严重污染,据调查可知,目前几乎没有文献对该区域沉积物中有机氯农药进行系统的研究,因此,对黄河入海口区域沉积物中的有机氯农药残留的调查是为了更好地了解表层沉积物中持久性有机氯农药的近期输入情况和分布特征。本节以原黄河入海口邻近水域的表层沉积物(参见表 2-3 和图 2-4)为研究对象,研究了原黄河入海口邻近水域中有机氯农药的污染状况,分析了 OCPs 的空间分布特征及组成和来源,同时采用主成分分析法研究了这些农药之间的迁移关系,同时对这个区域沉积物中有机氯农药的生态毒理风险进行了评价。

5.1.2　表层沉积物中有机氯农药的残留水平

黄河口表层沉积物中 OCPs 的含量见表 5-1。由表 5-1 可以看出,共有 20 种有机氯农药被检出,它们分别是滴滴涕类(6 种)、六六六类(4 种)、七氯、艾氏剂、环氧七氯、顺式氯丹、狄氏剂、硫丹 II、甲氧滴滴涕、六氯苯、灭蚁灵和异狄氏剂。在所有样品(n=34)中,顺氯丹和硫丹 II 化合物的检出频率都高达 100%;六氯苯的检出率也高达 94.1%,这表明这些化合物广泛分布于黄河入海口不同地区。表层沉积物中 OCPs 的浓度范围为 0.06~53.4ng·g^{-1},平均值为 4.84ng·g^{-1},平均检出率为 54.08%。结果表明,HCH(包括 α-HCH,β-HCH,γ-HCH 和 δ-HCH)是表层沉积物中的主要污染物。HCH 的浓度范围为 1.22~31.9ng·g^{-1},平均值为 16.45ng·g^{-1}。从图 5-1 可以看出,化合物浓度较高的是 δ-HCH,β-HCH,其次是 γ-HCH,顺式氯丹、硫丹 II、六氯苯也有较高浓度。在有机氯农药中,滴滴涕、六六六和狄氏剂的半衰期类似(Kurt and Boke Ozkoc, 2004),但在本研究中发现 β-HCH 浓度高于 DDT、狄氏剂,这可能与它们在过去几十年里的使用和生产量的差异有关。经过多年的降解,DDT 类农药已经转变成一个更稳定的 $p'p$-DDE(Gao et al., 2013),因此,在本研究中 $p'p$-DDE 浓度较高。硫丹 I 没有被检测出,而硫丹 II 检测率高达 100%。工业硫丹一般是由硫丹 I 和硫丹 II 组成,它们一般在环境中的比例是 7 : 3(Fillmann et al., 2002),由于光降解和生物效应,它们在环境中会发生相互转换,因此,可以推断出在本次研究中硫丹 II 主要来自早期使用的硫丹。沉积物中的 HCHs 浓度在所有有机氯农药中显示最高值,这表明它们曾经被广泛使用或禁药期稍晚。

表 5-1　表层沉积物中有机氯农药的含量（ng·g^{-1}）

化合物	范围	平均值	中间值	检出率/%
α-HCH	1.26～11.3	2.52	3.41	61.76
β-HCH	3.1～27.3	4.37	12.7	100
γ-HCH	1.22～23.4	3.16	6.9	75.1
δ-HCH	9.5～31.9	6.4	14.89	88.23
o'p-DDE	0.24～1.08	0.11	0.64	14.7
o'p-DDD	0.16～2.52	0.29	0.31	23.52
o'p-DDT	0.30～7.12	0.8	2.52	38.23
p'p-DDE	0.16～11.11	1.09	3.53	32.35
p'p-DDD	0.33～4.32	0.52	1.58	26.47
p'p-DDT	0.22～2.16	0.32	1.05	44.11
七氯	0.43～13.3	1.96	0.47	47.05
艾氏剂	0.59～4.54	0.87	0.57	73.52
环氧七氯	0.67～1.17	0.057	0.059	5.88
顺氯丹	2.86～12.95	6.56	6.14	100
硫丹 II	2.86～12.95	5.56	6.14	100
六氯苯	0.98～12.5	4.63	5.28	94.1
狄氏剂	0.38～7.96	3.83	3.46	100
甲氧滴滴涕	0.1～0.18	0.09	0.11	5.88
灭蚁灵	0.06～0.43	0.042	0.089	35.29
异狄氏剂	0.99～25.56	1.66	8.51	29.41
DDT	0.16～11.11	3.13	2.65	25.24
HCH	1.22～31.9	16.45	8.56	69.41
OCP	0.06～53.4	44.84	4.54	54.08

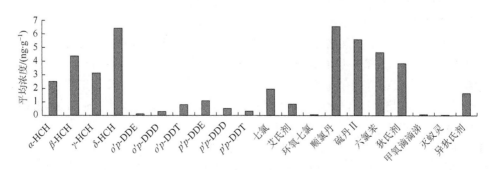

图 5-1　表层沉积物中有机氯农药的浓度

将本研究与世界其他地区进行比较（表 5-2），HCH 在沉积物中的平均浓度高于黄浦江、海河、天鹅河、基隆河、长江和钱塘江，但小于所罗门群岛和第二松花江；沉积物中 DDT 的浓度高于钱塘江，但比其他区域低。

表 5-2　不同区域表层沉积物中有机氯农药浓度比较（ng·g^{-1}）

不同地区沉积物	∑HCH	∑DDT	参考文献
所罗门群岛	140	750	Iwata et al.，1994a
基隆河，中国台湾	5	10	Iwata et al.，1994a
澳大利亚天鹅河	1.2	2.1	Iwata et al.，1994a
第二松花江	2.3～48.2	20.2～56.1	Barakat et al.，2002
珠江三角洲地区	0.14～17.04	2.6～1628.81	Gao et al.，2013
海河	7.8～10.8（9.3）	9.5～11.5（10.5）	Wu et al.，1999
钱塘江	0.7	0.1	Wu et al.，1999
南京长江段	0.18～1.67	0.21～4.50	Hu et al.，2005a
黄浦江	0.14～0.77（0.45）	0.68～4.43（2.17）	Hu et al.，2005b
黄河入海口	1.22～31.9（16.45）	0.16～11.11（3.13）	本研究

5.1.3　有机氯农药的空间分布

从图 5-2 可以看出，有机氯农药的最高值存在于海水沉积物中，其次是黄河沉积物中，而有机氯农药的最低值出现在湿地沉积物中。沉积物中的有机氯农药主要来自陆源性的输入（Wurl and Obbard，2005）。在这项研究中，海水和黄河水与外界交换频繁，而且受到外部水流的影响，这可能导致有机氯农药从外部输入到海水和黄河沉积物中。HCH 的最高值存在于池塘沉积物中，其次是黄河沉积物中，HCH 的最低值处于原黄河沉积物中。由于 HCH 比其他农药具有更高的挥发性和水溶性（Hitch and Day，1992），因此，它更容易被水流带走。DDT 的最高值被发现存在于海水，其次是湖泊。DDT 的最低值存在于黄河中，这可能与沉积物中的有机质含量有关（El Nemr et al.，2013a）。从图 5-2 中可以看出，六六六和滴滴涕的空间分布特征存在差异。据记载，尽管中国自 1983 年开始正式禁止生产和使用六六六和滴滴涕，但大谷公司直到 2000 年才终止生产林丹（Tao et al.，2008；Hu et al.，2009）。有文献（Tao et al.，2008；Liu et al.，2008b）报道，由于农业中长期大量使用 HCH，海河水系的表层沉积物和海河平原的土壤中 HCH 污染非常严重，因此，根据这些报道，本研究中，黄河入海口沉积物中高含量的 HCH 可能主要与周围农业土壤中高的 HCH 的残留水平有关。

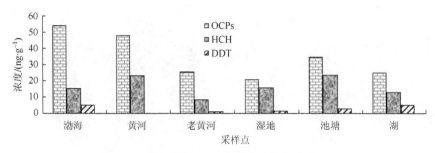

图 5-2　不同采样区域沉积物中有机氯农药浓度

5.1.4　HCH 和 DDT 的组成和来源

从图 5-3（a）可以看出，在本研究中，α-HCH，β-HCH，γ-HCH 和 δ-HCH 分别占总 HCH 的 15%，27%，19%和 39%。在中国，工业 HCH 曾是一种广谱杀虫剂，但于 1983 年已被禁止生产和使用。工业 HCH 的原始组成为：55%～80%的 α-HCH，5%～14%的 β-HCH，8%～15%的 γ-HCH 和 2%～16%的 δ-HCH（Hong et al.，2006）。将本次研究与原始结构进行比较，HCH 的异构体组成成分发生了较大变化，这可能是由于这些 HCH 的不同异构体有着不同的理化性质。沉积物中 β-HCH 比例较高，这主要可能是由于与其他异构体相比，β-HCH 具有较低的蒸气压和不易降解特点（Willett et al.，1998）。α-HCH 和 γ-HCH 具有相对较高的蒸气压（Li et al.，2001a），因此在环境中更不稳定，在沉积物中更容易消失，此外，α-HCH 和 γ-HCH 在环境中可以转换为 β-HCH（Walker et al.，1999）。有文献也曾报道过沉积物中存在高含量的 δ-HCH（Wan et al.，2005；Liu et al.，2008b），例如，中国的长江口表层沉积物中 δ-HCH 含量为 9.0%～89.4%；中国渤海海域表层沉积物中 δ-HCH 占 29%。δ-HCH 是 HCH 异构体中具有最长半衰期的组分。工业 HCH 中 α-HCH/γ-HCH 比值范围为 3～7，林丹中 α-HCH/γ-HCH 比值则小于 3（Sun et al.，2010）。本研究中，沉积物中 α-HCH/γ-HCH 比值范围为 0.23～0.92，平均值为 0.68。据报道，1991～2000 年，中国约使用了上万吨林丹（Zhang et al.，2006），因此，可以推断，林丹也可能在黄河入海口被使用过。

沉积物中 DDT 的组成见图 5-3（b）。从图 5-3（b）可以看出，DDT 异构体的组成含量顺序为 $p'p$-DDE（34%）>$o'p$-DDT（26%）>$p'p$-DDD（17%）>$p'p$-DDT（10%）>$o'p$-DDD（9%）>$o'p$-DDE（4%），$p'p$-DDE 为主要组成成分。DDT 在有氧条件下可通过生物降解生成 DDE，在厌氧条件下可降解成 DDD，因此，可以通过计算 DDD/DDE 的比值来推断 DDT 的降解条件，如果 DDD/DDE 的比值大于 1，表明 DDT 主要是在厌氧条件下进行降解，如果比值小于 1，则表明有氧条件下降解是 DDT 的主要损失途径（Cocco et al.，2005）。在本研究中，DDD/DDE 的比值范围是 0.11～3.45，64.71%采样点的比值超过了 1，表明了这些采样点 DDT 大部分

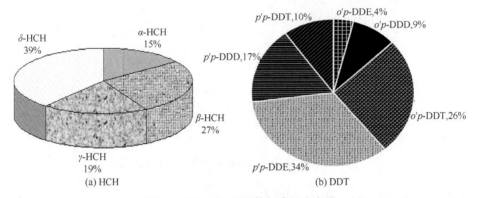

图 5-3　HCH 和 DDT 的组成百分含量

是在无氧条件下进行降解，这些点主要分布在池塘、湿地和湖泊，这可能是这些区域属于封闭的区域，水流和氧气与外界交换有限所致。(DDD+DDE)/DDT 的比值能够判断 DDT 是来自于新污染源还是来自于历史性的输入，如果(DDD+DDE)/DDT 的比值超过 0.5，表明 DDT 主要来自于历史性的输入；如果比值小于 0.5，则表示 DDT 主要来自于近期的输入（Hitch and Day，1992；Doong et al.，2002）。如图 5-4 所示，本研究中，(DDD+DDE)/DDT 的平均值是 0.64，其中 58.52%的采样点比值超过 0.5，这表明这个区域的沉积物中 DDT 主要来自于历史性的降解和残留。 $o'p$-DDT/$p'p$-DDT 的比值范围为 0.2～0.3，表明主要来自于工业 DDT；比值范围为 1.3～9.3 或更高，表明来自于三氯杀螨虫（Qiu et al.，2005；Wu et al.，2013），因此，通过 $o'p$-DDT/$p'p$-DDT 的比值可以判断 DDT 是来自于工业污染还是来自于三氯杀螨虫。中国自 1983 年开始对 DDT 进行禁用之后，三氯杀螨醇开始被广泛应用于农业（Liu et al.，2009）。在本研究中，63.5%沉积物样品中 $o'p$-DDT/$p'p$-DDT 的比值范围是 0.36～2.5，这表明该区域农业上曾经使用过三氯杀螨醇。

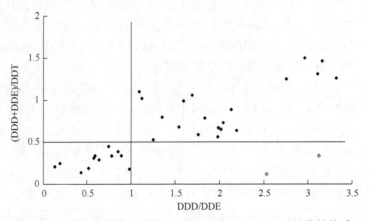

图 5-4　表层沉积物中 DDD/DDE 和(DDD+DDE)/DDT 比值的关系

5.1.5　主成分分析

主成分分析（PCA）是一种多元分析技术，通过减少变量的数目以获得较小的一组正交因素，从而解释原始变量之间存在的相关性（El Nemr et al.，2013a）。为了消除不同单位的影响，原始数据矩阵通过 Z 积分标准化和中档归一化，使每一个确定的变量有对等的权重（Hu et al.，2009）。在本研究中，PCA 被用来研究不同有机氯农药之间的相关性，可由 SPSS 软件分析完成。

主成分分析结果显示，前面四个主成分共反映了原始变量的 86.47%，其中，第一组分 PCF-1（29.87%），第二组分 PCF-2（24.51%），第三组分 PCF-3（18.53%），第四组分 PCF-4（13.56%），如表 5-3 所示。剩余 13.53%的数据不能清楚地解释原始变量之间的多样性。四个成分的分布代表了有机氯农药变量之间存在不同的相关性，以及它们在环境中的来源不同。

表 5-3　有机氯农药之间的主成分分析表

农药	主成分			
	PCF-1	PCF-2	PCF-3	PCF-4
α-HCH	0.749	0.154	0.158	0.211
β-HCH	0.896	−0.321	0.126	0.341
γ-HCH	0.871	0.123	−0.365	0.123
δ-HCH	−0.121	0.013	0.228	0.895
$o'p$-DDE	0.018	0.743	0.968	0.103
$o'p$-DDD	0.411	0.789	0.123	0.512
$o'p$-DDT	0.315	0.856	0.021	0.321
$p'p$-DDE	0.749	0.123	−0.023	0.231
$p'p$-DDD	0.301	0.921	0.129	−0.132
$p'p$-DDT	0.100	0.951	0.012	0.159
七氯	−0.121	0.435	0.896	0.631
艾氏剂	0.129	−0.213	0.823	0.356
环氧七氯	0.531	0.312	0.159	0.789
顺氯丹	0.654	0.012	0.236	0.863
硫丹 II	0.345	0.351	0.984	0.129
六氯苯	0.713	0.678	0.012	0.435
获氏剂	0.898	0.012	−0.123	0.324

农药	主成分			
	PCF-1	PCF-2	PCF-3	PCF-4
甲氧滴滴涕	−0.312	0.845	0.213	0.154
灭蚁灵	0.987	0.153	0.415	−0.213
异狄氏剂	0.119	0.641	0.518	0.129
方差贡献/%	29.87	24.51	18.53	13.56
累积贡献/%	29.87	54.38	72.91	86.47

PCF-1 占原始变量的 29.87%，主要包括 α-HCH，β-HCH，γ-HCH，$p'p$-DDE，六氯苯，狄氏剂，灭蚁灵。PCF-1 同组的这些农药的存在表明了它们可能有相同的来源。PCF-1 中，HCB 和 HCH 异构体的同时存在表明它们可能有相同的来源。历史上，中国自 1988 至今，六氯苯生产总量达 7000t 以上。$p'p$-DDE 和 β-HCH 异构体比其他同系物在环境中相对更持久，而且 α-HCH 可通过微生物降解更容易转变为 γ-HCH（Liu et al., 2008b）。综上，由于 HCHs 主要来源于早期的输入，因此推测在 PCF-1 中的农药都可能来自早期的输入。PCF-2 占原始变量的 24.51%，主要包括 $o'p$-DDE，$o'p$-DDD，$o'p$-DDT，$p'p$-DDD，$p'p$-DDT，甲氧滴滴涕，DDD，DDE 和 DDT，表明这些组分在这个区域有着相同的赋存状态。根据上面的讨论，该地区 DDT 的残留主要来自于其他环境中历史 DDT 的降解，早期输入的 DDT 可能会更容易降解为 DDE，因此，PCF-2 可能反映该地区有机氯农药主要来自于历史的降解产物。PCF-3 占了原始变量的 18.53%，主要包括 $o'p$-DDE，七氯，艾氏剂，硫丹Ⅱ，表明这些农药可能有相同的来源，且过去都曾经被广泛使用。PCF 4 占整个变量的 13.56%，主要包括 δ-HCH，环氧七氯，顺氯丹。

5.1.6　有机氯农药的潜在生物效应

如表 5-4 所示，两种被广泛使用的沉积物环境风险评价质量标准，即影响范围的低值（ERL）和影响范围的中值（ERM）；阈值效应水平（TEL）和可能产生的影响水平（PEL），这些指标通常被用来评估研究区域内有机氯农药可能产生的生态毒理风险（Long et al., 1998；Long et al., 1995；Gaudet et al., 1995）。34 个采样点中 DDT（$o'p$-DDT 和 $p'p$-DDT）、$p'p$-DDE、$p'p$-DDD 和 DDTs 的浓度比 ERL 高的采样点分别有 13 个、11 个、2 个、3 个。同时，这些化合物在大多数采样点的值都超过了 TEL、PEL 和 ERM 限值，因此对环境具有一定生态风险。

表 5-4　沉积物中有机氯农药的潜在生物风险评估

化合物	范围/(ng·g⁻¹)	ERL	高于 ERL/%	ERM	高于 ERM/%	TEL	高于 TEL/%	PEL	高于 PEL/%
$o'p$-DDT 和 $p'p$-DDT	0.30~7.12	1	38.23	7	2.94	1.19	38.23	4.47	20.58
$p'p$-DDE	0.16~11.11	2.2	32.35	27	0	1.22	41.17	7.81	23.52
$p'p$-DDD	0.33~4.32	2	5.88	20	0	2.07	5.88	374	0
DDTs	0.16~11.11	1.58	8.82	46.1	0	3.89	5.88	51.7	0
γ-HCH	1.22~23.4	—	—	—	—	0.32	100	0.99	100

从表 5-4 可以看出，所有样品中的 γ-HCH 浓度都超过了 TEL 和 PEL，这表明该区域沉积物主要是被 γ-HCH 污染；在所有样品中，$p'p$-DDE 的浓度高出 TEL 和 PEL 限值的采样点分别占总采样点的比例为 41.17% 和 23.52%。据记载，$p'p$-DDE 可能对栖息于沉积物中的物种产生一定的不利影响。相比 γ-HCH，$p'p$-DDE 具有较高的土壤吸收系数和较低的水溶解度，因此，$p'p$-DDE 更可能对沉积物中的生物产生不利影响（Zhou et al.，2008；Wang et al.，2010c；Kaushik et al.，2012）。此外，$p'p$-DDE 比 γ-HCH 具有更高的水生生物毒性、生物累积性和环境持久性，因此，本研究应该更多地关注于 $p'p$-DDE 的生态毒理效应。

5.1.7　小结

表层沉积物中 20 种有机氯农药的浓度范围为 0.06~53.4ng·g⁻¹，平均值为 4.84ng·g⁻¹，HCH 是主要的污染物。样品中较高 HCH 水平可能主要来自周围农业领域中高 HCH 的残留水平的流入。黄河入海口沉积物中 HCH 的污染主要来自于近期林丹的输入，沉积物中 DDT 残留来源于历史性 DDT 的降解。研究区域中的 DDT 更容易在无氧条件下降解成 DDD。主成分分析结果表明，该区域沉积物中大部分有机氯农药主要来自于早期的输入和降解。研究区域中，γ-HCH 和 $p'p$-DDE 存在较高的生态风险，应该予以更多关注。

5.2　沉积物中多环芳烃的赋存特征和污染源解析

5.2.1　概述

为了制定更有效的措施来控制环境中的多环芳烃，对它们进行污染源识别很重

要。特征比值法，尤其是同分异构体比值分析，已经被广泛用于多环芳烃污染源的
识别（Yunker et al.，2002；Bucheli et al.，2004），但当多种污染源同时存在时，该
方法具有一定的局限性，应该谨慎使用。而且，由于比值法中用到的成对多环芳烃
间的物理化学性质并不是完全一样，当它们从污染源迁移到受体时，几乎无法避免
彼此间特征比值的改变（Zhang et al.，2005b；Galarneau，2008；Ravindra et al.，2008；
Jiang et al.，2013）。该方法只能提供一个定性的估计，并不能完全准确地识别出污
染源（Singh et al.，2008）。因此，还要探索更加先进的污染源识别方法。因子分析
法是另一种污染源识别方法，该方法在对污染源进行识别时，不需要对可能性污染
源的组成和特征进行事先调查（Rachdawong et al.，1998）。而且，当因子分析法与
其他分析方法联用时，还可以对污染源的贡献率做一个定量的估算。主成分分析和
正定矩阵因子分解法是两种基本的因子分析法，已经被频繁地用于多环芳烃污染源
的识别中（Harrison et al.，1996；Larsen and Baker，2003；Sofowote et al.，2008；
Okuda et al.，2010；Stout and Graan，2010；Wu et al.，2014）。近年来，有学者已
对黄河主干道、支流及河口地区的水体和沉积物中的多环芳烃做了研究（Li et al.，
2006a；Xu et al.，2007；Hui et al.，2009；Hu et al.，2014）。但是，这些研究都集
中在对 16 种优控多环芳烃的研究上，很少有对非优控多环芳烃的研究。而且，虽
然正定矩阵因子分解法作为一种较先进的方法已经被广泛用于污染源的识别，但到
目前为止还没有被用于识别黄河三角洲多环芳烃的污染源。为了补充和完善该地区
多环芳烃的数据资料，本节以 2013 年采集于新黄河入海口的 21 个沉积物样品（参
见表 2-4 和图 2-5）为研究对象，探究包括四种二苯并芘同分异构体在内的 23 种多
环芳烃在该地区的赋存特征和潜在毒性，并尝试同时使用特征比值、主成分分析及
正定矩阵因子分解这三种分析方法来识别该地区沉积物中多环芳烃的来源。

5.2.2 赋存特征

表 5-5 列出了黄河入海口沉积物中 23 种多环芳烃的单独浓度以及浓度总和
（$\sum$23PAHs）、16 种美国环境保护局优控多环芳烃浓度之和（$\sum$16PAHs）及四种二苯
并芘同分异构体浓度之和（$\sum$4DBPs）。这 23 种多环芳烃在沉积物中的检出率介于
0%～100%之间。萘、苊烯、苊、芴、菲、蒽、荧蒽、芘、苯并[a]蒽、䓛及苝在所有
的沉积物中均有检出。晕苯在任何沉积物中都没有被检出，而二苯并[a, h]蒽、苯并
[g, h, i]苝及四种二苯并芘的同分异构体只在部分沉积物中被检出。$\sum$23PAHs 浓度介
于 116～318ng·g^{-1} 之间，平均浓度为 215ng·g^{-1}；而$\sum$4DBPs 浓度介于 0～18.9ng·g^{-1}
之间，平均浓度为 3.87ng·g^{-1}，仅占$\sum$23PAHs 平均浓度的 1.8%。$\sum$16PAHs 浓度介于
102～300ng·g^{-1} 之间，平均浓度为 205ng·g^{-1}。有学者曾经报道，黄河入海口沉积物中
$\sum$16PAHs 浓度在 2004 年介于 10.8～252ng·g^{-1} 之间，平均浓度为 90.7ng·g^{-1}（Hui et al.，

2009），而在 2007 年介于 97.2～204.8ng·g^{-1}，平均浓度为 152.2ng·g^{-1}（Hu et al.，2014）。本研究在黄河入海口沉积物中所检测到的多环芳烃浓度要高于之前的研究结果，这可能是不同研究间采样点存在差异或是近年来周边地区经济迅速发展带来的多环芳烃输入增加等原因造成的。此外，黄河入海口沉积物中 $\sum$16PAHs 浓度要高于邻近的莱州湾地区（范围：97.2～204.8ng·g^{-1}，平均值：148.4ng·g^{-1}）（Hu NJ et al.，2011），与我国的长江入海口浓度相近（范围：65.07～954.52ng·g^{-1}，平均值：224ng·g^{-1}）（Yu et al.，2015），但是远远低于我国的珠江入海口（范围：294～1100ng·g^{-1}，平均值：749ng·g^{-1}）（Chen et al.，2006a）、韩国的马山湾（范围：207～2670ng·g^{-1}；平均值：680ng·g^{-1}）（Yim et al.，2005）、英国的默西河口（范围：626～3766ng·g^{-1}）（Vane et al.，2007）及智利中部的伦加河口（290～6118ng·g^{-1}）（Pozo et al.，2011），表明黄河入海口沉积物中的多环芳烃处于中等偏低的污染水平。有机质被认为是影响多环芳烃和沉积物间相互作用的一个重要生物化学参数，而有机碳是量化水体系统中有机质存在的一个综合检测指标（Leenheer and Croué，2003；Bucheli et al.，2004）。黄河入海口沉积物中有机碳的含量均小于 0.1%，远远低于世界其他河流和河口中检测到的有机碳含量（Mai et al.，2005）。黄河的沉积物主要由粗粒径的沙组成，这可能是造成该地区有机碳含量较低的原因。关于 21 个沉积物中 $\sum$23PAHs 浓度和有机碳含量间的 Pearson 相关性分析表明二者间存在显著的正相关性（$r=0.866$，$P<0.01$），表明黄河入海口有机碳含量相对较高的沉积物中有机碳和多环芳烃间的分配过程可能是一个主要的活动过程。黄河入海口沉积物中 22 种多环芳烃的苯并[a]芘毒性当量（BaPeq）之和（$\sum$22PAHs，由于缺乏 TEF 值，计算毒性当量时䓛烯被去除）介于 2.11～343ng·g^{-1} 之间，平均浓度为 99.2ng·g^{-1}，而 $\sum$16PAHs 和 $\sum$4DBPs 的 BaPeq 浓度分别介于 2.11～70.7ng·g^{-1} 及 0～304ng·g^{-1} 之间，平均浓度分别为 33.3ng·g^{-1} 和 65.9ng·g^{-1}。$\sum$4DBPs 在不同采样点的平均毒性当量（65.9ng·g^{-1}）占 $\sum$22PAHs 平均毒性当量的 66.4%，表明尽管这四种二苯并同分异构体在大部分的采样点中都没有被检测到，但它们却是黄河入海口沉积物中多环芳烃的主要毒性贡献物。

表 5-5　黄河入海口沉积物中多环芳烃的含量

PAHs	毒性当量因子	检出率/%	含量/（ng·g^{-1} 干重）			平均毒性当量
			最小值	最大值	平均值	
萘	0.001[a]	100	3.31	20.3	8.22	0.00822
䓛烯	0.001[a]	100	3.09	6.09	4.14	0.00414
苊	0.001[a]	100	0.521	1.43	0.863	0.000863
芴	0.001[a]	100	4.12	7.08	5.37	0.00537
菲	0.001[a]	100	16.1	23.6	19.6	0.0196

续表

PAHs	毒性当量因子	检出率/%	含量/（ng·g⁻¹ 干重）			平均毒性当量
			最小值	最小值	最小值	
蒽	0.01[a]	100	12.1	14.0	12.7	0.127
荧蒽	0.001[a]	100	11.9	22.1	15.8	0.0158
芘	0.001[a]	100	13.0	28.3	15.6	0.0156
苯并[a]蒽	0.1[a]	100	17.2	18.6	17.6	1.76
䓛	0.01[a]	100	12.0	14.7	13.2	0.132
苯并[b]荧蒽	0.1[a]	95.2	nd[d]	25.8	23.0	2.3
苯并[k]荧蒽	0.1[a]	95.2	nd	26.5	22.4	2.24
苯并[a]芘	1[a]	71.4	nd	28.6	20.4	20.4
茚并[1, 2, 3-c, d]芘	0.1[a]	42.9	nd	42.5	18.2	1.82
二苯并[a, h]蒽	1[a]	14.3	nd	31.1	4.44	4.44
苯并[g, h, i]芘	0.01[a]	14.3	nd	23.2	3.31	0.0331
惹烯	—	95.2		8.35	3.83	—
苊	0.001[a]	100	1.50	4.14	2.43	0.00243
晕苯	0.001[a]	0	nd	nd	nd	nd
二苯并[a, l]芘	100[b]	23.8	nd	2.29	0.538	53.8
二苯并[a, e]芘	1[c]	23.8	nd	9.92	2.36	2.36
二苯并[a, i]芘	10[c]	14.3	nd	3.04	0.431	4.31
二苯并[a, h]芘	10[c]	14.3	nd	3.78	0.538	5.38
∑23PAHs	—	—	116	318	215	99.2[e]
∑16PAHs	—	—	102	300	205	33.3
∑4DBPs	—	—	0	18.9	3.87	65.9

a. 数据引自 Tsai et al.，2004；b. 数据引自 Bergvall and Westerholm，2007；c. 数据引自 Collins et al.，1998；d. nd 表示未检出；e. 因缺少毒性当量因子值，惹烯在计算时被去除。

5.2.3　特征比值法解析污染源

本研究运用蒽/(蒽+菲)、苯并[a]蒽/（苯并[a]蒽+䓛）、荧蒽/（荧蒽+芘）及低分子量多环芳烃/高分子量多环芳烃这四个比值来识别多环芳烃的污染源。这四个比值的多环芳烃污染源识别阈值以 Yunker 等（2002）和 Zakaria 等（2002）的研究结果为依据，结果呈现于图 5-5。从该图可以看出，本研究区域多环芳烃的污染源来自于石油、生物质及煤燃烧的混合污染源。然而，这种方法并不能完全准确地对污染源作出识别（Singh et al.，2008），只能提供一个定性的参考。

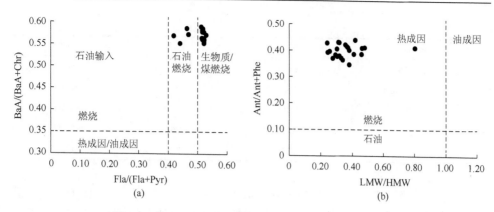

图 5-5　黄河入海口沉积物中多环芳烃同分异构体比值

BaA：苯并[a]蒽；Chr：䓛；Fla：荧蒽；Pyr：芘；Ant：蒽；Phe：菲；LMW：低分子多环芳烃；HMW：高分子量多环芳烃

5.2.4　主成分分析法解析污染源

在本研究中，利用 SPSS 15.0 软件对黄河入海口沉积物中检测率较高的 16 种多环芳烃进行主成分/多元线性回归分析（PCA/MLR）。这 16 种多环芳烃不包括检测率较低的二苯并[a, h]蒽、苯并[g, h, i]苝、晕苯、二苯并[a, l]芘、二苯并[a, e]芘、二苯并[a, i]芘和二苯并[a, h]芘。表 5-6 列出了这 16 种多环芳烃的分析结果，共提取了 3 个主成分（PC1、PC2 和 PC3），它们能够代表的方差贡献率达到了 80.7%。

表 5-6　黄河入海口沉积物中多环芳烃主成分分析

PAHs	PC1	PC2	PC3
萘	0.117	**0.650**	0.233
苊烯	−0.046	**0.914**	0.221
苊	**0.752**	**0.575**	0.108
芴	0.491	**0.704**	0.359
菲	**0.686**	**0.522**	0.303
蒽	0.459	**0.715**	0.158
荧蒽	**0.585**	**0.663**	0.060
芘	0.382	**0.827**	0.068
苯并[a]蒽	**0.821**	0.331	−0.084
䓛	**0.780**	0.467	0.169
苯并[b]荧蒽	−0.252	0.159	**0.915**
苯并[k]荧蒽	−0.036	0.294	**0.913**

PAHs	PC1	PC2	PC3
苯并[a]芘	**0.573**	0.076	**0.634**
茚并[1, 2, 3-c, d]芘	0.463	0.330	0.380
惹烯	**0.861**	−0.274	−0.287
苝	**0.802**	0.462	−0.327
方差贡献/%	32.9	30.2	17.6

从表 5-6 可以看出，PC1 的方差贡献率为 32.9%，在苊、苯并[a]蒽、䓛、惹烯和苝上的因子载荷较高，在荧蒽、菲和苯并[a]芘上的因子载荷大小中等。苊、苯并[a]蒽、惹烯和菲曾被报道为松木燃烧产生的烟雾中所含的主要多环芳烃（Khalili et al.，1995；Rogge et al.，1998；Ye et al.，2006）。另外，惹烯是草丛和植被燃烧释放的典型多环芳烃（Ramdahl，1983）。有报道称菲、荧蒽、苯并[a]蒽、䓛和苯并[a]芘是煤燃烧释放的主要多环芳烃（Duval and Friedlander，1981；Harrison et al.，1996；Simcik et al.，1999）。此外，虽然苝被广泛报道为在沉积物中受到早期成岩过程的作用所产生的一种未被取代的多环芳烃，但化石燃料的燃烧也可以产生苝（Venkatesan，1988；Ye et al.，2006）。煤是我国的主要能源，大约占所有能源供给的 75%（Chen et al.，2004）；在我国，尤其是华北地区，有超过四亿的人使用煤炭来满足家庭日常能源供给（Xu et al.，2006；Liu et al.，2008a）。另外，黄河三角洲地区的芦苇、木材及秸秆燃烧现象非常普遍（Wang et al.，2009b）。因此，可以将 PC1 归结为生物质和煤燃烧污染源。

PC2 的方差贡献率为 30.2%，在低分子量多环芳烃，尤其是萘、苊烯、苊、芴、蒽、菲、荧蒽和苝上的因子载荷相对较高或处于中等水平。低分子量多环芳烃主要来自于石油污染源（Zakaria et al.，2002），燃油发电站工作的产物被报道富含 2～3 环的多环芳烃（Masclet et al.，1986；Larsen and Baker，2003）。另外，PC2 在苝上的因子载荷处于中等水平，苝被认为与来自成岩石油的汽油关系密切（Kavouras et al.，2001；Sofowote et al.，2008）。胜利油田坐落于黄河三角洲地区，它的大部分油井遍布河口地区，因而经常会产生石油的燃烧废物（Wang et al.，2009b），可能会导致该地区的多环芳烃污染。因而，可以将 PC2 归因为石油燃烧污染源。

PC3 的方差贡献率为 17.6%，在苯并[b]荧蒽、苯并[k]荧蒽及苯并[a]芘上因子载荷较高，而这几种多环芳烃都是机动车尾气排放的标志物（Duval and Friedlander，1981；Rogge et al.，1993a；Harrison et al.，1996；Ye et al.，2006）。另外，苯并[k]荧蒽与柴油机排放的尾气有关（Venkataraman et al.，1994；Larsen and Baker，2003；Sofowote et al.，2008）。在胜利油田的开采过程中，需要大量的汽

车和货船用于石油的输送和交通供给。另外，由于本研究区域中如黄河三角洲自
然保护区和黄河入海口河海交汇等著名景观所吸引的游客数量增加，每天都会有
很多汽车和游船用于游客的观光活动。因此，可以将 PC3 归为密集交通活动中机
动车柴油机尾气排放污染源。

　　将得到的 PCA 因子得分和该分析中所用到的 16 种多环芳烃浓度之和的标准
化分数分别作为自变量和因变量代入多元线性回归模型中用逐步回归法进行分
析，以此来估算各个污染源对该区域多环芳烃的贡献率。本研究所得到的关于黄
河入海口沉积物中多环芳烃的多元线性回归关系式如下：

$$16 \text{ PAHs}=0.565 \text{ PC1}+0.456 \text{ PC2}+0.612 \text{ PC3}（R^2=0.902） \tag{5-1}$$

　　PC1、PC2 和 PC3 对沉积物中多环芳烃的贡献率分别为 34.6%、27.9%和 37.5%，
PC1 和 PC2 对该地区多环芳烃的贡献率之和达到了 62.5%，表明生物质、煤和石
油燃烧是黄河入海口地区多环芳烃的主要污染源。

5.2.5　正定矩阵因子分解法解析污染源

　　正定矩阵因子分解法（PMF）是将分析过程看成是一个最小二乘问题的多元
因子分析方法，它将样品浓度数据矩阵 X 分成三个矩阵，包括因子的贡献率矩阵
（G）、因子的组成矩阵（F）及残差矩阵（E）（Paatero and Tapper，1993；Paatero，
1997；USEPA，2008）：

$$X=GF+E \tag{5-2}$$

样品的浓度数据矩阵 X（$n×m$）由 n 个样品的 m 个化合物浓度组成；因子的贡献
率矩阵 G（$n×p$）是 p 个污染源对每个样品的贡献率；因子组成矩阵 F（$p×m$）
表示每个污染源中各个化合物的组成；E（$n×m$）是包含元素 e_{ij} 的残差矩阵。因
子的贡献率矩阵 G 和因子组成矩阵 F 都是在 PMF 模型中通过最小化目标函数 Q
得到结果，该函数以不确定性（u）为基础，并按照如下公式定义（Paatero，1997；
USEPA，2008）：

$$Q = \sum_{i=1}^{n}\sum_{j=1}^{m}\left(\frac{e_{ij}}{u_{ij}}\right)^2 \tag{5-3}$$

　　当运行 PMF 模型时，输入数据包括样品浓度（x_{ij}）及估算的不确定性值（u_{ij}）。
在模型运行之前需要估算每个参数的不确定性值 u_{ij}，一些学者为如何更好地计算
这些不确定值提供了建议（Reff et al.，2007；USEPA，2008）。在本研究中，运用
样品浓度 x_{ij} 和检测限 MDL，参照如下的公式对不确定性值 u_{ij} 进行计算（Tauler et
al.，2009；Jiang et al.，2013）：

$$u_{ij} = 0.1 \times x_{ij} + \text{MDL}/3(x_{ij} > \text{MDL}) \tag{5-4}$$

$$x_{ij} = \text{MDL}/2, u_{ij} = 0.2 \times x_{ij} + \text{MDL}/3(x_{ij} \leqslant \text{MDL}) \tag{5-5}$$

本研究选用基于算法 ME-2 的 EPA PMF 3.0 模型（Paatero，1999；USEPA，2008），以多环芳烃的浓度和估算的不确定值为输入数据，按照默认模式运行模型。和 PCA/MLR 分析一样，二苯并[a, h]蒽、苯并[g, h, i]芘、晕苯、二苯并[a, l]芘、二苯并[a, e]芘、二苯并[a, i]芘和二苯并[a, h]芘在大多数的样品中均没有被检测到，在运行模型时被移除，所以 PMF 模型中当前使用的数据为 21×16 矩阵（样品数量×PAH 种类）。另外，在运行模型时，由于信噪比较低或是检出率相对较低，萘、蒽、苯并[a]蒽、苯并[a]芘和茚并[1, 2, 3-c, d]芘 这五种化合物的权重被定为较弱。因此，当前的模型数据中由 11 个权重较强的参数进行拟合。在本研究中，3～7 个因子被识别出来，最终对 5 个因子的结果作进一步的分析。图 5-6 描绘了这 5 个 PMF 因子中 16 种多环芳烃所占的百分比，可以用来识别污染源。

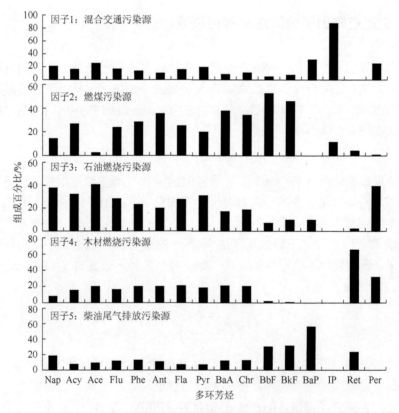

图 5-6　正定矩阵因子分解模型因子中多环芳烃组成

Nap：萘；Acy：苊烯；Ace：苊；Flu：芴；Phe：菲；Ant：蒽；Fla：荧蒽；Pyr：芘；BaA：苯并[a]蒽；Chr：䓛；BbF：苯并[b]荧蒽；BkF：苯并[k]荧蒽；BaP：苯并[a]芘；IP：茚并[1, 2, 3-c, d]芘 ；Ret：惹烯；Per：芘

从图 5-6 可以看出，因子 1 以茚并[1, 2, 3-c, d]芘　为主，该多环芳烃常在机动车柴油发动机和燃气发动机尾气中被检出（May and Wise，1984）。除了在 PCA/MLR 这部分提及的采样区密集的交通状况外，由于在胜利油田的原油开采中所产生的丰富伴生气资源，近年来东营市越来越多的机动车由燃油转化为燃气，这一现象导致了燃气发动机尾气排放的增加。因此，可以将因子 1 归为柴油和燃气发动机尾气排放的混合污染源。

因子 2 在菲、蒽、苯并[a]蒽、䓛、苯并[b]荧蒽和苯并[k]荧蒽上载荷较高，在荧蒽和芘上的载荷中等。菲、蒽、苯并[a]蒽、䓛、荧蒽和芘都是燃煤的标志物（Duval and Friedlander，1981）。苯并[b]荧蒽与苯并[k]荧蒽与化石燃料的燃烧有关（Rogge et al.，1993a；Kavouras et al.，2001；Jiang et al.，2009；Yang et al.，2013c）。因此，因子 2 被归为燃煤污染源。

因子 3 以苊和低分子量多环芳烃为主，包括萘、苊烯、苊、芴、菲、蒽、荧蒽和芘。因子 3 与在 PCA/MLR 模型中提取出的 PC2 组成特征类似，依据对 PC2 的分析，将因子 3 归为石油燃烧污染源。

因子 4 在惹烯上载荷较高，惹烯是木材燃烧的标志物（Ramdahl，1983），所以因子 4 代表木材燃烧污染源。

因子 5 与在 PCA/MLR 模型中提取出的 PC3 的组成特征类似，二者都在苯并[b]荧蒽、苯并[k]荧蒽及苯并[a]芘上载荷较高，表明该污染源属于机动车柴油机尾气排放污染源。

因子的贡献率矩阵 G 和被代入 PMF 模型中的 16 种多环芳烃浓度之和（ng·g^{-1}）间的多元线性回归关系式为

$$16PAHs=37.7G1+38.8G2+29.4G3+14.6G4+34.6G5 \quad (R^2=0.991) \quad (5-6)$$

由此得出：因子 1（柴油发动机和燃气发动机尾气排放），因子 2（燃煤），因子 3（石油燃烧），因子 4（木材燃烧）及因子 5（机动车柴油机尾气排放）对该地区多环芳烃的平均贡献率分别为 24.3%、25.0%、19.0%、9.4%和 22.3%。

在本研究工作中，特征比值法识别出了石油、生物质及石油燃烧的混合污染源，但这种方法只能提供一个定性的估计。PCA/MLR 和 PMF 模型在识别可能性污染源和估计每个污染源对多环芳烃贡献率上发挥的作用都很明显，但二者的识别结果略有差异：PCA/MLR 模型中提取出了 3 个因子，而在 PMF 模型中却发现 5 因子的结果更合理。在 PCA/MLR 模型中，生物质和煤燃烧混合在一个因子中，而在 PMF 模型中，二者却被分成两个不同的因子。另外，PMF 模型不仅识别出了柴油和燃气发动机的混合污染源，还识别出了柴油发动机尾气排放的单独污染源，而 PCA/MLR 模型仅识别出了单独的柴油尾气排放源。在定量分析中，通过 PCA/MLR 模型识别出的生物质、煤及石油燃烧对于多环芳烃的贡献率达到了 62.5%（PC1+PC2），而在 PMF 模型中，以上三种燃烧对多环芳烃的贡献率仅为

53.4%（因子2+因子3+因子4）。对于PCA/MLR和PMF模型识别出的机动车尾气排放，对多环芳烃的贡献率分别为37.5%（PC3）和46.6%（因子1+因子5）。

　　PCA/MLR和PMF模型识别结果的差异可能是模型本身（如使用的不确定性参数）或是数据质量（主要是选择输入模型中的多环芳烃种类）造成的（Callén et al.，2009；Yang et al.，2013c）。从表5-6可以看出，PCA/MLR模型中提取出了一些负值，使得对污染源的解释变得较为复杂。PMF模型在旋转因子载荷矩阵和因子得分时进行了非负限制，使因子载荷和因子得分变得可以解释（Paatero and Tapper，1994）。另外，PCA/MLR在分析前没有对实验数据的不确定性进行估算，因而该模型得出的污染源识别结果说服力相对较弱，而PMF模型在分析时通过估算不确定性和在每个载荷矩阵中进行非负限制，使得污染源识别结果比PCA/MLR的结果更加完整和清晰。综合考虑PMF模型、PCA/MLR模型及特征比值法这三种方法的污染源识别结果，得出燃烧源，尤其是煤、石油和生物质的燃烧，是该地区多环芳烃的主要污染源。通过上述分析，本研究建议：在以后关于多环芳烃污染的研究中，为了克服单一方法的缺陷，应该将多种分析方法运用到同一系列数据中，综合考虑各个方法所得结果的差异性和共同点，以得到更加可信的污染源识别结果。

5.2.6　小结

　　与国内外其他研究区域相比，黄河入海口表层沉积物中多环芳烃的浓度处于中等偏低的水平。与土壤中一样，四种二苯并芘的同分异构体也是沉积物中多环芳烃毒性的主要贡献物。本研究共采取三种方法对沉积物中多环芳烃的污染源进行识别。在一定程度上，这三种方法都很有用，但由于特征比值法只能提供一个定性的参考，主成分分析事先没有对数据的不确定性进行估计，同时又会提取出一些难以解释的负值，因此正定矩阵因子分解法被认为是三者中最好的污染源识别方法。此外，主成分分析和正定矩阵因子分解法所估算的各个污染源对该区域多环芳烃的贡献率略有差异。通过对比和综合考虑这三种方法所得出的污染源识别结果，本研究发现生物质、煤和石油的燃烧及机动车尾气的排放是黄河入海口多环芳烃的可能性污染源。

5.3　沉积物中多氯联苯的来源和生态风险评价

5.3.1　概述

　　多氯联苯是一类人工合成的持久性有机污染物，由于其对于人类和环境

所产生的负面效应,已经引起了人们的高度重视(Tanabe,1988；Ilyas et al.,
2011；Duan et al.,2013b)。到目前为止,尽管关于黄河水体、悬浮颗粒物、
沉积物及黄河三角洲植物和土壤中多氯联苯的研究已经有所开展（He et al.,
2006；Fan et al.,2009；Xie et al.,2012；Wang et al.,2016；刘静等,2007),
但黄河三角洲中多氯联苯的相关数据资料依然很有限。为了填补这个信息空
缺,本节以 2013 年采集于现黄河入海口的 21 个沉积物为研究对象,对 28 种
多氯联苯在该地区的含量、分布特征、组成、输入途径及潜在毒性和风险进
行研究,以了解该地区环境中多氯联苯当前的残留水平,为如何有效控制污
染提供依据。

5.3.2　沉积物中多氯联苯的含量和分布特征

在本研究工作所涉及的 28 种多氯联苯中,只有 16 种多氯联苯在黄河入
海口沉积物中被检测到,包括 PCB 18、PCB 28、PCB 52、PCB 44、PCB 81、
PCB 77、PCB 101、PCB 123、PCB 118、PCB 114、PCB 105、PCB126、PCB 169、
PCB 189、PCB 206 和 PCB 209。表 5-7 列出了沉积物中所检测到的多氯联苯
的浓度。黄河入海口沉积物中 16 种被检测到的多氯联苯浓度之和（$\sum$PCBs）
介于 0.771~1.39ng·g^{-1} 之间,平均浓度为 1.14ng·g^{-1}。在这 16 种被检测到的
多氯联苯中,有 9 种属于类二噁英多氯联苯（DLPCBs）,被检测到的类二噁英
多氯联苯浓度之和（$\sum$DLPCBs）介于 0.537~1.002ng·g^{-1} 之间,平均浓度为
0.835ng·g^{-1}。本研究将沉积物所检测到的所有多氯联苯浓度之和（$\sum$PCBs）、
类二噁英多氯联苯浓度之和（$\sum$DLPCBs）、七种之前提到的标志性多氯联苯浓
度之和（$\sum$7PCBs）、三氯联苯浓度（TriCBs）、四氯联苯浓度（TetraCBs）、五
氯联苯浓度（PentaCBs）、六氯联苯浓度（HexaCBs）、七氯联苯浓度（HepaCBs）、
九氯联苯浓度（NonaCBs）及十氯联苯浓度（DecaCBs）分别和有机碳含量进
行 Pearson 相关性分析,结果显示上述任何一组多氯联苯浓度和有机碳含量间
均不存在相关性（$r \leqslant 0.444$）,表明有机碳可能并不是影响黄河入海口沉积物
中多氯联苯分布的一个重要因素。图 5-7 描绘了黄河入海口沉积物中$\sum$PCBs
和$\sum$DLPCBs 浓度的空间分布情况。从图中可以看出,不同采样点间多氯联苯
的浓度波动不大,沿着黄河入海方向上的各采样点浓度基本一样。这一现象
与 2004 年黄河中游和下游地区沉积物中多氯联苯浓度的空间分布情况一致:
该研究所报道的沉积物多氯联苯在各点的浓度几乎一样,并且在大多数样品
中浓度都不高（He et al.,2006）。

表 5-7　黄河入海口沉积物中多氯联苯的含量（ng·g^{-1}干重）

PCBs	含量		
	最小值	最大值	平均值
PCB18	nd^a	0.079	0.043
PCB28	nd	0.085	0.049
PCB52	0.047	0.311	0.122
PCB44	nd	0.102	0.008
PCB81	nd	0.239	0.15
PCB77	nd	0.124	0.087
PCB101	0.033	0.158	0.065
PCB123	0.034	0.308	0.195
PCB118	0.008	0.137	0.081
PCB114	0.042	0.157	0.064
PCB105	0.03	0.081	0.049
PCB126	0.126	0.195	0.148
PCB169	nd	0.164	0.053
PCB189	nd	0.029	0.009
PCB206	nd	0.028	0.001
PCB209	nd	0.05	0.01
二氯联苯	nd	nd	nd
三氯联苯	0.002	0.163	0.096
四氯联苯	0.089	0.66	0.383
五氯联苯	0.425	0.756	0.601
六氯联苯	nd	0.164	0.053
七氯联苯	nd	0.029	0.009
八氯联苯	nd	nd	nd
九氯联苯	nd	0.028	0.001
十氯联苯	nd	0.05	0.010
∑PCBs	0.771	1.39	1.14
∑7PCBs	0.227	0.426	0.316
∑DLPCBs	0.537	1.002	0.835

a. nd 表示未检出。

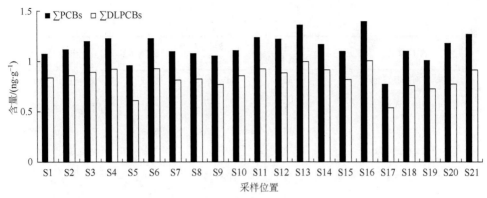

图 5-7　黄河入海口沉积物中 PCBs 的空间分布

如表 5-8 所示，黄河入海口沉积物中∑PCBs 的浓度略高于我国东海岸（Duan et al.，2013b）及渤海中多氯联苯的浓度（Pan et al.，2010），与我国黄河中下游（He et al.，2006）、黄海（Duan et al.，2013a）及我国台湾地区的高屏河（Doong et al.，2008）沉积物中多氯联苯浓度相当，但是远远低于我国其他区域沉积物中多氯联苯的浓度，如长江入海口（Yang et al.，2012a）、珠江入海口（Nie et al.，2005）、海河及其河口地区（Zhao et al.，2010）、闽江入海口（Zhang et al.，2003）、大亚湾（Zhou et al.，2001b）及长江的武汉段（Yang et al.，2009b），同时也低于国外其他区域沉积物中多氯联苯的浓度，如美国加州的沙顿海（Sapozhnikova et al.，2004）、英国的克莱德河口（Edgar et al.，2003）、韩国的工业化海湾（Hong et al.，2005）及埃及的亚历山大港口（Barakat et al.，2002），表明该地区沉积物中多氯联苯的污染程度较低。

表 5-8　国内外沉积物中多氯联苯含量对比（ng·g^{-1} 干重）

采样位置	目标 PCBs 数量	浓度范围	平均值/中间值	参考文献
中国黄河入海口	28	0.771～1.39	1.14	本研究
中国黄河中下游	—[a]	nd[b]～5.98	3.1	He et al.，2006
中国黄海	24	0.099～3.13	0.715	Duan et al.，2013a
中国台湾高屏河	44	0.38～5.89	1.43	Doong et al.，2008
中国东海岸	23	0.0243～0.3433	0.127	Duan et al.，2013b
中国渤海	16	nd～0.61	0.145	Pan et al.，2010
中国长江入海口	22	5.08～19.64	10.15	Yang et al.，2012a
中国珠江入海口	36	11.13～23.23	—	Nie et al.，2005
中国海河	32	0.177～253	99.1	Zhao et al.，2010

续表

采样位置	目标 PCBs 数量	浓度 范围	平均值/中间值	参考文献
中国海河入海口地区	32	nd～36.1	9.49	Zhao et al.，2010
中国闽江入海口	21	15.14～ 57.93	—	Zhang et al.，2003
中国大亚湾	12	0.85～27.37	8.83	Zhou et al.，2001b
中国长江武汉段	39	1.2～45.1	9.2	Yang et al.，2009b
美国加州沙顿海	55	116～304	—	Sapozhnikova et al.，2004
英国克莱德河口	22	0.1～1670	—	Edgar et al.，2003
韩国工业化海湾	22	0.22～199	—	Hong et al.，2005
埃及亚历山大港口	99	0.9～1210	260	Barakat et al.，2002

a. 无数据；b. nd 表示未检出。

5.3.3 污染源识别

如图 5-8 示，该区域的多氯联苯以三氯联苯、四氯联苯和五氯联苯为主，二氯联苯和八氯联苯在黄河入海口沉积物中均没有被检测到。我国黄河中下游、海河及东海岸地区的沉积物中也出现了以三氯联苯到五氯联苯为主的现象，研究者将这种组成特征归因于我国在 20 世纪 70 年代多氯联苯的生产和使用（He et al.，2006；Zhao et al.，2010；Duan et al.，2013b）。我国在 1965～1974 年生产的多氯联苯商品以三氯联苯和五氯联苯为主（Jiang et al.，2011a），这可能导致了我国一些地区沉积物中的多氯联苯以三氯联苯到五氯联苯为主。

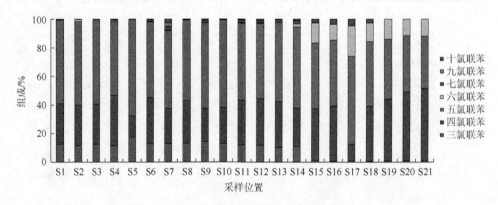

图 5-8　黄河入海口沉积物中多氯联苯的组成

为了进一步识别黄河入海口沉积物中多氯联苯的可能性污染源，将从研究区域所采集的 21 个沉积物中的部分多氯联苯与两种多氯联苯商品（亚老哥尔 1242 和亚老哥尔 1254）进行聚类分析。由于多氯联苯商品亚老哥尔 1242 和 1254 与我国生产的三氯联苯和五氯联苯类多氯联苯商品组成接近，因而在聚类分析时被选用（Qin et al.，2003）。本研究用到的关于多氯联苯商品的数据是基于 Frame 等（1996）的研究结果。聚类分析选用的方法为离差平方和法，样本间距离选用欧氏距离进行计算（Motelay-Massei et al.，2004；Jiang et al.，2011a）。图 5-9 用树形图阐明了黄河入海口所采集的 21 个沉积物样品与两种多氯联苯商品间的相似程度。从图中可以看出，21 个沉积物样品和两种多氯联苯商品被分为两大类。第一大类又被进一步分为两小类，其中的一小类由 S14、S7、S13、S10、S1、S12、S8、S11、S2、S9 和亚老哥尔 1254 组成，表明多氯联苯商品亚老哥尔 1254 可能影响到了这些采样点。第二大类也被进一步分为两小类，其中的一小类由 S20、S19、S21、S16 和亚老哥尔 1242 组成，表明亚老哥尔 1242 可能是这些采样点中多氯联苯的来源。

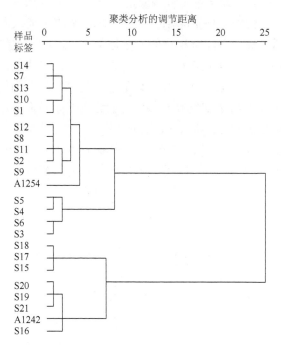

图 5-9　黄河入海口沉积物中多氯联苯及商品间聚类分析树形图

5.3.4　生态风险评价

沉积物中的多氯联苯可能会对水生生物产生生态风险，影响它们的生存。本研究区域中∑DLPCBs 浓度占∑PCBs 浓度的百分比介于 63.54%～78.35%之间，平均百分比为 73.30%，表明类二噁英多氯联苯是黄河入海口沉积物中多氯联苯的主要贡献物。由于类二噁英多氯联苯毒性较强，因此从生态毒理学角度来研究该地区沉积物的污染现状很有必要。本研究运用如下公式计算类二噁英多氯联苯的总毒性当量（TEQ），以此来评价黄河三角洲自然保护区土壤中多氯联苯的潜在毒性：TEQ=$\sum iC_i \times$TEFi，其中，C_i 是单个类二噁英多氯联苯的浓度，TEFi 是将单个类二噁英多氯联苯与 2,3,7,8-四氯代二苯并二噁英（2,3,7,8-TCDD）进行对比所得到的各个类二噁英多氯联苯的毒性当量因子：2,3,7,8-TCDD 的毒性当量因子是 1，根据其他 12 种类二噁英多氯联苯相对于 2,3,7,8-TCDD 毒性的大小，得到各自的毒性当量因子（van den Berg et al.，1998，2006；Bhavsar et al.，2008）。本研究中用到的 TEF 值是参考 van den Berg 等（2006）的研究结果。通过计算，得知本研究区域类二噁英多氯联苯的总毒性当量介于 0.013～0.024ng·g^{-1}之间，平均浓度为 0.016ng·g^{-1}。如表 5-9 所示，在这 9 种被检出的类二噁英多氯联苯中，PCB 126 的毒性当量占类二噁英多氯联苯总毒性当量的 89.87%，表明 PCB 126 是黄河入海口沉积物中多氯联苯毒性的主要贡献物。另外，本研究将黄河入海口沉积物中多氯联苯的浓度与国际上关于海洋沉积物的质量标准进行对比，这些标准包括：①阈值效应含量（TEC）：当污染物浓度低于该值时，不可能产生负面健康效应；②可能效应含量（PEC）：当污染物浓度高于该值时可能会产生负面健康效应；③极端效应含量（EEC）：当污染物浓度高于该值时会频繁产生负面健康效应；④效应低值（ERL）：当污染物浓度低于该值时，很少产生负面健康效应；效应低值（ERM）：当污染物浓度高于该值时经常会产生负面健康效应（Long et al.，1995；Gómez-Gutiérrez et al.，2007）。通过比较发现，黄河入海口所有采样点沉积物中的多氯联苯含量均没有超过 TEC（29ng·g^{-1}）或 ERL（22.7ng·g^{-1}），表明黄河入海口沉积物中的多氯联苯将不会对水生生物产生负面健康效应。

表 5-9　黄河入海口沉积物中类二噁英多氯联苯的毒性当量

PCBs	毒性当量因子 [a]	平均毒性当量	毒性贡献/%
PCB81	0.0003	4.49×10^{-5}	0.272
PCB77	0.0001	8.66×10^{-6}	0.053
PCB123	0.00003	5.86×10^{-6}	0.036
PCB118	0.00003	2.42×10^{-6}	0.015
PCB114	0.00003	1.93×10^{-6}	0.012
PCB105	0.00003	1.46×10^{-6}	0.009
PCB126	0.1	1.48×10^{-2}	89.865

PCBs	毒性当量因子 [a]	平均毒性当量	毒性贡献/%
PCB167	0.00003	0	0
PCB156	0.00003	0	0
PCB157	0.00003	0	0
PCB169	0.03	1.60×10^{-3}	9.738
PCB189	0.00003	2.71×10^{-7}	0.002
$\sum$DLPCBs		1.65×10^{-2}	—

a. 数据引自 van den Berg et al.，2006。

5.3.5 小结

与国内外其他研究区域相比，本研究区域沉积物中多氯联苯的含量处于较低的污染水平。有机碳并不是影响研究区沉积物中多氯联苯分布的一个重要因素。沉积物中的多氯联苯以三氯联苯、四氯联苯及五氯联苯为主，这一组成特征可能是我国过去对一些多氯联苯商品的生产和使用所造成的。PCB 126 是黄河入海口沉积物中多氯联苯毒性的主要贡献物，但与国际上关于海洋沉积物的质量标准对比后得知，黄河入海口沉积物中的多氯联苯将不会对水生生物产生负面健康效应。

5.4 沉积物中多溴联苯醚的分布特征和污染源解析

5.4.1 概述

本节以 2013 年采集于现黄河入海口的 21 个沉积物为研究对象，对 40 种多溴联苯醚（39 种低溴代多溴联苯醚+BDE 209）在该地区的含量、空间分布、组成、输入途径及潜在风险等问题进行了研究。

5.4.2 沉积物中多溴联苯醚的含量和分布特征

多溴联苯醚在研究区域 21 个沉积物样品中均有检出，表明这类污染物在黄河入海口地区分布广泛。然而，在本研究工作所涉及的 40 种多溴联苯醚（39 种低

溴代多溴联苯醚+BDE 209）中，仅 10 种多溴联苯醚被检出，包括 BDE 10、BDE 35、BDE 37、BDE 47、BDE 99、BDE 85、BDE 154、BDE 153、BDE 183 和 BDE 209。表 5-10 列出了黄河入海口沉积物中检测到的多溴联苯醚含量。$\sum PBDEs_{low}$ 指除 BDE 209 以外的低溴代多溴联苯醚总量，$\sum PBDEs$ 指检测到的包括 BDE 209 在内的所有多溴联苯醚总量。黄河入海口沉积物中检测到的 $\sum PBDEs_{low}$ 和 BDE 209 含量范围分别为 $0.482\sim1.067ng\cdot g^{-1}$ 和 $1.16\sim5.40ng\cdot g^{-1}$，平均含量分别为 $0.690ng\cdot g^{-1}$ 和 $2.79ng\cdot g^{-1}$。多溴联苯醚这样的疏水性有机物被认为与有机质高度相关（Mai et al.，2005；Zhou et al.，2012）。然而，有机碳和单独的多溴联苯醚（$0.019\leqslant|r|\leqslant0.279$）或是与 $\sum PBDEs_{low}$（$|r|=0.177$）、$\sum PBDEs$（$|r|=0.099$）间都不存在相关性，表明有机碳含量可能不是影响黄河入海口沉积物中多溴联苯醚分布的主要因素。由于我国缺乏沉积物中多溴联苯醚的环境健康标准，因此，本研究运用加拿大环境部制定的联邦环境质量指导方针（FEQGs）来评价黄河入海口沉积物中多溴联苯醚对水生生物可能产生的生态风险。该方针规定了三溴联苯醚、四溴联苯醚、五溴联苯醚、六溴联苯醚及十溴联苯醚的环境阈值分别为 $44ng\cdot g^{-1}$、$39ng\cdot g^{-1}$、$0.4ng\cdot g^{-1}$、$440ng\cdot g^{-1}$ 和 $19ng\cdot g^{-1}$，当沉积物中多溴联苯醚浓度低于这些值时不大可能对水生生物产生负面效应（Environment Canada，2010；Marvin et al.，2013）。在本研究所采集的 21 个沉积物中，除了采样点 18 的 BDE 99，其他采样点的多溴联苯醚含量均低于 FEQGs 规定的阈值，表明本研究区域中多溴联苯醚的生态风险较低。

表 5-10　黄河入海口沉积物中多溴联苯醚的含量（$ng\cdot g^{-1}$）

PBDEs	PBDE 含量		
	最小值	最大值	平均值
BDE 10	nd[a]	0.073	0.023
BDE 35	nd	0.091	0.011
BDE 37	nd	0.097	0.021
BDE 47	nd	0.585	0.228
BDE 99	nd	0.441	0.140
BDE 85	nd	0.147	0.018
BDE 154	nd	0.056	0.016
BDE 153	nd	0.118	0.065
BDE 183	0.001	0.247	0.167

续表

PBDEs	PBDE 含量		
	最小值	最大值	平均值
BDE 209	1.16	5.40	2.79
一溴联苯醚	nd	nd	nd
二溴联苯醚	nd	0.073	0.023
三溴联苯醚	nd	0.097	0.032
四溴联苯醚	nd	0.585	0.228
五溴联苯醚	nd	0.441	0.158
六溴联苯醚	nd	0.166	0.081
七溴联苯醚	0.001	0.247	0.167
十溴联苯醚	1.16	5.40	2.79
$\sum PBDEs_{low}$ [b]	0.482	1.067	0.690
$\sum PBDEs$ [c]	1.97	6.46	3.48

a. nd 表示未检出；b.$\sum PBDEs_{low}$ 指除去 BDE 209 以外的其他所有检测到的 PBDE 浓度之和；c. $\sum PBDEs$ 指包括 BDE 209 在内的所有检测到的 PBDE 浓度之和。

如表 5-11 所示，与国内其他区域相比，黄河入海口沉积物中$\sum PBDEs_{low}$的浓度与渤海（Pan et al.，2010）、莱州湾的海洋沉积物（Pan et al.，2011）、长江三角洲（Chen et al.，2006b）、巢湖（He et al.，2013）、白洋淀（Hu et al.，2010）和台湾西南部（Jiang et al.，2011b）沉积物中的多溴联苯醚浓度相近，但是远低于莱州湾的河流沉积物（Pan et al.，2011）、太湖（Zhou et al.，2012）、上海（Wang et al.，2015）、东海（Li et al.，2012）、珠江三角洲及南海的沉积物（Mai et al.，2005）。与国外其他研究区域相比，黄河入海口沉积物中$\sum PBDEs_{low}$的浓度要高于地中海中部突尼斯的穆纳斯湾（Nouira et al.，2013），与美国的夏厄沃西河、萨吉诺河和萨吉诺湾（Yun et al.，2008）、日本的东京湾（Minh et al.，2007）、北极挪威的斯瓦尔巴特群岛（Jiao et al.，2009）浓度相近，但是远远低于巴基斯坦的奇纳布河（Mahmood et al.，2015）、西班牙的埃布罗河（Eljarrat et al.，2004）、韩国沿海水域（Ramu et al.，2010）及北美的尼亚加纳河（Samara et al.，2006）。另外，研究区域沉积物中 BDE 209 的含量高于我国巢湖（He et al.，2013），和我国台湾及美国的夏厄沃西河和萨吉诺海湾含量相近（Jiang et al.，2011b；Yun et al.，2008），但是远低于表 5-11 列出的其他地区 BDE 209 含量。基于上述比较，得知黄河入海口沉积物中多溴联苯醚的浓度处于较低的污染水平。

表 5-11　国内外沉积物中多溴联苯醚含量对比（ng·g^{-1} 干重）

采样位置	样品描述	检测到的 PBDE 数量 [a]	含量范围 $\sum PBDEs_{low}$ [b]	BDE 209	参考文献
中国黄河入海口	河流沉积物	10	0.482～1.067 (0.690) [c]	1.16～5.40 (2.79)	本研究
中国珠江三角洲及邻近南海	河流和海洋沉积物	10	0.04～94.7 (9.9)	0.4～7341 (465)	Mai et al., 2005
中国长江三角洲	河流和海洋沉积物	13	nd [d]～0.55 (0.15)	0.16～94.6 (13.4)	Chen et al., 2006b
中国上海	河流沉积物	52	0.231～119 (7.20)	nd～189 (13.2)	Wang et al., 2015
中国巢湖	湖泊沉积物	14	0.237～1.373 (0.638)	0.0042～0.691 (0.176)	He et al., 2013
中国太湖	湖泊沉积物	26	0.39～34.44 (5.21)	9.68～143.51 (37.4)	Zhou et al., 2012
中国白洋淀	湖泊沉积物	8	0.05～5.03 (0.78)	4.35～19.3 (10.4)	Hu et al., 2010
中国莱州湾	河流沉积物	8	0.01～53 (4.5)	0.74～280 (54)	Pan et al., 2011
中国莱州湾	海洋沉积物	8	nd～0.66 (0.32)	0.66～12 (5.1)	Pan et al., 2011
中国渤海	海洋沉积物	8	0.22～0.9 (0.48)	1.76～15.1 (7)	Pan et al., 2010
中国东海	海洋沉积物	8	nd～8.0 (1.6)	0.3～44.6 (6.4)	Li et al., 2012
中国台湾西南部	海洋沉积物	14	nd～1.82	nd～6.26	Jiang et al., 2011b
美国夏厄沃西河	河流沉积物	10	0.03～3.57 (0.56)	0.11～12.7 (2.28)	Yun et al., 2008
美国萨吉诺河	河流沉积物	10	0.04～2.54 (0.61)	0.08～48.3 (4.76)	Yun et al., 2008
美国萨吉诺湾	海洋沉积物	10	0.01～0.92 (0.34)	<0.01～5.8 (1.98)	Yun et al., 2008
北美尼亚加纳河	河流沉积物	9	0.72～148	—	Samara et al., 2006
韩国沿海水域	海洋沉积物	14	0.05～32	0.4～98	Ramu et al., 2010
西班牙埃布罗河	河流沉积物	8	0.4～34.1	2.1～39.9	Eljarrat et al., 2004
日本东京湾	海洋沉积物	—	0.051～3.6	0.89～85	Minh et al., 2007
巴基斯坦奇纳布河	河流沉积物	8	0.35～88.1 (18.7)	—	Mahmood et al., 2015
地中海中部突尼斯的穆纳斯湾	海洋沉积物	4	nd～0.1	—	Nouira et al., 2013
北极挪威的斯瓦尔巴特群岛	湖泊和海洋沉积物	14	0.024～0.97	—	Jiao et al., 2009

　　a. 样品中检测到的 PBDEs 数量；b. $\sum PBDEs_{low}$ 指除去 BDE 209 外所有检测到的 PBDEs 含量之和；c.括号中列出的是含量平均值；d. nd 表示未检出。

图 5-10 描绘了黄河入海口沉积物中多溴联苯醚的空间分布情况。为了更加直观地了解研究区域多溴联苯醚的空间分布，沿着黄河的入海方向，将这 21 个沉积物采样点分成三段：第一段包括 S1 到 S5，相对于其他采样点，这 5 个采样点位于河口上游，并处于黄河三角洲自然保护区之外；第二段包括 S6 到 S14，这 9 个采样点均处于人类活动相对较弱的自然保护区内，相对于其他采样点，这 9 个点位于河口中游；第三段包括 S15 到 S21，这 7 个采样点靠近渤海，处于河口的入口处。研究区 $\sum$PBDEs 浓度在第一段中各个采样点的平均值（3.33ng·g^{-1}）和第三段中各个采样点的平均值（4.32ng·g^{-1}）高于第二段（2.92ng·g^{-1}）。第一段采样点距离东营市较近，东营市是山东省重要的工业基地，随着城市的快速发展，环境污染的现象也在增加，因此多溴联苯醚随着市政和工业废水的排放、城市的地表径流及大气的直接沉降进入河口第一段的可能性极大，导致这一段多溴联苯醚的浓度相对较高（Kong et al.，2011，2012a，2012b）。第三段中较高的多溴联苯醚浓度可能是由如下因素造成的：作为黄河口的入口，这一段处于淡水和海水的交汇处，会受到淡水和海水的双重影响，除了河流的输入和大气沉降，这一段还会受到渤海海水入侵的影响。渤海在过去几年曾被报道受到多溴联苯醚的污染，通过海水的入侵，多溴联苯醚可能会积累于第三段的河口沉积物中（Jin et al.，2008；Pan et al.，2010；Pan et al.，2011）。

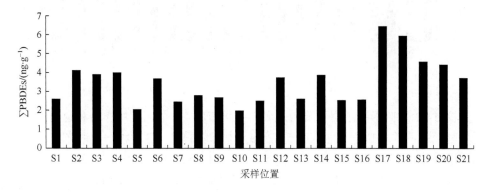

图 5-10　黄河入海口沉积物中多溴联苯醚的空间分布

5.4.3　污染源解析

黄河入海口沉积物中的多溴联苯醚以 BDE 209 为主，平均含量占多溴联苯醚总量的 79.2%。BDE 209 是十溴联苯醚商品的主要成分，沉积物中多溴联苯醚以 BDE 209 为主的现象和我国溴代阻燃剂生产以十溴联苯醚商品为主的现象相一致（Mai et al.，2005）。图 5-11 描绘了黄河入海口沉积物中低溴代多溴联苯醚（除去 BDE 209）的组成情况。沿着黄河入海方向，不同段沉积物中低溴代多溴联苯醚的组成明显不同。河口第一段和第二段（S1 到 S14）沉积物中检测到的 9 种低溴代多溴联苯醚以 BDE 183 为主，平均含量占低溴代多溴联苯醚总量的 37.21%，而在第三段（S15 到 S21）沉积物中，BDE 47 和 BDE 99 是主要的检出物，平均含量分别占低溴代多溴联苯醚总量的 53.54% 和 34.84%。BDE 47、BDE 99 和 BDE 183 是五溴联苯醚和八溴联苯醚商品的主要成分（La Guardia et al.，2006），因此，该区域以这三种多溴联苯醚为主的现象预示着研究区域可能存在对这两种多溴联苯醚商品的使用。为了验证这两种多溴联苯醚商品是否确实是黄河入海口沉积物中多溴联苯醚的潜在污染源，本研究对五溴联苯醚商品（Bromkal 70-5DE 和 DE-71）（Sjödin et al.，1998；Konstantinov et al.，2008）、八溴联苯醚商品（Bromkal 79-8DE 和 DE-79）（La Guardia et al.，2006）及沉积物中检测到的多溴联苯醚进行聚类分析。

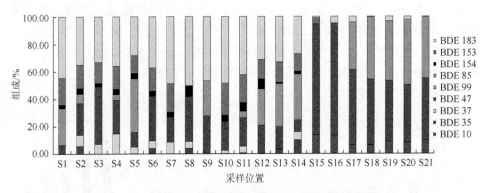

图 5-11　黄河入海口沉积物中低溴代多溴联苯醚的组成

图 5-12 用树形图阐明了黄河入海口所采集的 21 个沉积物样品和这四种多溴联苯醚商品间的相似程度。从图 5-12（a）中可以看出，这两种八溴联苯醚商品和 14 个沉积物样品被分为两大类：第一大类由 S1、S2、S3、S4、S5、S6、S7、S10、S11、S12、S13、S14 和 DE-79 组成，第二大类由 S8、S9 和 Bromkal 79-8DE 组成，表明这两种八溴联苯醚商品可能对这些采样点存在影响。在图 5-12（b）中，这两种五溴联苯醚商品和 7 个沉积物样品被分为两类：第一类只包含 S15 和 S16，而第二类包含 S17、S18、S19、S20、S21、Bromkal 70-5DE 和 DE-71，表明这些采样点可能受到了五溴联苯醚商品的影响。

为了进一步识别黄河入海口沉积物中多溴联苯醚的污染源，本研究对检测到的 10 种多溴联苯醚进行了主成分分析。三个主成分（PC1、PC2 和 PC3）被提取出来，能够代表的方差贡献率达到了 78.4%。

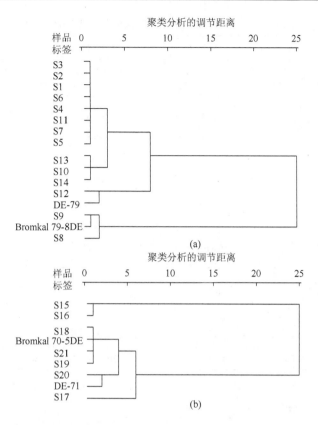

图 5-12　黄河入海口沉积物中多溴联苯醚及商品间聚类分析层次图

　　如表 5-12 所示，PC1 的方差贡献率为 37.3%，以 BDE 10、BDE 37、BDE 47、BDE 154、BDE 153 和 BDE 183 为主。BDE 47、BDE 153、BDE 154 和 BDE 183 是五溴联苯醚和八溴联苯醚商品的指示物（La Guardia et al., 2006）。然而，BDE 10 和 BDE 37 在五溴联苯醚、八溴联苯醚及十溴联苯醚商品中均没有被检测到（Sjödin et al., 1998；La Guardia et al., 2006；Konstantinov et al., 2008），但是如表 5-13 所示，BDE 10 与 BDE 209 间、BDE 37 和 BDE 154、BDE 153 及 BDE 183 间存在显著的相关性。BDE 10、BDE 47、BDE 154、BDE 153 和 BDE 183 间也存在显著的相关性，表明这几种多溴联苯醚的环境行为和来源相近。另外，BDE 209 和 $\sum PBDEs_{low}$ 间也存在显著的相关性。考虑到 BDE 209 这样的高溴代多溴联苯醚的降解行为（Söderström et al., 2004；La Guardia et al., 2007；van den Steen et al., 2007；Lagalante et al., 2011），沉积物中的 BDE 10 和 BDE 37 可能是来源于高溴代多溴联苯醚的脱溴作用。因此，PC1 可能指示的是混合污染源，包括高溴代多溴联苯醚的脱溴作用及五溴联苯醚和八溴联苯醚商品的直接来源。

表 5-12　黄河入海口沉积物中多溴联苯醚的主成分分析

BDE	主成分（78.4%）		
	PC1（37.3%）	PC2（27.1%）	PC3（14.0%）
BDE10	**−0.758**	0.527	−0.285
BDE35	0.301	0.113	**0.850**
BDE37	**0.773**	0.048	0.130
BDE47	**−0.573**	**0.643**	−0.372
BDE99	−0.280	**0.735**	0.097
BDE85	−0.276	**−0.671**	0.519
BDE154	**0.817**	−0.231	−0.127
BDE153	**0.826**	−0.268	0.216
BDE183	**0.759**	−0.519	0.287
BDE209	−0.239	**0.784**	0.132

表 5-13　多溴联苯醚间的 Pearson 相关性分析

	BDE10	BDE35	BDE37	BDE47	BDE99	BDE85	BDE154	BDE153	BDE183	BDE209	$\sum$PBDEs$_{low}$
BDE35	−0.366										
BDE37	−0.563 (**)	0.277									
BDE47	0.861(**)	−0.419	−0.394								
BDE99	0.546 (*)	−0.001	−0.348	0.444(*)							
BDE85	−0.310	0.131	−0.067	−0.415	−0.367						
BDE154	−0.712 (**)	0.111	0.446(*)	−0.587 (**)	−0.327	−0.063					
BDE153	−0.796 (**)	0.372	0.594 (**)	−0.722 (**)	−0.368	0.064	0.641 (**)				
BDE183	−0.994 (**)	0.363	0.558 (**)	−0.860 (**)	−0.526 (*)	0.310	0.715 (**)	0.801 (**)			
BDE209	0.494 (*)	−0.017	−0.052	0.696 (**)	0.535 (*)	−0.195	−0.315	−0.402	−0.489 (*)		
$\sum$PBDEs$_{low}$	0.336	0.121	−0.044	0.444(*)	0.868 (**)	−0.331	−0.161	−0.115	−0.309	0.715 (**)	
$\sum$PBDEs	0.489 (*)	0.003	−0.053	0.684 (**)	0.602 (**)	−0.222	−0.304	−0.376	−0.481 (*)	0.995 (**)	0.782 (**)

** 在 $\alpha=0.01$ 水平上显著相关；* 在 $\alpha=0.05$ 水平上显著相关。

　　PC2 的方差贡献率为 27.1%，以 BDE 209、BDE 99、BDE 85 和 BDE 47 为主，后三种多溴联苯醚在五溴联苯醚商品中均被检测到，而 BDE 209 又是十溴联苯醚商品的主要成分（Sjödin et al.，1998；La Guardia et al.，2006），因此 PC2 可能指示了五溴联苯醚和十溴联苯醚商品的直接贡献。

　　PC3 的方差贡献率为 14.0%，仅在 BDE35 上有较高的因子载荷。与 PC1 中的 BDE 10 和 BDE 37 类似，BDE 35 在五溴联苯醚、八溴联苯醚及十溴联苯醚商品中也均没有被检测到。因此，PC3 可能单独指示了高溴代联苯醚的脱溴作用。

5.4.4　小结

　　与世界上其他地区沉积物中所报道的多溴联苯醚相比，本研究区域沉积物中多溴联苯醚的污染水平相对较低。沿着黄河入海方向，处于保护区外的第一段和靠近河口入口的第三段沉积物中多溴联苯醚浓度相对较高。沉积物中所检测到的多溴联苯醚以 BDE 47、BDE 99、BDE 183 和 BDE 209 为主。尽管五溴联苯醚和八溴联苯醚商品已经在世界范围内被禁止，残留下来的五溴联苯醚、八溴联苯醚和十溴联苯醚商品及高溴代多溴联苯醚的脱溴作用仍然被发现是研究区沉积物中多溴联苯醚的可能性来源。因此，仍然需要对该地区多溴联苯醚的监测和控制给予足够的关注。

5.5　沉积物中重金属赋存形态与风险评价

5.5.1　概况

　　由于经济的快速发展，大量工业、生活等污（废）水未经处理直接排入环境中，引起水体污染物增加，水质质量恶化，导致水体生物多样性和生态系统功能下降，给沿岸地区带来巨大的经济损失，这是我国当前重大环境问题之一，也是目前世界各国所面临的重大环境问题。沉积物是地球化学循环中的重要载体，如重金属的转移和存储等，它们能反映自然土壤的组成和人类活动对水生环境的影响（Salomons et al.，1987；Yuan et al.，2004）。沉积物也常被用来鉴别污染物时间和空间的来源（Zwolsman et al.，1996；Birch et al.，2001），人们越来越重视沉积物在河口系统污染中的重要性（Li et al.，2000），然而，研究区域中缺少重金属污染的综合性研究，尤其在重金属形态方面的研究更为缺乏。因此，本研究采用 BCR 连续逐级提取方法对采集于黄河入海口沉积物样品（2013 年采集样品）中的重金属污染进行了研究。

5.5.2　沉积物理化特征

　　有机碳和 pH 是沉积物的两个重要理化指标,它们对沉积物中重金属的分布、迁移、转化、生物有效性和毒性有重要影响(Gao et al., 2005),因此,本研究对土壤的总有机碳和 pH 进行了测试分析(表 5-14)。结果表明,不同采样点中沉积物 pH 和总有机碳存在一定差异,样品平均 pH 为 8.47,变化范围为 7.95～8.84,显示研究区域沉积物均为碱性土壤环境。总有机碳含量范围为 0.010%～0.080%,它与重金属总量存在显著正相关关系(铅元素除外)。有机碳含量最高的采样点位于 S15 处,该采样点靠近黄河口旅游饭店,此处的交通污染、生活污水及商业污染相对严重,所以纳入的有机物较多。

表 5-14　黄河沉积物总有机碳和 pH

编号	pH	TOC/%	编号	pH	TOC/%	编号	pH	TOC/%
S1	8.69	0.019	S8	8.14	0.02	S15	8.09	0.080
S2	8.00	0.036	S9	8.47	0.023	S16	8.45	0.035
S3	8.46	0.024	S10	8.81	0.011	S17	8.46	0.026
S4	8.74	0.030	S11	8.06	0.020	S18	8.62	0.015
S5	8.72	0.012	S12	8.30	0.038	S19	8.79	0.010
S6	8.80	0.013	S13	8.57	0.022	S20	8.84	0.012
S7	8.15	0.027	S14	7.95	0.051	S21	8.80	0.010

5.5.3　沉积物重金属分布特征

　　表 5-15 和表 5-16 总结了沉积物重金属总量分布情况,结果表明铁是含量最高的元素,其他元素含量由高到低顺序是锰＞铬＞锌＞铅＞镍＞铜＞镉。沉积物样品重金属含量在胜利大桥(S1)至黄河入海口(S21)范围内的分布存在显著差异性,表明各采样点沉积物在较长时间内纳入和蓄积的重金属污染物存在较大差别,这可能是研究区域的人为生产活动污染(来自河流周围的农业污染,如棉花、玉米和莲藕等的种植)或采样点沉积物理化学特性的差异所致。铜、锌、铅、铬、锰和镍等元素含量最高值均位于 S15 采样点或附近,这可能是因为采样点 S15 位于黄河口旅游饭店附近,此处有饭店、商店及船舶停靠处,污染负荷最重,说明人为活动对河流沉积物产生了重要影响。

表 5-15 黄河沉积物重金属含量分布（mg·kg^{-1}）

编号	铜	锌	铅	铬	镉	铁	锰	镍
S1	17.08	57.44	24.15	61.73	0.217	37766	461.7	25.14
S2	24.99	58.43	37.21	67.75	0.231	37567	520.0	23.71
S3	14.54	58.14	16.86	70.44	0.225	36730	471.9	22.63
S4	14.83	62.32	22.84	66.37	0.243	38256	516.4	24.18
S5	12.75	49.60	30.08	47.44	0.262	34667	415.7	19.94
S6	13.82	44.10	17.47	50.32	0.244	36943	435.5	22.22
S7	22.70	48.02	17.45	47.62	0.251	44565	647.1	22.29
S8	13.11	44.12	19.87	38.78	0.237	34637	434.2	20.80
S9	17.99	45.87	18.62	56.22	0.248	36867	490.0	22.38
S10	21.03	51.98	19.40	54.10	0.245	29170	395.8	23.11
S11	27.30	65.01	28.52	55.71	0.243	37398	520.2	23.60
S12	30.12	58.87	25.29	47.71	0.249	38997	581.0	25.44
S13	37.01	51.26	27.59	45.72	0.239	39591	421.0	23.98
S14	31.69	82.59	36.01	51.94	0.247	40838	562.0	29.34
S15	36.69	94.12	34.58	112.61	0.220	41852	973.4	40.70
S16	12.47	55.48	30.17	65.07	0.258	31367	625.7	16.92
S17	15.10	60.18	22.46	69.59	0.253	38801	514.9	23.21
S18	11.42	47.39	31.10	62.90	0.245	34673	439.0	15.64
S19	13.59	49.85	29.97	52.45	0.256	31967	414.8	19.92
S20	16.31	56.52	23.14	52.97	0.256	33808	461.0	22.44
S21	20.13	54.32	19.42	57.10	0.254	35401	487.5	25.97
最小值	11.42	44.10	16.86	38.78	0.217	29170	395.8	15.64
最大值	37.01	94.12	37.21	112.61	0.262	44565	973.4	40.70
平均值	20.22	56.93	25.34	58.79	0.244	36755	513.8	23.50
标准差	8.09	12.14	6.40	15.05	0.012	3595	125.9	4.94

表 5-16　黄河沉积物重金属平均含量及与其他河流比较（mg·kg^{-1}）

河流	铜	锌	铅	铬	镉	铁	锰	镍	参考文献
重金属平均值	20.2	56.9	25.3	58.8	0.244	36700	514	23.5	本研究
地壳参考值	25.0	65.0	14.8	126	0.26	43200	716	56.0	Wedepohl，1995
TEL/PEL 限值	18.7	124	30.2	53.2	0.68	—	—	15.9	Buchman，2008
	108	271	112	160	4.12			42.8	
中国水系沉积物	22.0	68.0	22.0	60.0	0.09	31500	550	25.0	鄢明才等，1995
黄河入海口	22.0	71.0	21.0	—	—	19000	438	46.0	Zhang et al.，1988
黄河沉积物	26.0	103	11.4	110	—	30196	755	38.1	Shang et al.，2015
黄河入海口	22.9	54.1	43.1	44.1				23.0	Sun et al.，2015
原黄河入海口	26.9	76.4	37.3	84.7	0.23	24000	709	36.1	Liu et al.，2015
珠江入海口	46.8	140	47.9	87.6	—	37600	673	34.8	Ip et al.，2007
长江入海口	30.0	100	15.0	N.D.	—	29000	549	35.0	Zhang et al.，2001b

表 5-16 总结了本研究区域和亚洲其他河流中重金属的浓度，结果表明该研究区域沉积物中重金属含量与其他河流、入海口沉积物、中国土壤背景值（魏复盛等，1991）及中国沉积物平均值（鄢明才等，1995）的含量接近或略低，表明该区域沉积物重金属污染程度不严重。然而，根据沉积物质量标准（TEL/PEL-based SQG），铜、铬和镍的平均浓度都高于 TEL 限值。研究区中铜、锌和镍的含量比黄河其他区域或其他相关河流的要低。本次研究区域中铅浓度要比近 20 年前黄河入海口（Zhang et al.，1988）、黄河甘肃段（Sun et al.，2015）及长江入海口高（Zhang et al.，2001b），比 2015 年的黄河入海口（Sun et al.，2015）、原黄河入海口（Liu et al.，2015）及珠江入海口（Ip et al.，2007）低。铬和锰的含量比珠江入海口（Ip et al.，2007）和黄河其他地方的含量要低。镉含量与老黄河口含量接近，且都略低于地壳参考值和 TEL 限值，但比中国水系沉积物平均值高。以上结果表明本研究区域的重金属（铅和铁除外）含量较低，总体污染程度轻微。

5.5.4　相关性与主成分分析

相关性分析显示大多数重金属之间呈显著正相关，同样揭示了这些金属可能存在共同的污染来源。其中镉、铅与其他元素之间的相关性较弱，因此，铅、镉可能有着与其他金属不同类型的污染来源和迁移途径（表 5-17）。

表 5-17　黄河沉积物样品重金属相关性分析（$n=21$）

	铜	锌	铅	铬	镉	铁	锰	镍
铜	1							
锌	0.617**	1						
铅	0.392	0.545*	1					
铬	0.231	0.701**	0.334	1				
镉	−0.784**	−0.629**	−0.473*	−0.238	1			
铁	0.573**	0.432	0.077	0.227	−0.779**	1		
锰	0.512*	0.744**	0.334	0.743**	−0.565**	0.541*	1	
镍	0.723**	0.835**	0.239	0.626**	−0.641**	0.548*	0.724**	1

** 在 $\alpha=0.01$ 水平上显著相关；* 在 $\alpha=0.05$ 水平上显著相关。

　　通过主成分分析计算，沉积物中 8 种金属元素（即 8 个变量）的全部信息可通过 3 个主成分来反映（特征值：4.813+1.242+0.945=7.00 个变量），反映了全部信息的 87.50%，即前 3 个主成分已经反映全部数据的大部分信息（表 5-18）。

表 5-18　黄河沉积物样品主成分分析（$n=21$）

重金属	主成分 1	主成分 2	主成分 3
铜	**0.806**	0.220	0.321
锌	0.415	**0.739**	0.404
铅	0.128	0.195	**0.950**
铬	−0.013	**0.949**	0.136
镉	−0.883	−0.192	−0.332
铁	**0.875**	0.217	−0.159
锰	0.412	**0.808**	0.098
镍	0.585	0.704	0.074
特征值	4.813	1.242	0.945
贡献率/%	60.17	15.52	11.81

　　第一主成分的贡献率为 60.17%，表现在铜和铁上有较高的正载荷，且两者存在显著正相关，反映了金属冶炼、加工和自然来源类的污染。第二主成分的贡献率为 15.52%，在锌（0.739）和锰（0.808）上有较高的正载荷，两元素之间同样存在显著正相关，可知第二主成分主要支配锌和锰的污染来源，代表电镀和自然来源。第三主成分在铅上有很高的正载荷（0.950），主要来自化石燃料的燃烧污

染。此外，镉元素与其他重金属之间的正相关较弱，或者存在显著负相关，表明其污染来源另有其他途径，由表 5-16 可知，镉的含量与地壳背景值比较接近，因此，可能主要来自地壳背景值。

5.5.5　沉积物重金属形态特征

重金属总量的回收率范围是 96.0%～107%，这表明标准物质的测量值和标准值较为一致（Quevauviller，1998），连续提取的回收率范围是 93.1%～111%，同样显示了较好的实验结果（表 5-19）。

表 5-19　沉积物形态分布及方法回收率（n=21）

		铜	锌	铅	铬	铁	锰	镍
标准物质标准值/（mg·kg^{-1}）		32.0	78.0	23.0	85.0	48600	620	32.0
标准物质测定值/（mg·kg^{-1}）		33.0±0.50	82.0±1.20	24.6±0.30	81.6±1.70	34900±768	602±37.5	30.8±0.90
总量回收率/%		103±2.80	105±2.70	107±2.00	96.0±3.40	103±2.70	97.1±4.70	96.3±5.20
四步提取之和/（mg·kg^{-1}）		33.9±8.30	77.2±4.00	23.9±5.80	83.6±13.7	31700±6860	632±122	35.5±5.80
形态提取回收率/%		106±6.90	99.0±3.10	104±4.00	98.4±1.80	93.1±3.90	102±1.90	111±9.50
		重金属形态提取/（mg·kg^{-1}）						
形态 1	平均值±标准偏差	0.210±0.74	4.49±1.76	未检出	0.035±0.16	0.460±0.20	**44.1**±6.05	7.72±3.14
	范围	0～3.27	1.59～9.62	未检出	0～0.730	0.060～0.940	29.5～54.4	4.58～19.8
形态 2	平均值±标准偏差	**20.3**±6.54	6.66±2.88	**25.4**±10.5	0.370±0.61	2.33±0.84	5.84±3.01	5.09±3.80
	范围	13.2～44.7	3.71～16.7	10.9～47.2	0～2.42	1.14～4.24	2.39～15.2	0.850～16.5
形态 3	平均值±标准偏差	6.44±2.17	5.19±2.66	0.260±0.09	0.340±1.11	1.29±0.63	5.09±1.03	**12.8**±4.03
	范围	3.21～12.3	1.67～11.7	0～4.51	0～4.97	0.290～3.24	2.52～7.38	7.92～24.9
形态 4	平均值±标准偏差	**73.1**±6.70	**83.7**±4.79	**74.4**±10.6	**99.3**±1.75	**95.9**±1.10	**45.0**±8.01	**74.4**±6.19
	范围	47.8～79.6	71.5～90.7	51.9～89.1	91.9～100	93.8～97.2	33.6～63.8	58.1～82.1

如表 5-19 和图 5-13 所示，重金属主要组分存在于残渣态中。锰元素的形态分布与其他元素明显不同，它以可交换态和残渣态形态为主，其中可交换态所占比例很高，所有样品中可交换态锰占锰总量比例的平均值为 44.1%，这表明所有沉积物样品中锰可能与碳酸盐或可交换组分相结合，其迁移性和生物可利用性比其他元素要高（Jamali et al.，2007），存在较高的生态风险。

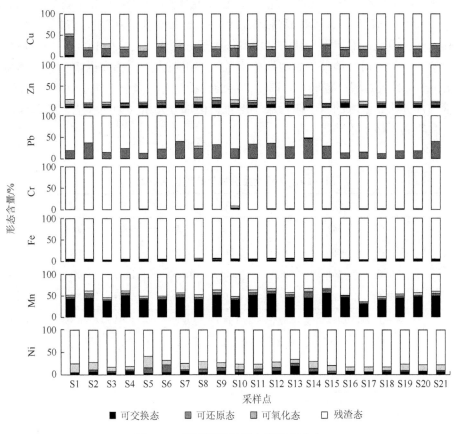

图 5-13　黄河沉积物重金属形态分布

沉积物中的铜和铅元素主要存在于残渣态中，残渣态形态占总量的平均含量分别为 73.1% 和 74.4%；可还原态也占了总量的较大比例，分别为 20.3% 和 25.4%，表明铜和铅对酸可还原组分有较大的亲和力，因为酸可还原态也包括与铁锰氧化物结合的形态，它们在厌氧环境下具有热不稳定性，表明在特定条件下具有一定的潜在风险。镍元素的氧化态也占了总量的较高比例（为 12.8%），由于镍元素与有机质结合而存在一定环境污染风险，因为有机物结合态的重金属在氧化条件下能够分解，然后释放可溶性重金属至水体中（Tokalioğlu et al.，2000）。锌、铬和铁以残渣态存在形式为主，占总量的比例分别为 83.7%、99.3%和 95.9%，显示较低的生物有效性。

5.5.6　重金属风险评价

研究结果显示，重金属的富集因子（EF）由大至小顺序为 Cd＞Pb＞Cr＞Mn＞Zn＞Cu＞Ni（表 5-20）。除镉和铅元素外，其他重金属的污染程度较低，处于无富集水平，但是，铅和镉元素的平均富集因子分别为 1.622 和 1.047，处于轻度富集范畴。因为本研究覆盖的黄河段处于胜利油田境内，而铅和镉都是相对容易挥发的元素，因此，较严重的铅、镉污染可能由石油开采及燃烧等引起。综上所述，尽管大部分研究区域的重金属污染不严重，但部分元素（如铅和镉）在部分采样点含量较高，显示较严重污染。

表 5-20　沉积物重金属风险评价（n=21）

		铜	锌	铅	铬	镉	锰	镍
富集因子（EF）	最小值	0.342	0.53	0.915	0.554	0.819	0.584	0.310
	最大值	0.97	1.106	2.313	1.396	1.398	1.278	0.668
	平均值	0.564	0.762	**1.622**	0.833	**1.047**	0.766	0.439
	标准差	0.195	0.135	0.419	0.195	0.103	0.152	0.073
污染因子（C_f）	最小值	0.457	0.678	1.14	0.308	2.233	0.553	0.279
	最大值	1.48	1.45	2.51	0.894	2.701	1.36	0.727
	平均值	0.809	0.876	**1.71**	0.947	**2.516**	0.718	0.420
	标准差	0.324	0.187	0.432	0.120	0.126	0.176	0.088
风险评价（RAC）	最小值	0	1.59	—	0	—	29.5	4.6
	最大值	3.27	9.62	—	0.73	—	54.4	20
	平均值	0.21	4.49	—	0.035	—	**44.1**	7.7
	标准差	0.744	1.76	—	0.159	—	6.05	3.1

表 5-20 呈现了 21 份沉积物样品的污染因子（C_f）结果。Cd 的污染因子数值最高，其他重金属污染因子由大到小顺序依次为 Pb＞Zn＞Mn＞Cu＞Cr＞Ni。大部分金属元素的平均污染因子数值都小于 1，显示低污染程度，然而铅和镉元素的污染因子平均数值大于 1，表现出中度污染水平。采样点 S15 的污染因子数值最大，说明该点的污染程度最为严重。表 5-20 显示了风险评价数据，结果说明所

有重金属（锰元素除外）的可交换态含量很低，因此具有较低的迁移性和生物可利用性。沉积物中重金属的风险评价数值（RAC）由大到小顺序为 Mn＞Ni＞Zn＞Cu＞Cr。结果表明不同重金属具有不同的风险程度，铜、铅、铬和铁元素表现无风险水平，锌呈现低风险，镍风险水平为低到中等，锰元素表现为中等至极高风险水平。由于锰元素具有一定毒性及高生物可利用性，因此可能对水生生态系统产生一定危害。

5.5.7　小结

（1）相关性和主成分分析显示，沉积物中大部分元素具有类似的污染途径，但地表水中的铅、锰元素及沉积物中铅元素具有不同的污染途径。沉积物污染主要来自冶金与加工，化工和自然来源也占有一定比例。

（2）沉积物样品均为碱性土壤，pH 与重金属含量存在显著负相关，重金属含量与有机碳含量存在显著正相关。与中国沉积物参考物质或其他河流比较，本研究区域铅浓度值偏高，铜、锌、铬和镍含量相对较低。

（3）形态分析结果显示，沉积物中大部分重金属以残渣态为主，铜和铅元素的可还原态占总量比例较高，锰元素的可交换态含量较高，几乎与残渣态占相同比例。

（4）风险评估显示，多数重金属的可交换态较低，处于低污染风险水平，但所有样品中锰元素都显示了高风险等级。铜、锌、铬、锰和镍的污染因子和富集因子都显示低污染或无富集状态。铅和镉元素具有相对较高的污染因子和富集因子，显示中度污染或轻微富集。

第6章 沉积柱中污染物的历史沉积演化规律及影响因素

引 言

沉积柱是地球化学研究领域的一类重要载体，它保存了过去时间内的多类环境信息。将沉积柱年代信息与相关环境目标组分进行联合分析，能够系统地反映特定环境污染物的时空变迁。沉积柱在河流生态系统中扮演着重要的角色，深层沉积物能够更好地记载水体环境的历史污染信息，也能在一定程度上反映历史重要事件和社会经济的发展特点。

为此，本研究于黄河三角洲入海口处进行了沉积柱的采集，通过对沉积柱年代的精确测定和目标污染物（如多环芳烃、有机氯农药和多种重金属污染物）的污染水平分析，旨在建立近百年来该区域污染物的时空分布特征、污染物与人类活动关系及沉积物对环境变化的响应。本研究内容可为进一步了解人类活动对生态环境的影响提供直观的证据，也可为今后近海环境区域的可持续发展提供借鉴。

6.1 沉积柱年代学

根据同位素 ^{210}Pb 定年结果可知，本次采集的 41cm 长沉积柱的时间跨度为 87 年（1925～2012 年）。图 6-1 显示了原黄河入海口沉积柱的 $^{210}Pb_{ex}$ 活性-深度的对应图，定年结果显示，该沉积柱的平均沉积速率为 0.5cm·a^{-1}，这与其他学者对这一区域的研究报道比较接近（Li et al.，2001b；Hu L M et al.，2011）。

6.2 沉积柱中有机氯农药的历史沉降记录研究

6.2.1 概述

有机氯农药（OCPs）在环境中具有毒性、生物累积性和持久性（Yang et al.，2005a），它曾被大规模生产和使用。六六六（HCHs）和滴滴涕（DDTs）为典型的有机氯农药，在过去 30 多年（1950～1983 年）期间被广泛使用和研究（Iwata

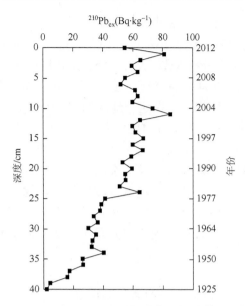

图 6-1　原黄河入海口沉积柱 $^{210}Pb_{ex}$ 活性-深度剖面关系图

et al., 1994b; Lee et al., 2001)。这些化合物可以通过流出物排放、大气沉降、径流等方式进入海洋和淡水生态系统(Willett et al., 1998; Zhou et al., 2001a)。由于有机氯农药具有很高的疏水性和低的水溶解度，容易吸附在悬浮颗粒物上，然后通过重力沉降作用到沉积物中(de Boer et al., 2001; Covaci et al., 2005; Yang et al., 2005a; Wang et al., 2013a)。对沉积柱中有机氯农药的残留和垂向分布特征进行研究，可为重建某个区域的污染历史情况提供重要信息(Hites et al., 1977; Van Metre et al., 1997; Mai et al., 2005)。据调查可知，目前对黄河入海口沉积柱中的有机氯农药污染的研究很少，也没有系统地研究重建有机氯污染历史和分析该地区 OCPs 的可能来源(Wang et al., 2013a)。

本研究探讨了原黄河入海口沉积柱中 HCH 和 DDT 的污染状况及分布特征，旨在了解 HCH 和 DDT 的污染历史，分析本区域这些化合物的历史污染源。

6.2.2　沉积柱中 HCH 和 DDT 残留量

∑HCH 和∑DDT 的浓度范围分别是 0.0014～14.85ng·g^{-1}(平均值=3.23ng·g^{-1})和 0.041～1.07ng·g^{-1}(平均值=0.36ng·g^{-1})，见表 6-1。在沉积柱样品中∑DDT 的浓度比∑HCH 低得多。这种趋势与前人研究中国境内的沉积柱中有机氯农药的污染情况存在一定差异(Ma et al., 2001; Zhou et al., 2001a)，但与中国钱塘江沉积柱中 OCPs 的污染一致(Zhou et al., 2006)。沉积柱中 HCH 浓度较高，最可能的原因是这个区域历史上 HCH 的使用量比 DDT 多。从表 6-1 可以看出，沉积柱中污染物具有较高的检出率，反映了历史上 HCH、DDT 在该地区曾经被广泛使用过。这些化合物可能通过污水排放、大气沉降、径流和其他方式等进入沉积物中。中国是一个农业大国，20 世纪 80 年代，HCH 和 DDT 在中国曾被大批量生产和应用于农业。因此，可以推断，在这一地区的 OCP 污染最大的贡献可能来自农田径流和农业活动。在沉积柱中 HCH 检出率（51.37%）低于 DDT 检出率（68.51%）。HCH 出现较低检测率，最有可能的解释是与 DDT 相比，它们具有更高的水溶解度、更低的亲脂性和粒子亲和力。DDT 更容易停留在颗粒相中（Nhan et al.，2001）。HCH 检出率较低但浓度较高，这也表明一些 HCH 可能来自近期点源污染源的输入。近期大量 HCH 的输入导致环境中高浓度 HCH 的残留。而当前沉积柱中 HCH 的低检出率是由于环境中历史残留的 HCH 已经基本降解完毕。

表 6-1　沉积柱中有机氯农药的浓度（ng·g^{-1} 干重）

化合物	范围	平均值	检出率/%
α-HCH	0.0022~0.28	0.11	10.31
β-HCH	0.95~14.85	5.58	87.05
γ-HCH	0.051~0.53	0.27	90.24
δ-HCH	0.081~4.71	1.42	35.58
o'p-DDE	0.021~0.71	0.31	76.47
p'p-DDE	0.0013~0.25	0.05	85.61
o'p-DDT	0.23~0.88	0.51	68.81
p'p-DDT	0.12~0.36	0.32	50.97
p'p-DDD	0.29~1.07	0.78	46.47
o'p-DDD	0.13~0.97	0.51	83.31
∑HCH	0.0014~14.85	3.23	51.37
∑DDT	0.041~1.07	0.36	68.51

6.2.3　沉积柱中 HCH 和 DDT 的含量变化趋势

沉积物柱中 OCPs 浓度的时空分布示于图 6-2。在沉积柱中，OCPs 的浓度记录随着不同年代而发生变化。HCH 浓度一直增加，直到在 1961 年出现峰值，随后逐渐下降，然后到 1988 年再次出现峰值。中国自 20 世纪 50 年代到 1983 年有机氯农药被禁止之前，一共生产和使用了大约 4460t 的工业 HCH（Li et al.，2001a）。

林丹(γ-HCH 99.9%)自 20 世纪 90 年代已被应用于农业害虫控制(Tao et al.,2008)。沉积柱中的 HCH 浓度在 20 世纪 60 年代早期呈增加趋势，可能与这段时间在中国开始使用 HCH 相关。HCH 的第二个浓度高峰出现在 1988 年附近，这正好与林丹的使用历史相符。1988 年后 HCHs 的浓度逐渐降低，这与该农药历史禁止生产和使用的时间相一致。HCH 的使用历史是沉积柱中农药残留的一个因素，然而，影响沉积柱中 HCH 浓度最重要的因素还可能与土壤表层的径流有关，也可能与土壤中的农药残留量有关（Wang et al.，2013a）。在这项研究中，沉积柱中 HCH 的残留水平在 1982 年接近零，历史上在这一年黄河曾经发生过特大洪水，可能是由于 HCH 具有高的水溶性而被洪水带走。如图 6-2 所示，表层沉积物中 HCH 含量迅速下降，这可能是历史残留的 HCH 随着时间的推移已经被逐渐降解而近年来新输入源不断减少的缘故。据报道，在环境中 HCH 降解 95% 所需要的时间约为 20 年（龚香宜，2007）。由此可以推断出在原黄河表层沉积物中 HCH 在最近几十年里呈现下降的趋势。

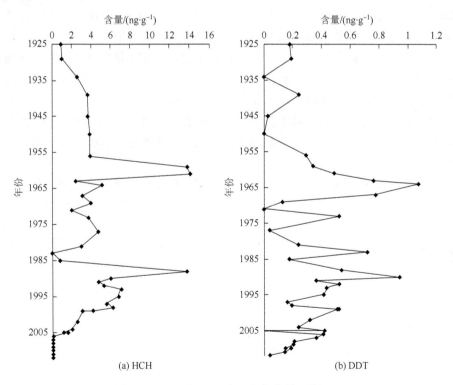

图 6-2　HCH 和 DDT 在沉积柱中的沉降记录

从 1925 年到 20 世纪 50 年代早期，DDT 浓度略有增加，20 世纪 60 年代早期急剧增加，然后表层沉积物中浓度波动较大，但有大幅度下降趋势。DDT 浓度的第一峰值发生在 1964 年左右,另一个高峰值在 1990 年左右。沉积柱中 DDT 浓度水平在近几年呈下降趋势。中国工业 DDT 在 1983 年正式被禁止前的使用量达到 270kt。然而,DDT 仍然被允许作为驱蚊剂、三氯杀螨醇、疟疾控制和防污涂料而生产。事实上,1988~2002 年,中国每年会生产超过 6000t 的 DDT(Qiu et al., 2005)。有研究表明,1960~1973 年期间,中国沉积柱中的 DDT 残留量与 DDT 使用量之间呈负相关,而 1974~1984 年期间,两者之间呈正相关(Wang et al., 2013a)。因此,可以得出结论,在本研究中 DDT 的使用量也会影响沉积柱中 DDT 的残留量。DDT 浓度 1964~1977 年呈现下降趋势,尽管这一时期曾大规模使用工业 DDT。产生这一现象的原因可能是一些历史使用的农药在环境中的降解而导致其沉积柱中含量减少的趋势。1977~1990 年,DDT 浓度的快速增长与这个时期 DDT 被过度使用有关。在 1983 年 DDT 被禁止用于农业杀虫剂,因此,表层沉积物中 DDT 含量迅速下降。此外,通过生物扰动也会影响 DDT 的残留。珠江三角洲、中国华南区域、滇池湖、中国西南地区等沉积柱中 DDT 也有类似的沉降记录(Zhang et al., 2002;Guo et al., 2013)。海岸带连续不断的 DDT 的输入及由于土地利用开垦过程中导致土壤中残留的历史使用的滴滴涕的连续流失(Zhang et al., 2002)。然而,DDT 的另一个来源可能是继续使用的防污漆,尤其是沿海岸带,水产养殖和航运活动使用防污漆产生了 DDT(Guo et al., 2013)。最近几十年,当地政府减少了本研究区域内水产养殖和航运活动,因此,在这一地区 DDT 输入可能主要依靠历史残留、土壤侵蚀和径流。据报道,在环境中降解 95% 的 DDT 所需要的时间约为 30 年(龚香宜,2007)。因此,不难推断近数十年来原黄河沉积物中 DDT 浓度呈现下降趋势。

如图 6-2 所示,DDT 水平达到高峰时间比 HCH 迟几年,可能是由其不同的理化性质所致。DDT 在沉积物中比 HCH 更持久,沉积物中 HCH 残留随着工业 HCH 的使用量改变比 DDT 随着工业 DDT 的使用量改变更迅速(Wang et al., 2013a)。在本研究中,20 世纪 50 年代之前,沉积柱中 DDT 和 HCH 的残留量可能是由于它们随着沉积物不断向底层迁移。在中国西南的滇池湖、中国华南的泉州湾的沉积柱中也有类似的发现(Guo et al., 2013;龚相宜,2007)。而且有研究表明,表层沉积物中有机氯农药能够向下迁移(龚香宜,2007)。

6.2.4　与中国不同区域中 HCH 和 DDT 的沉积记录比较

中国不同区域沉积柱中的 HCH 和 DDT 的浓度和沉积记录见表 6-2。前人对 HCH 的沉积记录研究主要集中在中国海岸带的海洋或湖泊沉积物环境中(Peng et al., 2005;Gong et al., 2007;Qiu et al., 2009;张婉珈等,2010)。自 1983 年 HCH 被禁用于农业活动中,然而,在中国的海岸带表层的沉积物中仍检出了 HCH。HCH

的含量在 1983 年左右达到高峰，如表 6-2 所示。例如，在中国的深水湾 HCH 的峰值时间在 2000 年；中国三亚湾 HCH 峰值时间出现在 1994 年左右。这些河流中的 HCH 浓度峰值时间与 20 世纪 90 年代初林丹被用于控制农业害虫的使用较一致。本研究中，第一峰值时间（1961 年）比在泉州湾水域 HCH 的峰值时间（1968 年）早几年，表明这个区域 HCH 开始使用的时间比泉州湾更早。在本研究区域第二峰值时间（1988 年）比三亚湾水域 HCH 高峰时间（1994 年）提前几年，表明在该地区林丹的使用比三亚湾偏早。与中国其他河口与沿海地区相比，本研究区域沉积物中 HCH 的水平接近中国太湖，但高于其他河流。

表 6-2　中国河流中 HCH 和 DDT 的浓度（ng·g^{-1} 干重）和沉降峰值（年代）

	采样点	HCH/DDT（峰值时间）	参考文献
HCH	太湖	3.0～10.4	Peng et al.，2005
	泉州湾	0～5.12（1968）	龚香宜，2007
	大亚湾	0.16～7.35（2004）	Qiu et al.，2009
	三亚湾	0.04～1.46（1994）	张婉珈等，2010
DDT	珠江口	5.5～31.7（1996）	Zhang et al.，2002
	大亚湾	2.07～30.7（2001）	Wang et al.，2008
	泉州湾	Max，54.4（2001）	Gong et al.，2007
	深水湾	1.0～54.5（2000）	Qiu et al.，2009
	三亚湾	6.5（1975）	张婉珈等，2010

　　表 6-2 归纳了 DDT 在中国海岸带海洋沉积物中的沉积记录，与 HCH 浓度的变化趋势类似。尽管中国政府在 1983 年开始禁止使用 DDT，但 DDT 在中国的海岸带表层沉积物中仍有检出，如中国华南珠江口的沉积柱中（Zhang et al.，2002）、泉州湾沉积柱中（Gong et al.，2007）、中国的大亚湾中（Wang et al.，2008）。如表 6-2 所示，在本研究区域沉积柱中 DDT 的第二个峰值时间（1990 年）比珠江口（1996 年）、大亚湾（2001 年）、泉州湾（2001 年）和深水湾（2000 年）早几年，表明本区域历史上 DDT 的使用比在这些地区要早。在本研究区域 DDT 浓度的第一个峰值时间（1964 年）与一些发展中国家历史使用 DDT 的沉降记录类似。DDT 浓度峰值通常出现在 20 世纪 60～70 年代（Venkatesan et al.，1999；Fox et al.，2001；Götz et al.，2007）。综上所述，本研究区 DDT 浓度峰值与中国 1983 年农业开始禁用 DDT 一致。与其他河流河口、沿海地区相比，本研究区沉积柱中 DDT 含量较低（表 6-2）。

6.2.5 HCH 和 DDT 的组成和来源

1. HCH

工业 HCH 和林丹在中国曾被使用。工业 HCH（α-HCH 55%～80%，β-HCH 5%～14%，γ-HCH 8%～15%和 δ-HCH 2%～16%）从 20 世纪 50～80 年代被广泛应用在农业（Li et al.，1998；Wang et al.，2013a）。而林丹（γ-HCH 99.9%）自 20世纪 90 年代开始也被应用于农业虫害防治（Tao et al.，2008；Walker et al.，1999；Wang et al.，2013a）。这些异构体具有不同的物理化学性质，β-HCH 在环境中更难水解和降解，而 α-HCH 更可能分配到空气中而进行长距离传输（Hitch and Day，1992）。此外，α-HCH 和 γ-HCH 在环境中可以转化为 β-HCH（Hitch and Day，1992）。因此，如果没有新的工业 HCH 输入，β-HCH 是沉积物中最主要的异构体。α-HCH/γ-HCH 比值如果小于 3 则表明来自于林丹；比值在 3～7 之间则表明它来自于工业使用的 HCH（Lee et al.，2001；Yang et al.，2010）。因此，环境样品中这一比值大小可以确定 HCHs 是来源于林丹还是工业 HCH（Kutz et al.，1991；Yang et al.，2008b）。

沉积柱中 HCH 不同的同分异构体的平均组成如图 6-3（a）所示。β-HCH 仍然是主要成分。α-HCH，β-HCH，γ-HCH 和 δ-HCH 分别占总成分的 1%，76%，4%和 19%。与原始组分相比，α-HCH 的比例有所下降。α-HCH 含量减少最可能的原因是 α-HCH 在环境中被逐渐转化成 β-HCH（Hitch and Day，1992）。从图 6-4可以看出，沉积柱中 α-HCH/γ-HCH 的比值范围为 0～6.4，而且，沉积柱中 α-HCH/γ-HCH 在 1999 年之前一直呈现下降趋势；1999～2005 年期间，这个比值开始增加，随后逐渐减少或至未检出，这个比值在最近几年仍然小于 3。出现这一变化趋势的原因，可能是 1988 年之前和 1999～2005 年期间，沉积柱中 HCH主要来源于工业 HCH 的使用；而在最近几年和 1990～1998 年期间，沉积柱中 HCH主要来源于林丹的使用，这与历史上使用工业 HCH 和林丹的高峰时间比较一致。

2. DDT

尽管自 1983 年开始 DDT 在农业活动中被官方正式禁止使用，然而实际上，直到 2000 年末 DDT 才完全被禁止使用（Tao et al.，2007）。中国 DDT 被禁止使用后，三氯杀螨醇（主要包含 DDT 的成分）也相继被禁用（Liu et al.，2008b）。总 DDT 类化合物及其代谢产物之间的比值大小可以用来判断 DDT 类农药的来源信息（Zhang et al.，2011b）。(DDE+DDD)/DDT 比值被用来判断 DDT 是来自于近

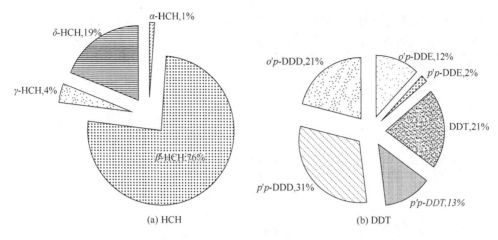

图 6-3　沉积柱中 HCH 和 DDT 平均组成

期输入还是历史残留（Wang et al.，2013a）。如果（DDE+DDD）/DDTs 比值大于 0.5，则表明来自于历史 DDT 降解；比值小于 0.5，表明是新的污染源输入（Zhang et al.，1999）。此外，厌氧条件下 DDT 能被微生物降解为 DDD，而在有氧条件下降解为 DDE。因此，DDE/DDD 比值大小可以判断沉积环境是发生在好氧条件还是厌氧条件下（Hitch and Day，1992）。DDD/DDE 比值大于 1 表明 DDT 的主要损失途径是厌氧降解，反之则是好氧降解（Wu et al.，2013）。o,p'-DDT/p,p'-DDT 比值能够判断 DDT 污染是来自于工业 DDT 还是来自于三氯杀螨醇。在工业 DDT 中，o,p'-DDT/p,p'-DDT 比值范围为 0.2～0.3，在三氯杀螨醇中，它的比值范围为 1.3～9.3（Qiu et al.，2005；Yang et al.，2010）。

　　沉积物中 DDT 的平均组成如图 6-3（b）所示，p,p'-DDD 是主要的组成部分，这可能是因为在过去的几年里沉积物中 DDT 在厌氧条件下降解为 DDD。沉积柱中的 DDT 的比值变化如图 6-4 所示。在沉积柱中（DDE+DDD）/DDT 的比值为 0～0.87，然而在 1988 年这个比值出现了一个转折点。在 1988 年之前，（DDE+DDD）/DDT 的比值范围为 0.51～0.76，然后逐渐减少；1988～1999 年比值范围为 0～0.49；2006～2012 年这个比值范围为 0～0.76，这一结果表明，可能在过去的三十年里，周边地区输入了新的 DDT 化合物。在 DDT 被禁止生产后，沉积柱中的 DDT 有可能是"老化"的 DDT。这些新的污染来源可以根据 o,p'-DDT/p,p'-DDT 的比值来判断，从图 6-4（d）可以看出，在 1988 年之前，o,p'-DDT/p,p'-DDT 的比值小于 1，然后逐渐增加，这可能表明沉积柱中的 DDT 在 1988 年之前主要使用的是工业 DDT，在 1988 年之后主要来自于三氯杀螨醇的使用。中国 60 多个厂家生产了三氯杀螨醇，一些研究发现，1988～2002 年期间，中国农业土地上来自三氯杀螨醇中的 DDT 投入量约 8000 万 t（Qiu et al.，2004；Qiu et al.，2005）。

另外，大多数样品中 DDE/DDD 的比值都小于 1，这表明沉积柱中 DDT 的降解主要发生在无氧条件下，这与前人研究其他区域的沉积柱中 DDT 降解环境一致（Hitch and Day，1992；Liu et al.，2006）。

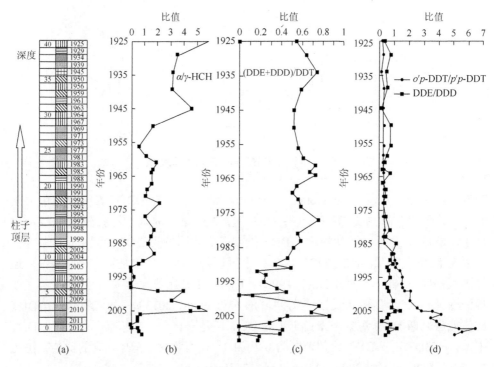

图 6-4　沉积柱中 α/γ-HCH，（DDE+DDD）/DDT，o',p-DDT/p',p-DDT 和 DDE/DDD 的比值记录

6.2.6　小结

本节对中国原黄河入海口沉积柱中 HCH 和 DDT 的沉积记录进行了研究。$\sum$HCH 和 $\sum$DDT 的浓度范围分别为 0.001~14.85ng·g^{-1}（平均值为 3.23ng·g^{-1}）和 0.04~1.07ng·g^{-1}（平均值为 0.36ng·g^{-1}）。有机氯农药的浓度的变化曲线表明，有机氯农药在过去曾经被广泛应用于这一区域。有机氯农药在这个区域比中国其他区域使用要早。和中国其他河流区域进行对比，这个区域的 HCH 浓度水平类似或稍高，DDT 的残留水平稍低，β-HCH 和 p,p'-DDD 是沉积柱中主要的污染物。沉积柱中 HCH 和 DDT 沉降记录变化与过去历史使用量和土壤残留量有关。根据比值分析，HCH 主要来源于工业历史 HCH 的残留和林丹的使用。DDT 主要来自于历史残留，其降解主要是在无氧环境中进行的，三氯杀螨醇在这个区域曾被使用过。

6.3　沉积柱中多环芳烃的历史沉积记录

6.3.1　概述

重建污染物在环境中的输入历史可以在一定程度上反映社会经济的发展和能源消耗概况，以及研究区域附近发生过的历史事件，这一研究有利于了解环境质量与人类活动间的关系（Santschi et al.，2001；Van Metre and Mahler，2005；Denis et al.，2012；Liu et al.，2012b）。沉积柱曾被报道可作为重建污染物历史的一种有效载体，而多环芳烃是污染物历史重建工作中的研究重点（Lima et al.，2003；Kannan et al.，2005；Barra et al.，2006；Martins et al.，2010；Martins et al.，2011；Machado et al.，2014）。本章通过对原黄河入海口沉积柱中 16 种优控多环芳烃的分析，并结合同位素定年，对多环芳烃在该地区的污染历史进行重建，探索该地区多环芳烃输入与社会经济发展及河流地貌变迁间的关系。

6.3.2　沉积柱中多环芳烃的残留量

考虑到 20 世纪 60 年代胜利油田开发以来该地区经济的快速发展和频繁的人类活动，本研究只对沉积柱表层至深度 33cm 这段（图 6-5，时间跨度范围是 20 世纪 60 年代至 2012 年）进行了多环芳烃分析。原黄河入海口沉积柱中（0～33cm）16 种优控多环芳烃的总量（TPAHs）介于 93.2～307.2ng·g^{-1} 之间，平均含量为 179.3ng·g^{-1}，该值要高于附近渤海沉积柱中的含量（34.2～202ng·g^{-1} 和 53.6～186ng·g^{-1}，Hu et al.，2011c）；与华南地区珠江入海口沉积柱中含量相近（59～330ng·g^{-1}，Liu et al.，2005）；但低于国外其他地区沉积柱中多环芳烃的含量，如美国的俄亥俄州（621～11500ng·g^{-1}，Li L M et al.，2001）、日本东京（38～2000ng·g^{-1}，Yamashita et al.，2000），以及巴西的古里提巴（39～2350ng·g^{-1}，Machado et al.，2014）。

6.3.3　沉积柱中多环芳烃的垂直变化趋势

虽然多环芳烃具有持久性，但在环境中它们也会发生一定程度的降解。因此，沉积柱中多环芳烃的组成不仅受到多环芳烃输入历史的影响，还受到多环芳烃降解的影响。由于环境中低分子量多环芳烃的降解速率要高于高分子量多环芳烃（Li et al.，2001c），因此需要对沉积柱中低分子量到高分子量多环芳烃分别进行分析，从而更加清晰地了解环境中多环芳烃的变化。本研究根据环数将 16 种优控多环芳烃分成低分子量（LMW 2～3 环）多环芳烃和高分子量（HMW 4～6 环）多环芳

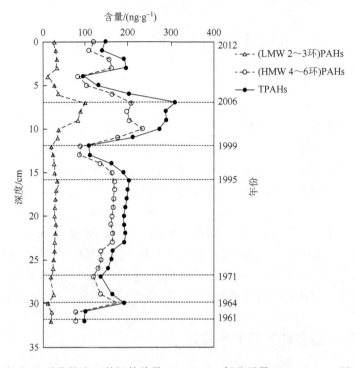

图 6-5　沉积柱中 16 种优控多环芳烃的总量（TPAHs）、低分子量（LMW 2～3 环）多环芳烃及高分子量（HMW 4～6 环）多环芳烃含量随时间和沉积柱深度的变化趋势

烃两组。图 6-5 描绘了沉积柱中 16 种优控多环芳烃的总量（TPAHs）、低分子量（LMW 2～3 环）多环芳烃及高分子量（HMW 4～6 环）多环芳烃含量随着时间和沉积柱深度的变化趋势。如图 6-5 所示，柱深 33～30cm 处附近，多环芳烃总量和高分子量多环芳烃含量出现大幅度增加，并于 30cm 处出现了一个峰值，接着又急剧下降。然而，低分子量多环芳烃在这段时期含量较低，且波动不大。之后，低分子量多环芳烃、高分子量多环芳烃及多环芳烃总量呈现相同的变化趋势，即自柱深 16～27cm（对应时间大约是 1995 年到 20 世纪 70 年代早期），这三组多环芳烃含量逐渐增加，接着在 12～16cm（对应时间是 1995～1999 年）出现明显的下降；多环芳烃含量最高值出现在柱深 7cm 处，之后出现急剧下降。

　　本研究沉积柱中多环芳烃含量的垂直变化趋势与该地区的人类活动及我国的经济发展历史能够很好地对应起来，即 1949 年新中国成立以后，全国上下开始一系列的重建工作，另外，我国第二大油田胜利油田也于 1961 年被发现，因此在这段时期出现了经济的快速增长，柱深 30～33cm（1961～1964 年）TPAHs 含量的急剧增长可能反映了这段时期该地区经济的发展。1966～1976 期间，受到"文化大革命"的影响，我国大部分地区在这段时期出现了经济的停滞，因此柱深 27～

30cm（1964～1971 年）的 TPAHs 含量出现了一个明显的下降。20 世纪 70 年代中后期，由于世界石油危机的影响，韩国和巴西东南部沉积柱中的多环芳烃含量在这段时期呈现出下降的趋势（Yim et al.，2007；Martins et al.，2011）。然而，和这些地区不同，本研究沉积柱中 TPAHs 含量从 20 世纪 70 年代早期到 20 世纪90 年代中期呈现出持续的增长趋势，表明我国受 20 世纪 70 年代世界石油危机的影响较小，这可能是我国胜利油田的开发和 1978 年改革开放政策的实施造成的。改革开放以后，我国经济和城市化经历了前所未有的发展，因而 TPAHs 含量自20 世纪 70 年代后期出现不断的增长。另外，新中国成立以后，为了满足河口地区工农业发展的需求，政府采取措施改变黄河的流路：1976 年，河道变迁至清水沟流路，沿着原黄河入海口入海（参见图 2.2）。河道改变后，黄河上游的沉积物和多环芳烃可能会通过河流直接输入原黄河入海口，导致原黄河入海口的沉积物和多环芳烃输入量增加。本研究的沉积柱采集于原黄河入海口，因而除了受胜利油田和改革开放政策的影响外，黄河于 1976 年改道至原黄河入海口入海可能进一步造成了 20 世纪 70 年代晚期至 20 世纪 90 年代中期 TPAHs 含量的增加。

　　近 20 年来，受经济快速发展的影响，我国大部分地区沉积柱中的 TPAH 含量在 20 世纪 90 年代中期以后出现持续增长，如我国东海（Guo et al.，2006）、太湖（Liu et al.，2009）、渤海（Hu L M et al.，2011）、珠江入海口（Liu et al.，2005）、洱海（Guo et al.，2011b）及梁滩河（Liu et al.，2012c）。然而，和这些地区有所不同，本研究沉积柱中 TPAHs 含量在 20 世纪 90 年代以后出现了急剧下降，表明沉积柱中的多环芳烃除了受经济发展的影响外，可能还受到其他因素的影响。环境保护措施的实施、能源结构由煤炭转变为石油和天然气等相对更加清洁的燃料通常作为解释多环芳烃含量出现稳定下降的原因（Simcik et al.，1996；Gevao et al.，1998；Lima et al.，2003；Guo et al.，2011c）。然而，TPAH 含量在 1999 年之后又出现了增长，甚至在 2006 年出现了含量的最高值，表明环境保护措施的实施及能源结构的改变可能在一定程度上造成了这段时期多环芳烃含量的下降，但应该不是主要原因。

　　Hu L M 等（2011）曾经在黄河神仙沟流路的河口地区采集了一个沉积柱（神仙沟流路是 1976 年黄河改道至清水沟流路前汇入渤海中部的通道），该研究结果表明，当 1976 年黄河入海河道由神仙沟流路改道至汇入渤海南部的清水沟流路后，大部分来自于黄河的沉积物和有机质都沿着清水沟流路汇入渤海南部，进而导致渤海中部和神仙沟流路的沉积物和有机质降低。有趣的是，黄河入海口在20 世纪 90 年代中期再次改道。1996 年，为了满足胜利油田的开采需要，我国政府将黄河入海口由沉积柱所在的原黄河入海口改道至现阶段的黄河入海口（参见图 3-1）。类比 Hu L M 等（2011）的分析，当黄河由原黄河入海口改道至现阶段的黄河入海口后，大部分来自于黄河的沉积物和有机质通过新黄河入海口运输至渤海，而非原黄河入海口。因此，考虑到本研究中的沉积柱所采位置，推测沉积柱中 TPAHs 含量在 20 世纪 90 年代中后期呈现的下降趋势可能是 1996 年黄河改道造成的：黄河在 1996 年改道至新黄河入海口后，原黄河入海口流路封闭，导致从上游输入原黄河入海口的沉积物和有机质减少，多环芳烃的输入也随之减少，进而造成 TPAHs 含量在这段时间呈现下降的趋势。

沉积柱中多环芳烃含量在近期呈现的下降趋势可能是能源结构的改变及污染防控措施的实施造成的，随着胜利油田的发展，研究区域的能源结构逐渐由煤炭转变为石油及天然气。与煤炭相比，石油和天然气相对更加清洁（Lima et al.，2003）。研究表明，燃煤释放的多环芳烃远远高于燃油和燃气释放的多环芳烃（Ravindra et al.，2008）。因此，在同样的能源消耗水平下，用石油和天然气来替代煤炭可以有效减少多环芳烃的释放（Lin et al.，2012）。另外，近年来，我国已经意识到环境污染问题的严重性，正在努力改变经济发展模式，从而提高环境质量，例如，我国政府在研究区域内设立了黄河三角洲自然保护区，以降低人类活动对于环境的影响。因此，近年来，沉积柱中 TPAHs 含量呈现下降的趋势。

6.3.4　小结

原黄河入海口沉积柱（0～33cm）中 16 种优控多环芳烃的总量介于 93.2～307.2ng·g^{-1} 之间，平均含量为 179.3ng·g^{-1}。沉积柱中多环芳烃的历史沉积记录有效地记录了近 50 年来中国的经济发展历史及黄河的改道过程。本节的研究结果也进一步证实重建多环芳烃的历史沉积记录是研究人类活动对环境影响的一种有效途径，可以帮助环境研究者进一步了解多环芳烃的全球变化趋势。

6.4　黄河入海口沉积柱重金属分布与形态研究

6.4.1　沉积柱理化特征

沉积柱的理化分析结果（表 6-3）表明，本沉积柱的烧失量（loss on ignition，LOI）含量较高（平均含量为 7.80%），比标准物质略高（GSD-9，GBW07309，LOI 为 7.21%）。沉积柱 41 个子样品的 pH 范围为 7.37～8.44。有研究表明，低 pH 会导致重金属的释放，从而降低重金属浓度（Weng et al.，2001），但在本研究中，样品 pH 与重金属含量并无显著相关性，这可能是沉积物样品污染的不均一性及污染的无规律性，导致了不同样品之间 pH 的差异性。实验结果发现烧失量与重金属有显著或极显著相关性。

表 6-3 沉积柱样品的理化特性和定年结果

深度/cm	定年	烧失量/%	pH	深度/cm	定年	烧失量/%	pH
0	2012	2.73	7.52	21	1988	7.62	7.61
1	2011	2.86	7.37	22	1985	10.1	7.73
2	2010	3.58	7.86	23	1983	11.1	7.71
3	2010	3.76	7.71	24	1981	12.2	7.78
4	2009	3.08	7.72	25	1977	12.8	7.81
5	2008	3.20	7.95	26	1973	9.94	7.86
6	2007	3.21	7.76	27	1971	13.5	7.73
7	2006	5.25	7.66	28	1969	11.7	7.70
8	2005	4.46	7.98	29	1967	11.3	7.77
9	2005	4.82	7.62	30	1964	9.81	7.87
10	2004	4.63	7.88	31	1963	10.2	7.82
11	2002	7.98	7.75	32	1961	11.6	7.78
12	1999	8.27	7.92	33	1959	11.4	7.93
13	1999	7.81	7.65	34	1956	9.24	7.99
14	1998	7.12	7.76	35	1950	7.78	8.05
15	1997	9.15	7.70	36	1945	5.97	7.97
16	1995	8.54	7.77	37	1939	10.2	8.02
17	1993	11.1	7.74	38	1934	7.26	8.02
18	1992	8.23	7.78	39	1929	5.32	8.44
19	1991	8.43	7.86	40	1925	4.26	8.15
20	1990	8.48	7.75	平均值		7.80	7.82

6.4.2 重金属总量分布规律

表 6-4 列出了本次实验的回收率，重金属总量回收率范围为 91.7%～116%，显示标准物质重金属含量的测定值和标准值之间的一致性较好（Quevauviller，1998）。四步形态提取的重金属浓度之和与标准值也比较一致，回收率为 92.2%～119%，因此，本次实验的测试效果良好。

表 6-4 样品重金属平均浓度和提取回收率

项目	铜	锌	铅	铬	镉	锰	镍	铁
标准物质标准值/（mg·kg⁻¹）	32	78	23	85	0.26	620	32	34020
标准物质测定值/（mg·kg⁻¹）	30.3±0.47	84.4±1.18	21.1±0.320	89.1±1.46	0.290±0.07	658±38.5	35.3±1.15	31800±647
总量回收率/%	94.6	108	91.7	105	116	106	110	93.4

续表

项目	铜	锌	铅	铬	镉	锰	镍	铁
四步浓度总和/(mg·kg^{-1})	33.4±6.24	77.7±5.14	22.0±4.67	83.6±12.6	0.310±0.006	634±117	35.0±4.58	31400±5840
形态提取回收率/%	104	99.6	95.8	98.4	119	102	110	92.2
样品浓度/(mg·kg^{-1})	26.9±5.15	76.4±13.4	37.3±10.1	84.7±16.4	0.230±0.02	709±185	36.1±5.25	24000±4230
样品浓度范围/(mg·kg^{-1})	18.3~38.5	51.0~107	17.8~53.9	45.5~116	0.20~0.27	388~1020	24.8~47.2	16500~31700
黄河	22	71	21	—	—	438	46	19000
长江	30	100	15	—	—	549	35	29000
印度恒河	26	71	29	—	—	533	32	31000

　　沉积柱样品的重金属铜、锌、铅、铬、镉、铁、锰和镍的浓度见表 6-4 和图 6-6，结果表明，重金属总量的平均含量由高到低顺序为铁＞锰＞铬＞锌＞铅＞镍＞铜＞

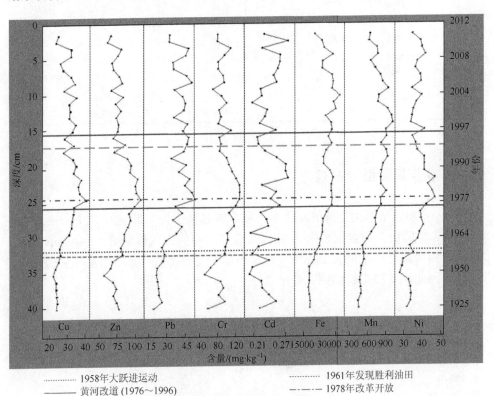

图 6-6　重金属浓度随深度及时间变化图

镉，铁在自然环境下一般都呈现较高浓度（Chabukdhara et al.，2012）。与其他河流结果进行比较，如印度的恒河（Ganges，India）（Subramanian et al.，1988）、黄河其他区域（Zhang et al.，1988）及长江等河流（Zhang et al.，2001b），结果显示本研究区域铅、锰元素的平均浓度较高，铜、锌、铬、镉、铁和镍元素的含量与上述河流比较接近。

重金属含量随深度的变化结果显示（图 6-6），所有重金属（镉元素除外）浓度自 1958 年左右缓慢增加或相对平稳，而在 1958～1980 年期间，重金属含量呈快速增加趋势，并于 1980 年左右达到峰值。这一快速增加的原因可能是这一期间石油开发和大量金属冶炼导致的污染物增加，因为 1961 年在该地区发现了胜利油田，以及 1958～1960 年期间的"大跃进计划"，涉及大炼钢铁等一系列工业生产活动，导致研究区域的污染物增加，其中也包括重金属污染。1976～1996 年期间，重金属含量呈稳定或略有下降趋势，表明这一期间该区域重金属污染来源负荷有所下降。1976 年，黄河入海河流进行了改道，原黄河入海口（1976～1996 年）成了当时的入海河流，并一直延用到 1996 年。1996 年以后，重金属含量呈现较大幅度波动，这可能是上层沉积物受到更多的环境扰动所致，尽管这一时期的中国经历着改革开放和经济的快速增长，但并没有因此而导致重金属污染物在沉积物中的进一步积累。

6.4.3 重金属赋存形态特征

根据本研究选取的形态提取方法，将重金属形态划分为可交换态、可还原态、可氧化态和残渣态（Tessier，1979）。样品中重金属各形态的含量与分布特征见表 6-5 和图 6-7。

表 6-5 沉积柱样品中重金属的形态（%）和风险评价（n=41）

重金属	可交换态		可还原态		可氧化态		残渣态	
	范围	平均值±标准差	范围	平均值±标准差	范围	平均值±标准差	范围	平均值±标准差
铜	3.86～14.9	7.73±3.35	2.01～15.3	7.85±11.1	6.22～15.3	11.0±2.23	60.4～84.7	**73.4±2.63**
锌	2.27～8.12	3.73±1.04	1.82～7.63	4.58±1.55	2.89～14.9	7.40±2.46	75.1～89.4	**84.6±3.15**
铅	4.49～12.7	8.82±2.14	5.67～37.3	**21.4±7.90**	21.3～65.0	**40.4±11.7**	16.7～48.7	29.4±8.47
铬	0.470～3.70	1.40±0.77	0～5.78	2.70±1.58	1.95～8.50	5.16±1.46	83.2～96.9	**90.7±2.46**
镉	0～7.91	1.94±2.17	0～0.34	0.01±0.06	38.2～54.2	**45.5±4.00**	43.5～61.0	**52.6±4.58**
铁	0.60～6.57	2.56±1.73	0.57～10.5	6.25±2.13	1.03～3.04	1.95±0.53	81.0～97.1	**89.2±3.40**
锰	54.5～75.3	**64.8±6.30**	4.67～15.9	9.04±2.82	2.26～4.83	3.85±0.63	12.2～38.2	22.3±6.57
镍	5.20～8.78	6.57±0.92	3.08～11.8	7.76±2.30	9.37～28.2	17.2±3.77	57.2～78.3	**68.5±4.62**

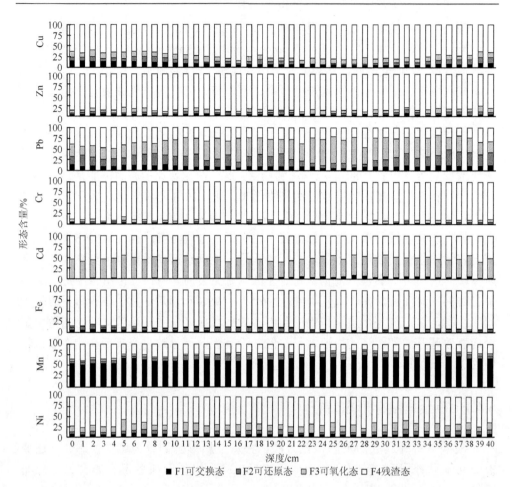

图 6-7　　沉积柱中重金属含量随深度变化情况

　　总体来看，所有重金属（锰元素除外）中占总量比例最低的都是可交换态，重金属铜、锌、铬、镉、铁和镍都是以残渣态为主，占总量比例都超过 50%，高比例的残渣态和低含量的可交换态说明研究区域沉积物潜在的生态风险不太严重（Davidson et al.，1994）。沉积物中可氧化态铅占了总量较大比例，因此存在较高风险。

　　铅元素以可氧化态和残渣态为主，分别占铅总量的比例为 40.4%和 29.4%，可还原态部分占总量比例为 21.4%。因为可氧化态的元素能与有机物相结合，如果自然水体处于氧化条件，重金属可能释放出来成为可溶状态，从而易于被生物利用（Tokalioğlu et al.，2000），因此结果显示了沉积物中铅元素具有较高的迁移能力和生物有效性。研究也发现，样品铅含量和烧失量之间相关系数较高（$R=0.922$），这表明重金属含量与有机物含量存在较高相关性。

　　形态提取实验显示，沉积物中镉的可氧化态和残渣态共占总量的 98.1%，其比例分别为 45.5%和 52.6%。然而，烧失量与可氧化态镉含量之间并无显著正相关（r=0.265），这可能是由于镉元素主要结合在其他成分上，如与硫化物相结合，因为镉对硫化物有较强的亲和力。

沉积物中锰的存在形态明显不同于其他元素，可交换态的锰占总量的 64.8%，说明沉积物中锰元素的迁移性和生物有效性显著高于其他重金属，这也可能表明了可溶性的碳酸盐结合态或可交换态锰的存在主要是靠静电力结合（Tessier et al.，1979）。

6.4.4　沉积柱风险评价

1. 富集因子

重金属富集因子的大小顺序为铅＞镍＞铬＞锰＞锌＞镉＞铜（表 6-6）。沉积柱中铜、锌、铅、铬、镉、锰和镍的平均数值处于低富集状态，铅呈现中等富集程度。总体分析表明，1990 年以前所有重金属的富集程度缓慢增加或呈现平稳状态，自 1992 年黄河三角洲国家自然保护区的建立及 1996 年入海口改道后，减少了研究区域污染物的排放，导致重金属富集因子有所下降。此后，铜和锌等重金属富集因子总体情况呈下降趋势，其他重金属的富集因子也显示较大波动，如铅、铬和锰等，但是镉和镍变化不大，这也显示了该区域镍和镉元素污染来源较少。

表 6-6　沉积柱中重金属的富集因子和地质累积指数

	参数	铜	锌	铅	铬	镉	锰	镍
富集因子	最小值	0.90	1.08	2.40	1.16	1.08	1.18	2.63
	最大值	1.43	2.09	4.67	2.59	2.21	2.22	4.47
	平均值	1.17	1.59	3.57	1.85	1.55	1.60	3.56
	标准偏差	0.12	0.28	0.54	0.35	2.91	0.24	0.47
地质累积指数	最小值	−1.89	−1.48	−0.79	−1.57	−1.21	−1.72	−0.27
	最大值	−0.81	−0.42	0.81	−0.22	−0.72	−0.32	0.66
	平均值	−1.35	−0.92	0.22	−0.70	−0.96	−0.90	0.25
	标准偏差	0.28	0.25	0.44	0.3	0.13	0.41	0.21

2. 地质累积指数

地质累积指数结果表明，铜、锌、铬、镉和锰处于无污染水平，铅和镍污染

的程度在不同样品中存在较大差异，变化范围为无污染水平到中等污染水平（表
6-6）。地质富集指数自 1925 年左右有明显增加趋势，并于 1980 年左右达到峰值，
表明 1980 年以前污染相对严重，此后，地质富集指数波动较大且有变小趋势，这
可能是靠近上层的沉积物受到更多的扰动所致。同样发现在 1976～1996 年期间，
地质富集指数有逐渐下降趋势或保持相对稳定，这进一步说明了这一时期污染程
度比之前有所减轻。

3. 风险评估

沉积物样品重金属的平均 RAC 值大小顺序为锰＞铅＞铜＞镍＞锌＞铁＞
镉＞铬（表 6-7）。总体来看，沉积物中铜、锌、铅、铬、镉、铁和镍显示低风险
水平，其平均 RAC 值都低于 10%。但所有样品的锰元素都显示非常高的风险，
由于锰元素具有一定的毒性，以及样品中锰元素有效态组分较高，对生态环境具
有潜在危害性，因此，应该对该区域的锰元素污染给予关注。

表 6-7　沉积柱风险评价准则值

重金属	标准值/（mg·kg^{-1}）		样品浓度/（mg·kg^{-1}）		百分比/%		
	ERL	ERM	平均值	范围	<ERL	ERL~ERM	>ERM
镉	1.20	9.60	0.230±0.02	0.20～0.27	100	0	0
铬	81.0	370	84.7±16.4	45.5～116	43.9	56.1	0
铜	34.0	270	26.9±5.15	18.3～38.5	92.7	7.32	0
铅	46.7	218	37.2±10.1	17.8～53.9	82.9	17.1	0
镍	20.9	51.6	36.1±5.25	24.8～47.2	0	100	0
锌	150	410	76.4±13.4	51.0～107	100	0	0

注：风险评估低值（effect range-low，ERL）；风险评估中值（effects range-median，ERM）。

4. 沉积物质量准则

根据 ERL/ERM 分类标准（Long et al.，1995），100%的沉积物样品的镍含量
超过了 ERL；样品中铬、铜和铅含量超过 ERL 的比例分别为 56.1%、7.32%和
17.1%；所有样品镉和锌含量均未超过 ERL 限值（表 6-7）。因此，根据这一标准
规定，沉积物中镍的污染水平比其他重金属严重。

6.4.5　相关性与主成分分析

1. 重金属相关性分析

重金属之间的相关性能够揭示它们在沉积物中的来源、迁移行为和途径，以

及重金属之间的相互关系（Farkas et al.，2007；Chabukdhara and Nema，2012）。
重金属铜、锌、铅、铬、铁、锰和镍相互之间存在显著或极显著的正相关（表 6-8），
表明这些元素可能有类似的污染和迁移行为，但镉元素与其他元素的相关性较弱，
表明其来源途径和地球化学行为有所不同。

表 6-8　沉积柱重金属相关性分析（n=41）

元素	铜	锌	铅	铬	镉	铁	锰	镍
铜	1.00							
锌	0.82**	1.00						
铅	0.86**	0.52**	1.00					
铬	0.75**	0.86**	0.57**	1.00				
镉	0.29	0.30	0.26	0.38*	1.00			
铁	0.82**	0.47**	0.88**	0.47**	0.25	1.00		
锰	0.75**	0.37b	0.82**	0.36*	0.23	0.85**	1.00	
镍	0.83**	0.79**	0.73**	0.86**	0.57**	0.66**	0.54**	1.00

** 在 α=0.01 水平上显著相关；* 在 α=0.05 水平上显著相关。

2. 主成分分析

主成分分析中共提取了三个主成分，共同解释了大部分重金属污染信息
（92.96%），主成分 1、主成分 2 和主成分 3 的贡献率分别为 66.99%、15.68%和
10.29%（图 6-8，表 6-9）。主成分 1（PC1）对铅（0.867）、铁（0.910）、铜（0.701）
和锰（0.934）有较高的正载荷，铁、锰和铜主要来自于自然背景和冶金，铅元素

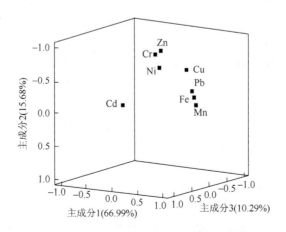

图 6-8　沉积柱中重金属的三维因子载荷

主要来自于化石燃料的燃烧。主成分 2（PC2）对锌（0.932）和铬（0.910）有较高的正载荷，代表着电镀和化工污染来源。主成分 3（PC3）对镉元素有较高的正载荷（0.970），可能代表着颜料和油漆产业的污染。

表 6-9　黄河沉积物主成分分析

元素	主成分 1	主成分 2	主成分 3
铜	**0.701**	0.677	0.074
锌	0.228	**0.932**	0.072
铅	**0.867**	0.381	0.100
铬	0.223	**0.910**	0.195
镉	0.106	0.193	**0.970**
铁	**0.910**	0.271	0.112
锰	**0.934**	0.135	0.100
镍	0.447	0.744	0.420
特征值	5.359	1.254	0.823
贡献率/%	66.99	15.68	10.29

6.4.6　小结

（1）通过对黄河口沉积柱的年代学、重金属时空分布规律和形态特征进行研究，结果显示沉积柱的年龄为 87 年左右，时间跨度为 1925～2012 年，沉积柱的平均沉积速率约为 0.5cm·a^{-1}。

（2）样品中重金属铜、锌、铬、铁和镍都是以残渣态形态为主，可交换态所占比例最小；铅元素以可氧化态和残渣态为主；镉元素以可氧化态和残渣态为主，可还原态也占有较大比例；锰元素以可交换态和残渣态形态存在为主。

（3）根据富集因子评价标准，沉积柱中铅元素显示中等污染水平，其他重金属元素（铜、锌、镉、镍和锰）显示轻微富集。地质累积指数结果显示，沉积柱中铅、镍污染为轻微至中度污染，铜、锌、镉和锰元素显示无污染状态。

（4）相关性分析揭示了大部分重金属（镉元素除外）之前存在较强的正相关，表明这些元素有着共同的污染来源和迁移行为，而镉元素的来源和迁移有所不同；主成分分析结果显示重金属污染主要来自然背景值、冶金和化石燃料燃烧，化工和电镀工业也对污染有所贡献。

（5）100%沉积物样品中镍含量超出了 ERL 值，铬、铜和铅超出 ERL 值的百分比分别为 56.1%，7.32%和 17.1%，样品中镉和锌含量都没有超过 ERL 数值。风险评价结果显示沉积物中重金属铜、锌、铅、铬、镉、铁和镍处于低风险污染水平，而锰具有高污染风险。

第7章　水生生物重金属分布特征

引　　言

水生生物是自然水体生态系统中重要的组成组分，与其他水体要素构成了水生生态链。水生生物能够在较大程度上记载水生态系统的动态变化，以及揭示水生态群落的多样性演替特点。

近年来，多类水体环境，诸如河流、湖泊及近岸海域都面临着不同程度的环境污染，给水生生物栖息环境造成了严重的威胁。其中，重金属作为一类重要的污染物，引发了多起严重中毒事件，如水俣病、骨痛病、镉大米中毒、铅中毒事件等，因此，重金属越来越受到人们的关注。能引起水生生物中毒及水域环境污染的重金属一般指铜、锌、铅、镉、汞等，它们易被水生生物吸收和转化为毒性更大的金属有机化合物，再经食物链传递，最终危害人体或其他生物的健康。

本章节主要对黄河及莱州湾水域多种水生生物的重金属（包括铜、锌、铅、铬、镉、铁、锰和镍）的含量分布特征进行了研究分析。通过本次实地调查和综合取样分析，不仅可以了解该区域水生生物的重金属污染水平，也能反映研究区域当前水生生态系统的质量状况，可为研究区域生态环境污染水平的评估、保护和进一步利用提供重要信息。

7.1　概　　述

本研究区位于黄河入海口及莱州湾水域。黄河的采样点始于距离黄河入海口 50km 左右的开元舟桥，间隔 10～15km 采集一批样品，采样点为 5 个。莱州湾位于山东半岛的北部、渤海的南部。莱州湾沿岸滩涂辽阔，河水携带丰富的有机物质进入莱州湾，因此该水域盛产各种鱼类、蟹、蛤和毛虾等水产品，是山东省重要的渔业和海盐生产基地。本次研究在莱州湾水域取样 3 处，采样位置分别位于红光渔港、寿光渔港和央子渔港。国内外对水生生物富集重金属展开了广泛研究（戴国梁等，1991；魏泰莉和刘锰，2002；Ebrahimpour et al.，2011；Yi et al.，2011）。本课题主要研究目的是：①分析多种水生生物重金属的含量分布规律；②推断生物样品重金属污染的可能来源；③总结重金属在不同生物体内的累积特征。

7.2　重金属总量分布特征

表 7-1 对采集样品的含量和方法验证进行了总结。生物标准物质（SRM 2976）的回收率范围为 86.9%～125%。生物重金属平均含量（mg·kg^{-1}，以湿重计）由高到低顺序为铁＞锌＞锰＞铜＞铬＞镍＞铅＞镉，样品重金属平均浓度和范围依次为铜 4.10（0.150～24.9）mg·kg^{-1}、锌 15.4（5.90～59.8）mg·kg^{-1}、铅 1.09（0.008～5.90）mg·kg^{-1}、铬 1.55（0.104～17.0）mg·kg^{-1}、镉 0.029（0.006～0.298）mg·kg^{-1}、铁 324（6.18～2750）mg·kg^{-1}、锰 9.75（0.037～68.9）mg·kg^{-1}、镍 2.45（0.192～14.6）mg·kg^{-1}。实验发现锌、铜、铬、锰和镍元素比铅和镉更容易被生物吸收，表现出较高浓度，这可能是不同金属的可溶性成分占金属总量的比例不同所致，因为重金属可溶性大小顺序一般为锌＞铜＞镍＞铬＞镉＞铅（Foster et al.，1996）。

本次研究将样品中铜、锌、铅、铬、镉、铁、锰和镍元素的含量与其他研究报道或相关标准进行比较，如黄河（张曙光，1996）、珠江入海口（魏泰莉和刘锰，2002）、长江入海口（戴国梁等，1991）、长江（Yi et al.，2011）、土耳其托卡特湖（Mendil and Uluözlü，2007）和中国生物重金属评价标准（Wei et al.，2001）。总体来看，本次研究样品中铜、铬的含量要高于以前的黄河入海口、珠江入海口、托卡特湖和长江中生物样品重金属含量。锌元素平均浓度比长江入海口和土耳其托卡特湖生物的低。本研究样品中铜、锌、铅、铬和镉的平均浓度显著比本区域 20 年前报道的黄河生物重金属含量高（张曙光，1996），这表明黄河重金属污染最近有加重趋势。样品中铜和镉元素的平均含量未超出标准限值，但样品中锌、铅和镉平均含量已超出了中国水生生物评估标准的限值，因此，对这些浓度较高的元素应该给予关注。

7.3　重金属在不同物种中的分布规律

表 7-2 对 62 个生物样品的重金属浓度进行了详细归纳，结果显示，不同生物体间的重金属含量存在显著差异，即使同一物种体积大小不同或采集于不同采样点，其重金属含量也存在显著差异，这些样本间的差异性可能由水生生态系统的环境异质性和生物体的摄食行为差异性所致。早有报道发现，不同生物体重金属含量的不同源自于生物的生态需求不同、代谢途径差异和摄食行为的差别（Mormede and Davies，2001；Watanabe et al.，2003；Yilmaz，2003）。

表 7-1　样品重金属含量及与其他河流结果比较

	铜	锌	铅	铬	镉	铁	锰	镍
参考值（SRM 2976）	4.02	137	1.19	0.50	0.82	171	33	0.93
测量值（SRM 2976）	4.53±0.37	119±9.76	1.49±0.13	0.57±0.08	0.75±0.09	156±10.3	31.1±4.21	0.99±0.15
回收率/%	113±11	86.9±8	125±15	114±13	92.0±14	91.4±12	107±14	99.2±7
沉积物（S1）	13.3	42.8	17.0	51.3	—	35798	431	21.9
沉积物（S2）	20.2	50.4	18.9	55.2	—	28266	392	22.8
沉积物（S3）	30.4	80.1	35.1	53.0	—	39572	556	28.9
沉积物（S4）	14.5	58.4	21.9	71.0	—	37598	510	22.9
沉积物（S5）	15.7	54.8	22.6	54.0	—	32760	456	22.1
本研究（以干重计）	14.9 (0.522~86.6)	55.9 (18.9~233)	3.70 (0.029~16.0)	5.05 (0.429~46.1)	0.113 (0.00016~1.23)	1054 (28.0~7471)	32.9 (0.089~225)	8.27 (0.681~39.5)
本研究（以湿重计）	4.10 (0.150~24.9)	15.4 (5.90~59.8)	1.09 (0.008~5.90)	1.55 (0.104~17.0)	0.029 (0.0006~0.298)	324 (6.18~2750)	9.75 (0.037~68.9)	2.45 (0.192~14.6)
黄河（以湿重计）	0.269 (0.076~0.471)	12.1 (4.35~22.3)	0.239 (0.0716~0.887)	0.102 (0.0013~0.085)	0.0019 (0.0011~0.0034)	—	—	—
珠江入海口（以湿重计）	0.256 (0.009~2.025)	1.233 (0~5.507)	0.507 (0~1.049)	0.152 (0~0.772)	0.033 (0.005~0.079)	—	—	—
长江入海口（以湿重计）	2.84 (1.01~6.58)	18.49 (11.41~28.12)	1.26 (0.11~2.91)	0.21 (0.03~0.480)	—	—	—	—
长江（以干重计）	2.57 (0.36~18.76)	9.39 (0.793~50.8)	0.761 (0.009~10.1)	0.189 (0~0.805)	0.138 (0~2.0)	—	—	—
托卡特湖（以湿重计）	2.00 (1.0~3.9)	29.7 (13.9~48.6)	1.40 (0.8~2.8)	1.10 (0.6~1.6)	—	124.8 (69.3~167)	23.6 (9.6~64.3)	3.0 (0.9~5.6)
评价标准（以湿重计）	5.00	5.00	1.00	1.00	0.05	—	—	—

注：数值单位为 mg·kg^{-1}，表示格式为平均值±标准差或平均值（范围）。

表 7-2　样品基本特征及重金属分布特征（mg·kg^{-1}，以湿重计）

物种	拉丁名	位置	数目	长度/cm	湿重/g	含水率/%	铜	锌	铅	铬	镉	铁	锰	镍
海螺（M）	Busycon canaliculatu (M)	S6	15	—	41.2	74.6	3.19	22.9	0.779	0.297	0.172	64.5	2.42	1.18
海螺（S）	Busycon canaliculatu (S)	S7	28	5.00	28.3	74.3	7.13	59.8	0.687	0.436	0.220	38.4	1.35	2.00
鲫鱼（L）	Carassius auratus	S3	1	28.0	373	74.7	1.40	18.4	1.34	2.22	0.016	584	11.6	3.66
鲫鱼（M）	Carassius auratus	S5	1	16.0	63.0	72.9	1.25	30.9	1.09	1.35	0.027	218	4.97	2.31
鲫鱼（L）	Carassius auratus	S1	1	27.5	373	70.3	1.47	22.1	0.386	0.227	0.004	30.0	0.764	0.518
鲫鱼（M）	Carassius auratus	S3	1	15.0	57.0	70.4	1.65	35.3	2.31	5.01	0.062	749	15.3	4.97
黑鱼（L）	Chama argus	S1	1	37.0	404	71.3	0.150	9.3	0.278	0.131	0.002	14.1	4.48	0.549
梭鱼（M）	Chelon haematocheilu	S3	4	26.3	176	66.2	2.09	17.3	2.72	3.95	0.018	1373	27.7	7.20
梭鱼（S）	Chelon haematocheilu	S2	1	21.0	81.0	68.4	1.15	13.9	1.54	2.78	0.007	313	5.69	3.54
梭鱼（S）	Chelon haematocheilu	S6	2	21.3	78.0	64.6	0.895	13.4	1.19	0.686	0.006	91.6	2.57	1.93
梭鱼（M）	Chelon haematocheilu	S1	4	28.4	195	66.1	1.09	13.9	2.05	4.71	0.006	781	13.7	3.11
梭鱼（L）	Chelon haematocheilu	S1	3	34.2	362	67.3	0.715	9.7	0.824	0.64	0.004	40.9	1.86	1.95
梭鱼（L）	Chelon haematocheilu	S5	4	35.4	441	64.4	1.37	13.3	2.40	5.36	0.008	1290	21.5	6.83
梭鱼（L）	Chelon haematocheilu	S4	3	34.3	408	63.1	2.28	13.7	5.90	17.01	0.012	2750	49.4	14.6
梭鱼（S）	Chelon haematocheilu	S1	4	22.9	106	65.8	0.448	9.6	0.607	1.12	0.003	140	2.71	0.55
梭鱼（S）	Chelon haematocheilu	S5	4	23.5	137	69.4	1.85	11.6	4.18	3.92	0.010	1757	34.8	9.60
梭鱼（S）	Chelon haematocheilu	S4	9	23.2	129	67.2	0.682	8.4	1.12	1.19	0.004	108	4.59	2.53
梭鱼（M）	Chelon haematocheilu	S4	5	27.4	198	68.9	2.09	10.7	4.76	6.21	0.011	2324	43.1	11.0
梭鱼（M）	Chelon haematocheilu	S5	6	27.2	197	67.8	1.60	14.8	4.22	9.22	0.006	1964	36.9	8.24
鲤鱼（M）	Cyprinus carpio	S1	1	27.0	292	71.7	0.457	19.7	0.670	0.389	0.019	35.9	1.84	0.524
毛蟹（M）	Eriocheir sinensis	S1	8	—	40.3	69.8	15.3	10.1	0.862	0.219	0.035	48.9	9.48	2.20
毛蟹（S）	Eriocheir sinensis	S2	19	—	20.0	74.0	20.1	13.0	0.667	0.436	0.081	65.8	27.4	2.07
毛蟹（S）	Eriocheir sinensis	S1	15	—	17.1	70.7	24.9	19.5	0.854	0.766	0.036	161	25.7	2.55
毛蟹（M）	Eriocheir sinensis	S2	10	—	43.0	71.8	23.6	13.5	0.414	0.319	0.018	51.8	8.10	2.06

续表

物种	拉丁名	位置	数目	长度/cm	湿重/g	含水率/%	铜	锌	铅	铬	镉	铁	锰	镍
毛蟹 (L)	*Eriocheir sinensis*	S2	7	—	80.4	67.9	17.1	13.5	0.507	0.789	0.023	115	6.03	5.32
毛蟹 (L)	*Eriocheir sinensis*	S1	8	—	75.9	71.8	24.4	14.5	0.008	0.473	0.000	77.7	9.03	0.192
鲢鱼 (M)	*Hypophthalmichthys molitrix*	S3	3	27.3	205	72.6	2.92	10.5	3.33	2.53	0.035	1536	35.8	7.21
鲢鱼 (S)	*Hypophthalmichthys molitrix*	S1	7	12.5	13.1	73.4	0.629	17.3	0.732	0.310	0.011	23.4	2.03	1.68
鲈鱼 (L)	*Lateolabrax japonicus*	S7	2	20.3	75.0	75.3	0.478	15.5	0.326	0.774	0.001	30.7	0.738	1.63
鲈鱼 (L)	*Lateolabrax japonicus*	S4	1	20.5	77.0	74.3	0.362	17.2	0.320	0.786	0.003	27.7	0.410	1.38
鲈鱼 (M)	*Lateolabrax japonicus*	S8	7	16.6	51.9	76.8	0.277	12.6	0.310	0.142	0.002	7.65	0.434	0.969
鲈鱼 (L)	*Lateolabrax japonicus*	S3	5	19.7	81.6	76.5	0.296	13.2	0.367	0.324	0.002	52.3	1.06	0.663
鲈鱼 (L)	*Lateolabrax japonicus*	S6	1	19.5	73.0	77.9	0.522	8.53	0.694	1.04	0.002	194	4.68	1.39
鲈鱼 (L)	*Lateolabrax japonicus*	S2	11	20.8	89.5	75.4	0.260	14.8	0.336	0.207	0.002	13.0	0.624	0.556
鲈鱼 (L)	*Lateolabrax japonicus*	S1	11	20.6	93.3	76.1	0.162	10.8	0.298	0.250	0.001	14.8	0.408	0.475
鲈鱼 (M)	*Lateolabrax japonicus*	S1	11	16.2	39.0	77.6	0.339	8.53	0.477	0.166	0.002	12.1	0.279	1.17
乌贼 (S)	*Loligo beka Sasaki*	S6	3	11.8	15.0	85.8	15.8	22.9	0.869	0.696	0.298	78.5	5.19	0.985
乌贼 (S)	*Loligo beka Sasaki*	S7	2	14.3	15.5	83.7	14.3	15.3	0.388	0.804	0.046	40.6	2.69	0.534
武昌鱼 (S)	*Megalobrama amblycephala*	S3	2	16.8	41.0	73.0	1.75	26.2	3.45	2.67	0.037	869	18.6	4.06
武昌鱼 (S)	*Megalobrama amblycephala*	S4	3	17.3	54.7	73.6	1.34	23.1	1.96	1.28	0.039	521	12.5	2.28
鲻鱼 (L)	*Mugil cephalus*	S6	1	46.0	982	66.0	1.08	6.42	0.764	1.06	0.004	156	7.64	2.61
鲻鱼 (L)	*Mugil cephalus*	S3	2	49.5	1168	68.7	1.24	9.43	0.819	1.60	0.004	216	4.09	2.67
口虾蛄 (L)	*Oratosquilla oratoria*	S6	44	10.0	16.9	78.2	8.65	20.6	0.476	1.48	0.112	64.1	4.94	1.92
口虾蛄 (M)	*Oratosquilla oratoria*	S7	16	14.0	25.3	76.1	7.26	23.6	0.284	0.928	0.107	38.7	6.01	1.03
鮰鱼 (M)	*pelteobagrus fulvidraco*	S3	3	16.5	34.0	74.9	0.960	13.8	1.12	1.39	0.016	221	6.84	2.36

续表

物种	拉丁名	位置	数目	长度/cm	湿重/g	含水率/%	铜	锌	铅	铬	镉	铁	锰	镍
鲶鱼（M）	*pelteobagrus fulvidraco*	S4	1	18.0	53.0	71.3	0.430	11.1	1.50	1.32	0.013	241	6.19	1.75
鲶鱼（M）	*pelteobagrus fulvidraco*	S2	10	17.2	39.9	75.8	0.437	10.3	0.579	0.438	0.005	39.2	1.86	0.734
中国对虾（M）	*Penneropenaeus chinensis*	S7	45	11.0	7.60	75.7	5.23	11.2	0.219	0.104	0.003	6.81	2.68	0.454
辫子鱼（M）	*platycephalus indicus*	S7	1	26.0	86.0	77.1	0.346	9.86	0.316	0.351	0.003	18.0	0.105	1.16
比目鱼（S）	*Pleuronectiformes heterosomata*	S7	4	20.4	52.0	73.5	0.777	9.63	0.549	0.269	0.004	15.9	1.96	1.00
比目鱼（S）	*Pleuronectiformes heterosomata*	S6	40	13.0	11.8	76.7	0.309	6.85	0.175	0.691	0.001	94.2	6.25	0.286
梭子蟹（L）	*Portunus trituberculatus*	S6	3	—	367	76.3	9.08	17.7	0.284	0.319	0.140	18.4	6.23	1.76
梭子蟹（S）	*Portunus trituberculatus*	S7	24	—	27.9	69.4	14.7	15.5	0.309	0.596	0.016	68.8	68.9	1.46
毛蚶（S）	*Scapharca subcrenata*	S6	21	—	17.0	76.5	0.594	13.3	0.634	0.586	0.047	120	2.29	0.680
鲶鱼（S）	*Silurus asotus*	S1	1	36.0	272	63.9	0.689	13.5	0.462	0.172	0.009	15.5	0.858	0.747
鲶鱼（M）	*Silurus asotus*	S1	1	49.0	875	61.3	0.773	13.1	0.369	0.200	0.005	21.7	1.61	0.484
鲶鱼（S）	*Silurus asotus*	S2	1	49.5	707	62.8	0.868	14.0	0.574	0.220	0.003	19.9	0.376	0.557
鲶鱼（L）	*Silurus asotus*	S2	1	71.0	2357	58.4	0.801	11.9	0.386	0.397	0.001	24.1	0.037	0.515
黑鲷（S）	*Acanthopagrus schlegelii*	S8	2	12.3	32.5	73.9	0.914	12.6	0.447	0.488	0.008	28.8	5.41	1.79
光鱼（S）	*Zoarces slongatus*	S8	26	14.5	22.3	75.3	0.693	17.8	0.451	0.445	0.003	18.6	7.23	1.08
光鱼（S）	*Zoarces slongatus*	S2	2	12.8	15.0	71.3	0.579	16.0	0.718	0.540	0.008	38.0	3.66	0.698
光鱼 M）	*Zoarces slongatus*	S7	40	18.0	40.9	76.9	0.166	5.90	0.198	0.458	0.002	15.5	1.11	0.222
平均值							4.10	15.4	1.09	1.55	0.026	324.3	9.75	2.45
范围							0.150~24.9	5.90~59.8	0.008~5.90	0.104~17.0	0.009~0.298	6.81~2750	0.037~68.9	0.192~14.6

注：S 表示小个体；M 表示中等个体；L 表示大个体。

　　铜是生物体内几种酶的重要组成部分，也是合成血红蛋白不可缺少的组分（Sivaperumal et al.，2007），然而，当生物或人体摄入过量的铜可能会造成不良的健康问题。由表 7-2 可以看出，有 14 个样品（占样品总数的 22.6%）的铜含量超出了标准限值（Wei et al.，2001）。实验发现，铜元素似乎容易被一些物种吸收，例如，毛蟹（*Eriocheir sinensis*）（个体较大，S1 采样点）的铜含量最高，数值达到 24.9mg·kg^{-1}（以湿重计），其他采样点和不同大小个体毛蟹的铜含量也非常高。乌贼（*Loligo beka Sasaki*）和梭子蟹（*Portunus trituberculatus*）对铜的富集能力较强，其平均含量分别为 15.5mg·kg^{-1} 和 11.9mg·kg^{-1}（以湿重计）。

　　样品中锌含量范围为 5.90～59.8mg·kg^{-1}（以湿重计），平均含量为 15.4mg·kg^{-1}。所有样品的锌含量均超出了标准限值（Wei et al.，2001）。海螺（*Busycon canaliculatu*）的肌肉组织（采样点 S7）的锌含量最高，达到了 59.8mg·kg^{-1}；采样点 S3 或 S5 处的鲫鱼（*Carassius auratus*，中等个体）、采样点 S3 处的武昌鱼（*Megalobrama amblycephala*，小个体）、S7 处的口虾蛄（*Oratosquilla oratoria*，中等个体），它们的锌含量分别为 18.4mg·kg^{-1}，30.9mg·kg^{-1}，26.2mg·kg^{-1} 和 23.6mg·kg^{-1}（以湿重计）。

　　有研究表明，铬在鱼体内一般不富集（Wei et al.，2001），然而，本次实验中发现所有样品铬含量都非常高，有 22 份样品（占样品总数的 35.5%）的铬含量超过了中国水产品铬的标准限值。除 S4 处大个体的梭鱼铬含量最高外（17.0mg·kg^{-1}，以湿重计），S3 处中等个体的鲫鱼、S4 处和 S5 处中等个体的梭鱼，以及 S3 处中等个体的武昌鱼都对铬元素表现出较强的富集能力，含量分别为 5.01mg·kg^{-1}、6.21mg·kg^{-1}、9.22mg·kg^{-1} 和 2.67mg·kg^{-1}（以湿重计）。

　　镉是一种具有高毒性的重金属，即使处于含量低于 1mg·kg^{-1} 的情况下也会引发慢性中毒（Friberg et al.，1971）。本次研究样品的镉浓度范围为 0.002～1.76mg·kg^{-1}（以湿重计），或为 0.0006～0.298mg·kg^{-1}（以干重计）。大约 8.06%样品的镉含量超过了中国水产品镉标准限值（Wei et al.，2001）。镉含量最高的样品为 S6 处的乌贼，此外，S6 处和 S7 处的海螺肉、S6 处大个体的口虾蛄、S7 处小个体的口虾蛄、S6 处大个体的梭子蟹镉含量都较高，它们的含量分别为 0.172mg·kg^{-1}、0.220mg·kg^{-1}、0.112mg·kg^{-1}、0.107mg·kg^{-1} 和 0.140mg·kg^{-1}（以湿重计）。

　　铅为人体非必需的元素，它是历史和当前世界上一种常见的污染物（Squadrone et al.，2013）。澳大利亚国家卫生和医学研究委员会提出生物体铅的最高限值为 9.6mg·kg^{-1}（以湿重计）（Bebbington et al.，1977；Plaskett and Potter，1979）。中国水产品中铅的评价标准为低于 1.0mg·kg^{-1}（以湿重计）（Wei et al.，2001）。本研究结果发现有 18 个样品（占样品总数的 29.0%）铅含量超过这个限值。所有样品中，S4 处的梭鱼（*Chelon haematocheilu*，大体积）铅含量最高，达到 5.90mg·kg⁻¹（以湿重计）；另外，铅在其他采样点或不同大小个体的梭鱼中都呈现较高含量。S3 处和 S4 处的武昌鱼铅含量也相对偏高，浓度分别为 3.45mg·kg⁻¹ 和 1.96mg·kg⁻¹（以湿重计）；实验还发现 S3 采样点中等个体的鲢鱼（*Hypophthalmichthys molitrix*）和鲫鱼（*Carassius auratus*）对铅有较高富集能力，体内铅含量分别为 3.33mg·kg⁻¹ 和 2.31mg·kg⁻¹（以湿重计）。

锰元素属于低毒性金属，因此，水产品没有对鱼类的锰含量进行限值（Rahman et al.，2012），铁和镍也没有含量限值。如表 7-2 所示，S7 处小个体的梭子蟹锰含量最高（68.9mg·kg⁻¹，以湿重计）。S3 处中等个体的鲢鱼、S4 或 S5 处中等个体的梭鱼、S4 处大个体的梭鱼都对锰元素表现出较强富集能力，含量分别为 35.8mg·kg⁻¹、43.1mg·kg⁻¹、36.9mg·kg⁻¹ 和 49.4mg·kg⁻¹（以湿重计）。S4 处中等个体的梭鱼铁含量最高，达到 2750mg·kg⁻¹（以湿重计），S4 处其他不同个体的梭鱼和中等个体的鲢鱼铁含量也非常高，都超过了 1500mg·kg⁻¹（以湿重计算）。

采样点 S4 和 S5 处的镍元素含较高，其中，S4 处大个体的梭鱼镍含量最高，为 14.6mg·kg⁻¹（以湿重计），其他采样点或不同个体的梭鱼镍含量也非常高。此外，镍含量较高的生物还有 S3 处中等个体的鲢鱼（7.21mg·kg⁻¹，以湿重计）和中等个体的鲫鱼（4.97mg·kg⁻¹，以湿重计）。

不同生物体之间的重金属含量存在显著差异（表 7-2），部分物种对特定重金属表现出极强的富集能力。总体而言，梭鱼对铅、铬、铁、锰和镍元素的生物富集能力较强，这可能与梭鱼的底栖摄食行为有关，因为大部分重金属在食物链中的传递路线为沉积物—底栖动物—底栖肉食性动物（Yi et al.，2011），而梭鱼生活于河流的底部，以摄食底栖硅藻和沉积物中的有机碎屑为主，因此，这类物种的重金属含量显著高于其他物种。类似现象也发现于其他底栖动物，如毛蟹和梭子蟹，这两种物种均表现出较高的富集铜、镉和锰的能力。海螺、乌贼和口虾蛄对锌和镉表现出高富集能力。鲫鱼和武昌鱼对锌、铅、铬、铁和镍富集能力较强。鲢鱼具有较强的富集铅、铁、锰和镍的能力。

7.4 重金属相关性分析与主成分研究

表 7-3 对生物样品中重金属含量之间的相关性进行了总结，实验发现很多重金属之间存在显著或极显著正相关，如铜-镉、铅-铬-镍、铅-铁、铬-铁、铁-锰-镍，表明研究区域中这些重金属元素可能有相同的污染来源和类似的扩散行为。虽然不同采样点（如 S1～S5 处）沉积物中相同重金属含量之间无显著差异（表 7-1），然而这些采样点的不同生物体中重金属含量却存在显著差异，相关性分析结果也表明生物的个体大小与其重金属含量并无显著相关性。因此，物种之间

重金属的差异性不能归因于某个单一因素。例如，即使在同一采样点的相同物种，其重金属含量也存在较大差异，这可能是不同生物间摄食行为差异及其他因子所致（Mormede and Davies，2001；Watanabe et al.，2003）。

表 7-3　生物样品中重金属相关性分析

元素	铜	锌	铅	铬	镉	铁	锰	镍
铜	1.00							
锌	0.277	1.00						
铅	−0.188	−0.015	1.00					
铬	−0.118	0.004	0.823**	1.00				
镉	0.491**	0.721**	−0.062	−0.036	1.00			
铁	−0.160	−0.090	0.958**	0.864**	−0.112	1.00		
锰	0.208	−0.109	0.647**	0.558**	−0.079	0.693**	1.00	
镍	−0.056	−0.035	0.902**	0.843**	−0.055	0.934**	0.682**	1.00
重量	−0.204	−0.266	−0.050	0.028	−0.163	0.014	−0.102	−0.019

** 在 $\alpha=0.01$ 水平上显著相关。

　　主成分分析结果中共提取了三个特征值都大于 1 的主成分，它们共反映全部变量 89.02%的信息（表 7-4）。第一主成分的贡献率为 53.01%，表现在对铅、铬、铁、锰和镍元素上有较高的正载荷，结果与相关性分析比较一致。基于这些元素的相关性及元素特点，研究区域中第一主成分代表地球化学背景来源及人为活动污染来源。因为锰元素和铁元素在海洋沉积物地球化学中的背景值较高，这两种元素来源可能与该地区地球化学演变有关（DelValls et al.，1998；Loska and Wiechula，2003）；铬元素主要来自化工的污水排放，第一主成分中铅的来源应该与化石燃料的燃烧有关（Sadiq，1992），因为矿产开采和化石燃料的燃烧，尤其是煤炭的燃烧，是水体中铅、镍等元素的主要来源（Loska and Wiechuła，2003）。重金属铅、铬、铁、锰和镍之间存在显著正相关，相关系数从 0.558~0.958，这一高的相关性及它们在第一主成分中高的正载荷，都表明了它们有类似的污染来源。第二主成分的贡献率为 23.33%，在锌和镉上有较高载荷，这一主成分主要体现了金属加工制造（如锌）、化工或燃烧污染（如镉）。第三主成分占总变量的 12.68%，它对铜有较高的正载荷，这一主成分主要表征了冶金工业污染来源。基于以上主成分分析的结果，建立了几个不同来源的污染途径，如地球化学背景污染来源（如铁、锰）、工业排放（如铜、铬、镍和锌），以及化石燃料的燃烧（如镉和铅）。

表 7-4　黄河和莱州湾生物样品中重金属主成分分析

元素	第一主成分	第二主成分	第三主成分
铜	−0.097	0.210	**0.939**
锌	−0.011	**0.927**	−0.031
铅	**0.963**	0.035	−0.109
铬	**0.910**	−0.016	−0.100
镉	−0.038	**0.873**	0.280
铁	**0.980**	−0.065	−0.058
锰	**0.756**	−0.114	0.477
镍	**0.962**	−0.007	0.024
特征值	4.24	1.87	1.01
贡献率/%	53.01	23.33	12.68

多元线性回归方程为 $\sum 8HMs=0.984\ PC1-0.044\ PC2-0.029\ PC3$（$r=0.985$），因此，经过量化后可知，样品中重金属主要来源是第一主成分，占 93.1%，即开矿、化石燃料、化工和地球化学背景来源，从第一主成分可以看出，综合来源的环境污染通过食物链的传递将环境中各渠道污染物汇总体现于生物体上，因此，生物体的污染是对整体环境污染进行了整合后的集中体现。第二主成分占污染来源的 4.16%，即金属加工制造和电镀。第三主成分贡献率为 2.74%，即冶金行业的污染。

7.5　生物样重金属分布聚类分析

生物体内重金属的积累主要与几个因素相关，包括摄食习惯和觅食行为（Obasohan and Oronsaye，2004）、生物体大小和质量（Jezierska and Witeska，2001）、水体及土壤等的理化特征、生物体对水体重金属负荷的适应能力等（Ip and Altidag，2005；Shah and Altindag，2005）。基于生物体的重金属含量，采用 R 型层次聚类分析，使具有共同特征的变量聚在一起。本研究主要对样品物种类型、采样点位置和生物个体大小等变量进行分类，以确定这些变量之间的距离亲疏。图 7-1 是层次聚类分析的树形图（dendrogrm），共显示了 9 个集群，从图中可以直观看出整个聚类的过程和结果。结果表明，除有些具有相同变量的样本距离较近外，一些不具有相同变量的样本也有较近的距离；同时也发现，有些具有相同变量的样本也存在较远的距离，分析结果未能发现明确的样本归类。因此，生物样本重金属含量的高低不能归类于某单一因子，而是综合因素的影响结果，如受到物种类别、生物个体大小、生存环境的异质性和生物特定的摄食行为特征等因素影响。

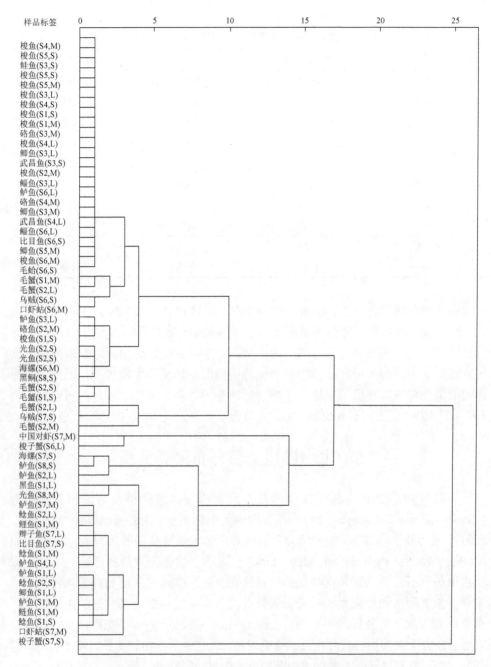

图 7-1　黄河与莱州湾生物样品重金属分布的聚类分析

小个体：(small-size，S)；中等个体：(middle-size，M)；大个体：(large-size，L)

7.6　小　　结

（1）通过对采自中国黄河及莱州湾 62 个水生生物样本的重金属含量（铜、锌、铅、铬、镉、铁、锰和镍）分布规律进行研究分析，结果显示，不同样本间重金属含量存在显著差异，特定样本重金属的浓度取决于物种类型、生物个体大小、不同的生存环境和摄食行为等综合因素，一些物种对特定重金属表现出极强的富集能力。

（2）多变量分析结果表明了重金属之间的相关性和不同重金属的污染来源，主成分分析、多变量线性回归分析及相关性分析揭示了重金属污染主要来自于地球化学背景值、化石燃料燃烧、金属冶炼和化工产业等。

（3）与其他文献报道结果相比，本研究样本中铜、锌、铅、铬和镉的平均浓度相对偏高，其中 22.6%的样本中铜的含量超出了中国水产品标准限值，所有样品的锌含量都超出标准限值，8.06%的生物样的镉含量超出中国水产品标准限值，铅超出标准限值的比例为 29.0%，生物样品中铬含量很高，有 35.5%的样本超出我国水产品标准限值。

第8章 不同环境介质中污染物的环境行为和交换规律研究

引 言

本章研究了黄河入海口不同介质中的污染物的分布特征，分析了污染物在介质中的迁移转化行为和归宿趋势，探讨了黄河入海口区域污染物在水相和沉积物相之间的交换分配规律、富集行为和特征。

8.1 不同环境介质中有机氯农药的环境行为和交换规律研究

8.1.1 概述

本节研究了黄河入海口不同介质中的 HCH 和 DDT 的分布特征，分析了 OCPs 在介质中的迁移转化行为和归宿趋势，以明确黄河入海口区域 OCPs 在水相和沉积物相之间的交换分配规律。

8.1.2 不同介质中有机氯农药的含量比较

本研究对黄河入海口土壤、水体、表层沉积物、沉积柱中有机氯农药的百分含量进行了比较（图 8-1），结果发现，β-HCH 在四种介质中含量均较高，这表明 β-HCH 是黄河入海口区域最主要的有机氯农药，这可能与该区域过去大量使用 HCH 有机氯农药有关。β-HCH 与其他异构体相比，具有低蒸气压和不易降解特点（Willett et al.，1998）。由于 α-HCH 和 γ-HCH 具有相对较高的蒸汽压力（Li et al.，2001a），因此在环境中更不稳定，在沉积物中更容易消失，而且，α-HCH 和 γ-HCH 在环境中可以转换为 β-HCH（Walker et al.，1999），因此，在本区域中 β-HCH 普遍存在于不同介质中。另外，在水体中，β-HCH 百分含量最高，这是因为 β-HCH 与其他有机氯农药相比，水溶性较低（Li et al.，2002）。由于水体与外界交换频繁，外界不同介质中的农药经过水流冲刷、大气沉降，或者是水体受到生物扰动，导致水体中 β-HCH 含量升高。

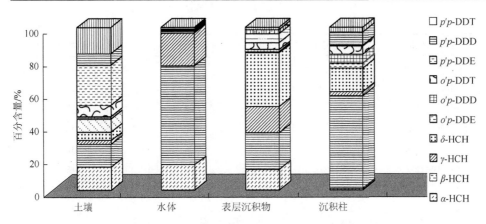

图 8-1　不同介质中有机氯农药的百分含量比较

8.1.3　有机氯农药的环境行为和归宿分析

在表 8-1 中列出了一部分有机氯农药在土壤、沉积物和水体中的浓度富集能力。从表 8-1 中可以看出，沉积物和土壤中 DDT 类有机氯农药的浓度要比水体中的浓度高，而水体中 HCH 的浓度要略高于沉积物和土壤中，可能主要是因为 HCH 类有机氯农药具有亲水性的特征，它们很容易与水体中的水溶性脂肪类化合物和有机碳进行结合而残留于水体中（罗雪梅等，2005）。将沉积物、土壤中的有机氯农药的含量与水中的浓度进行比较（由于水体中的有机氯农药浓度相对最小，所以以水体浓度为基准值1），比较发现（表 8-1），沉积物中的有机氯农药含量要比土壤、水体中的有机氯农药含量高，这表明有机氯农药在沉积物中的富集能力要大于在土壤和水体中的富集能力，这可能是有机氯农药在不同介质中的脂溶性不同导致的差异。沉积物和土壤中，DDT 类有机氯农药的富集能力一般强于 HCH 类有机氯农药，这可能是因为受到它们的辛醇-水分配常数和水溶解度影响。土壤中的有机质较容易吸附辛醇-水分配常数较大而水溶解度相对较小的有机氯农药，因此在土壤中的 DDT 类农药富集能力相对较强。

表 8-1　不同介质中有机氯农药的浓度和富集因子

有机氯农药	土壤/(ng·g^{-1})	水体/(ng·L^{-1})	表层沉积物/(ng·g^{-1})
α-HCH（Con.）	0.14	2.24	2.52
β-HCH（Con.）	0.14	8.67	4.37
γ-HCH（Con.）	0.02	2.85	3.16
δ-HCH（Con.）	0.05	0.15	6.4
$o'p$-DDE（Con.）	0.08	0.06	0.11

有机氯农药	土壤/(ng·g⁻¹)	水体/(ng·L⁻¹)	表层沉积物/(ng·g⁻¹)
o'p-DDD（Con.）	0.014	0.05	0.29
o'p-DDT（Con.）	0.07	0.07	0.8
p'p-DDE（Con.）	0.24	0.03	1.09
p'p-DDD（Con.）	0.07	0.09	0.52
p'p-DDT（Con.）	0.16	0.06	0.32
α-HCH（CF）	0.06	1	1.13
β-HCH（CF）	0.02	1	0.50
γ-HCH（CF）	0.007	1	1.11
δ-HCH（CF）	0.33	1	42.67
o'p-DDE（CF）	1.33	1	1.83
o'p-DDD（CF）	0.28	1	5.8
o'p-DDT（CF）	1	1	11.43
p'p-DDE（CF）	8	1	36.33
p'p-DDD（CF）	0.78	1	5.78
p'p-DDT（CF）	2.67	1	5.33

据文献（李永红，2000）报道，有机污染物在环境生物中的富集路线为水体—浮游植物—浮游动物—小型鱼类—大型鱼类—人体；还有一条通过陆地生物食物链传递和累积的方式是土壤—农作物—人体。陆生食物链富集途径比水生食物链途径要短得多，而且人类对粮食、蔬菜等作物方面的需求量要超过鱼类等水产品的需求量，因此，尽管有机氯农药在土壤中的富集能力小于沉积物，但土壤中有机氯农药对人类的影响不可忽视。

Li 等（2005b）对北极地区 OCPs 进行了报道，分析了北极地区环境介质和生物体中 OCPs 的来源和迁移途径，研究认为北极区域不同环境介质中的 OCPs 大部分是随着气流从较远的污染源迁移过来，而且在北极不同介质中农药量的检测值较高，他们认为一方面是过去使用量大，另一方面，在低温下有机氯农药降解的半衰期大大延长，所以当这些 OCPs 从纬度低的区域迁移到纬度高的北极地区之后，就成了北极区域一类"新"污染物。有研究者（Wania and Mackay，1996）曾报道了持久性有机污染物随着纬度的增高和气温的下降，它们常常迁移到纬度高、气候寒冷的地带，这可能与这些污染物具有较高的辛醇-空气的分配常数 K_{OA}（表征持久性有机污染物在陆地上的分配倾向）、蒸气压或空气-水分配常数 K_{OW}（表征持久性有机污染物在海洋中的分配倾向），如表 8-2 所示。Wania（1996）认为，如果 $10^8 < K_{OA} < 10^6$，表明该有机物易挥发；如果 $10^{10} < K_{OA} < 10^8$，则表明该

有机污染物不易挥发。在温度较高的低纬度区域环境介质中的有机污染物非常容易吸附于大气颗粒中，然后随着大气颗粒物被大气流迁移到纬度较高的区域，当温度下降时，这些污染物将伴随着大气颗粒物从高空中"冷凝"沉降到土壤、水体、沉积物等介质中，所以，在高纬度区域也检测到了这些有机物的存在。因此，高纬度地区环境介质往往成为有机污染物最后的落脚点，也就是它们最终的归宿地。另外，Wania（1996）还认为，不同的蒸气压也影响着污染物的冷凝挥发，当蒸气压高于 1Pa，POPs 不冷凝；当蒸气压大于 0.01Pa 而低于 1Pa 时易在零下 30℃左右的高纬度极地地区冷凝；当蒸气压大于 0.0001Pa 而低于 0.01Pa 时则易于在温度 0℃以上的中纬度地区冷凝；而当蒸气压小于 1×10^{-4}Pa 的持久性有机污染物通常不容易挥发。Wania（1996）研究发现，所有的有机氯农药（灭蚁灵除外）都具有或多或少的挥发性和移动性，随着气候、时间等外界条件发生改变，这些污染物从污染源开始挥发和移动，然后在全球区域进行着污染量的重新分配和分布。

表 8-2　部分 OCPs 的蒸气压（P_L）、辛醇-空气分配常数（K_{OA}）、冷凝温度（T）、辛醇-水分配常数（K_{OW}）水及溶解度（S）

项目	lg（P_L/Pa）	lg（K_{OA}）	T/℃	lg（K_{OW}）	S（g·L^{-1}）
α-HCH	−0.7	6.9	−40		
δ-HCH	−1.67			3.70	7.9×10^{-6}
γ-HCH	−1.2	7.7	−30		
p'p-DDT	−3.3	8.7	13	6.36	3.1×10^{-6}
p'p-DDD	−3.0	8.9	7	5.99	2.0×10^{-5}
p'p-DDE	−2.5	8.4	−2	5.69	4.0×10^{-5}
狄氏剂	−2.0	7.4	−11	—	1.95×10^{-4}
艾氏剂	−3.09	—		—	1.7×10^{-5}
异狄氏剂	−4.57	—		—	2.6×10^{-4}

　　研究发现，黄河入海口不同环境介质中所检出的有机氯农药都可能是由原来施用于环境中的有机氯农药在环境介质中进行着不间断的多次分配所导致，例如，沉积物中的有机氯农药可与水体间的有机氯农药进行交换，而水体中的农药也会与大气中的农药进行交换，土壤中农药也与大气中的农药发生交换等，而大气中农药也会随着大气流的运动迁移扩散到其他地区，也可能是黄河入海口不同环境介质中测得的有机氯农药来自于其他不同污染源所在地的农药迁移分配所致，而随着大气流运动发生迁移的有机污染物也可能随着时间的推移逐渐迁移到南北两极区域，或者全球其他区域，由此逐渐影响着全球不同区域的

生态环境系统。

8.1.4　有机氯农药在水体-沉积物间的交换规律

环境介质中的有机化合物能够在不同的环境介质单元发生迁移行为，然后在不同介质中进行动态分配，当分配到一定程度，最后按照一定的浓度比例留在不同环境介质中维持动态平衡（陈华林，1998）。因此，可以通过研究污染物在不同环境介质间的相互联系，进而研究有机污染物在环境介质间的迁移转化行为。利用数学模型来模拟环境污染物在环境介质中的分配、迁移和转化过程，然后定量评价污染物的行为。现在使用比较广泛的是 Mackay 等（1983）提出的逸度方法，用于对有机污染物在环境中的归宿行为进行模拟和预测。本书中，利用多介质逸度模型方法分析了有机氯农药在环境中的行为过程，对黄河入海口区域有机氯农药在水体相和沉积物相间的交换和分配规律予以分析。

逸度容量 Z，通常指的是在给定逸度条件下某个环境介质最大限度地接受污染物的能力大小。

水相：
$$Z_W = 1/K_H \tag{8-1}$$
$$f_W = C_w/Z_w \tag{8-2}$$

沉积物相：
$$Z_S = P_{SOC} K_{OC}/K_H \tag{8-3}$$
$$f_s = C_s/Z_s \tag{8-4}$$
$$ff_{sw} = C_S/(C_S + C_W P_{SOC} K_{OC}) \tag{8-5}$$

式中，Z 为逸度容量；K_H 为亨利常数；P_{SOC} 为沉积物中有机碳百分含量；K_{OC} 为有机碳吸附系数；C_w 为水中污染物浓度；C_s 为沉积物中污染物浓度；ff 为逸度商，用来评估污染物在不同介质间的逃逸平衡规律。若逸度商等于 0.5，意味着污染物在两相间保持平衡，若逸度商＞0.5 意味着污染物将从沉积相逃逸到水相中，若逸度商＜0.5 意味着污染物将由水相开始逐渐向沉积相中逃逸（王莘，2013）。

图 8-2 归纳了黄河入海口区域 HCH 和 DDT 类农药在水-沉积物两相间的 ff，由图可知，黄河入海口区域 HCH 类农药在水相和沉积相间的逸度商几乎没有表现出一定的分布规律性。除采样点 4、8、23（这些采样点靠近岸边）污染物由沉积相向水相释放，其余大部分采样点基本上表现为水中 HCH 向沉积物中沉积。这三个点靠近岸边，污染物由沉积相向水相释放，推测可能是受到岸边人类活动扰动的影响。从图 8-2（a）可以看出 DDT 类农药释放规律，在 34 个采样点中有 7 个采样点表现出污染物由沉积相向水相释放，这 7 个采样点主要集中在近岸和池塘中，可能是生物扰动导致的再释放。另外，也有部分点逸度商接近 0.5，表明

DDT 含量在水相与沉积相间总体上趋于平衡状态，其他采样点（分布于湿地采样区）表现为 DDT 类农药由水相向沉积相中沉积，这个结论类似于大凌河流域 DDT 释放规律（王莘，2013）。

8.1.5　小结

　　以上分析了黄河入海口不同介质中的 HCH 和 DDT 的分布特征，探讨了 HCH 和 DDT 在环境中的迁移分配规律和行为归宿，总结了黄河入海口区域 HCH 和 DDT 在水体和沉积物两相间的交换规律。通过分析 HCH 和 DDT 的分布特征，发现 β-HCH 是黄河入海口区域存在的最主要的有机氯农药。通过分析有机氯农药在环境中的迁移行为和归宿，发现黄河入海口不同环境介质中测得的有机氯农药来源，即环境中施用的有机氯农药在各环境介质中进行着不间断的分配所导致，也可能是黄河入海口不同环境介质中测得的有机氯农药来自于其他不同污染源区域的农药迁移分配所致。通过分析 HCH 和 DDT 在水体-沉积物间交换规律可知，黄河入海口区域 HCH 易从水相向沉积相沉降，而 DDT 则易于由沉积相向水相逃逸。

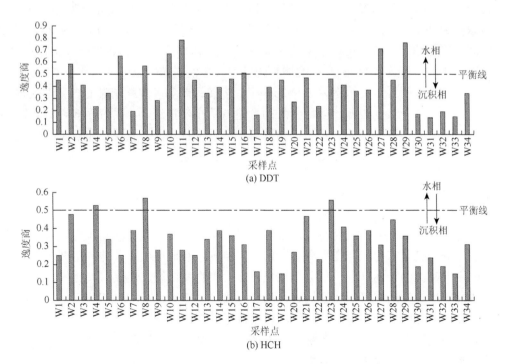

图 8-2　HCH 和 DDT 在水相和沉积相间的逸度商

8.2　土壤和沉积物中典型有机污染物的环境行为研究

8.2.1　概述

本节综合了本书中涉及的多环芳烃、多氯联苯和多溴联苯醚的主要研究结果，从含量、空间分布、污染源及潜在风险等方面，对三种典型有机污染物在黄河三角洲的赋存特征、分布规律、输入和迁移途径及其对人体和生态系统的风险等行为特征进行探讨和总结。

8.2.2　赋存特征

本研究涉及的所有多环芳烃在黄河三角洲自然保护区土壤中均有检出，但对于多溴联苯醚，只在研究区域土壤中检测到 14 种。对于黄河入海口的沉积物，只有 1 种多环芳烃在其中未检出，而有 12 种多氯联苯和 30 种多溴联苯醚没有被检出。土壤中检测到的多环芳烃浓度之和介于 87.2~319ng·g^{-1} 之间，平均浓度为 133ng·g^{-1}；检测到的多溴联苯醚浓度之和介于"未检出"和 0.732ng·g^{-1} 之间，平均浓度为 0.142ng·g^{-1}。沉积物中检测到的多环芳烃浓度之和介于 116~318ng·g^{-1} 之间，平均浓度为 215ng·g^{-1}；检测到的多氯联苯浓度之和介于 0.771~1.39ng·g^{-1} 之间，平均浓度为 1.14ng·g^{-1}；检测到的低溴代多溴联苯醚浓度之和介于 0.482~1.067ng·g^{-1} 之间，平均浓度为 0.690ng·g^{-1}。多氯联苯和多溴联苯醚的含量都大致处于同一个数量级，但却比多环芳烃的含量低两个数量级。将研究区多环芳烃、多氯联苯和多溴联苯醚的含量与国内外其他区域进行对比后发现：本研究区域这三种典型有机污染物在世界范围内均处于较低的污染水平。

8.2.3　输入途径

基于前几章的分析已经得知，多环芳烃既可以来源于人类活动也可以来源于自然活动，到目前为止，在世界范围内仍然持续不断地产生；黄河三角洲多环芳烃的主要来源为石油开采、机动车尾气排放、生物质燃烧、燃煤、天然气，以及煤焦油的生产活动，可以通过地表径流和直接排放等途径直接将部分污染源所产生的多环芳烃输入陆地和水体系统，也可以通过大气传输和干湿沉降的方式将多环芳烃间接输入陆地和水体系统；由于多环芳烃具有疏水性和亲脂性，它们在陆地和水体系统中又会进一步富集于土壤和沉积物中。然而，多氯联苯和多溴联苯醚都是人工合成的有机物，没有自然来源，到目前为止，二者已经被禁止或限制生产和使用。黄河三角洲的多氯联苯和过去使用的多氯联苯商品有关，而多溴联苯醚不仅与多溴联苯醚商品的使用和大气传输过程有关，还来源于高溴代联苯醚的降解和脱溴作用。

8.2.4　迁移和潜在风险

　　土壤和沉积物是多环芳烃、多氯联苯和多溴联苯醚这三类典型有机污染物在环境中重要的储存库，有机物在土壤和沉积物中可以通过食物链进行进一步的生物累积和放大，进而影响人类健康。在一定条件下，沉积物中的这些有机物可以通过再悬浮作用重新进入水中（Mackay，1989；Raccanelli et al.，1989；Song et al.，2005；Sofowote et al.，2008），而土壤中的这些有机物可以通过挥发、淋滤和迁移作用重新进入大气和地下水（Gevao et al.，1997；Cousins et al.，1999）。由于有机物在土壤和沉积物中的上述迁移和生物富集行为，人类与生态系统暴露在有机物中的途径增加，这些有机物对人类和生物体产生负面效应的可能性也在增加，因而需要对它们的毒性和风险进行估算和评价。经研究发现，二苯并[a, l]芘、二苯并[a, e]芘、二苯并[a, i]芘和二苯并[a, h]芘四种二苯并芘的同分异构体是黄河三角洲多环芳烃的主要毒性贡献物；而沉积物中多氯联苯毒性的主要贡献物是PCB126；人类可能会通过摄食、皮肤接触及吸入土壤颗粒物三种方式暴露于土壤所含的多溴联苯醚中。经估算，黄河三角洲土壤中的多溴联苯醚通过以上三种途径对人类产生的风险很低；而对于沉积物，尽管其中一个采样点所含的 BDE99含量超过了风险阈值，但从整体来看，黄河三角洲沉积物中多溴联苯醚对水生生物产生生态风险的可能性很低。

8.2.5　小结

　　本节从含量、空间分布、污染源及潜在风险这些方面，对多环芳烃、多氯联苯和多溴联苯醚三种典型有机污染物在黄河三角洲的赋存特征、分布规律、输入和迁移途径及其对人体和生态系统的风险等行为特征进行了探讨和总结。多氯联苯和多溴联苯醚的含量都大致处于同一个数量级，但却比多环芳烃的含量低两个数量级。将研究区域多环芳烃、多氯联苯和多溴联苯醚的含量与国内外其他区域进行对比后发现，本研究区域这三种典型有机污染物在世界范围内均处于较低的污染水平。黄河三角洲的多氯联苯和过去使用的多氯联苯商品有关，而多溴联苯醚不仅与对多溴联苯醚商品的使用和大气传输过程有关，还来源于高溴代联苯醚的降解和脱溴作用。黄河三角洲沉积物中多溴联苯醚对水生生物产生生态风险的可能性很低。

8.3　黄河三角洲重金属元素地球化学行为

8.3.1　概述

重金属进入水生生态系统后，分配于水生生态系统的各个组成中，产生各种生态效应。生物体内重金属累积到一定含量后会出现不同程度的毒害表现，整个生态系统也会遭受一定破坏。重金属是水体中重要的污染物指标，因此，研究水生生态系统时，重金属污染的研究显得格外重要。

沉积物作为水体环境中重金属等污染物的主要储存地，保留了流域天然信息和人为作用对环境的影响（袁浩等，2008），因此，对河流或海洋沉积物进行客观研究有重要意义，除了能了解其本身的污染现状外，还可以预测其存在的环境风险程度，以及揭示它与底栖或近底栖生物群落之间的对应关系，因为底栖生物群落受到沉积物的影响较大，众多底栖生物都直接或间接摄食沉积物中的有机成分，因此，沉积物对水生生态系统及人类的影响逐渐受到广泛关注（Salomons et al., 1987）。

土壤是地球上生命活动不可缺少的物质，是重要的环境要素，具有吸附、分解、中和、降解污染物的功能，是物质循环的重要环节和物质地球化学循环的储备库。它与其他环境介质不断进行能量与物质交换，从而形成了土壤的生物地球化学循环（郭巨权等，2013）。因此，本课题以重金属污染物为例，对研究区域重金属的污染状态、重金属在各介质中的分布规律及随着物质循环所产生的富集效应等方面进行了研究，为该保护区的进一步保护、开发利用提供参考。

8.3.2　重金属在各介质中的分布规律

表 8-3 对本研究区域采集的样品（主要包括黄河表层水样、黄河沉积物、黄河沉积柱、黄河三角洲国家自然保护区表层土，以及黄河和莱州湾水域的生物样品）的重金属分布进行了统计分析，结果显示重金属在各环境介质中含量分布存在较大差异性。显而易见，水中可溶性重金属浓度最低，沉积柱中各金属含量都很高，铜、锌、铬、锰和镍的含量明显比其他样品高。沉积柱代表过去较长时期内对环境污染物含量的富集情况，本课题研究沉积柱的年龄为 87 年，时间跨度为 1925～2012 年，总体来看，过去 87 年的污染程度比近年严重。黄河 21 份沉积物重金属中，沉积物中镉的含量明显高于水体、土壤、沉积柱和生物体，说明近年来由水体引入的镉污染有增加趋势。黄河三角洲 46 份地表土的铅和铁含量明显高于水体、沉积物、沉

积柱和生物体, 显示了黄河三角洲土壤在形成过程中或形成后这两种重金属污染最为严重。由于生物富集作用, 生物样品中铜、锌和镉的含量较高。

表 8-3　黄河三角洲各环境介质中重金属含量分布特征

项目		铜	锌	铅	铬	镉	铁	锰	镍
黄河 21 份表层水样	最小值	1.82	3.78	0.066	0.286	0.019	6.46	0.441	0.996
	最大值	7.00	22.5	0.985	1.58	0.066	46.9	1.89	2.89
	平均值	3.49	9.10	0.289	0.916	0.055	19.5	0.954	1.45
	标准差	1.06	4.82	0.236	0.357	0.012	10.02	0.298	0.457
黄河 21 份沉积物	最小值	11.4	44.1	16.9	38.8	0.220	29170	396	15.6
	最大值	37.0	94.1	37.2	113	0.262	44565	973	40.7
	平均值	20.2	56.9	25.3	58.8	0.244	36755	514	23.5
	标准差	8.09	12.1	6.4	15.1	0.123	3595	126	4.94
沉积柱	最小值	18.3	51	17.8	45.5	0.201	16500	388	24.8
	最大值	38.5	107	53.9	116	0.272	31700	1020	47.2
	平均值	26.9	76.4	37.3	84.7	0.230	24000	709	36.1
	标准差	5.15	13.4	10.1	16.4	0.020	4230	185	5.25
黄河三角洲 46 份地表土	最小值	7.22	20.1	5.21	6.36	0.001	28243	49.2	4.07
	最大值	33.5	98.4	301	178	0.619	54489	768	49.3
	平均值	19.4	65.2	38.4	55.9	0.078	41547	510	27.5
	标准差	4.88	19.5	40.9	23.0	0.088	5734	144	8.19
黄河及莱州湾 62 份生物样	最小值	0.522	18.9	0.029	0.432	0.002	28.0	0.089	0.681
	最大值	86.6	233	16.0	46.1	1.76	7471	225	39.5
	平均值	14.9	55.9	3.70	5.05	0.162	1054	32.9	8.27
	标准差	23.9	32.1	3.81	7.53	0.320	1862	44.0	8.46

注: 水样浓度为 $\mu g \cdot L^{-1}$; 其他样品浓度为 $mg \cdot kg^{-1}$。

8.3.3　重金属在环境中的迁移循环特征

根据前面章节的研究分析结果, 图 8-3 展示了研究区域重金属来源、迁移和转化,以及在水体、沉积物和水生生物之间重金属地球化学循环途径,主要包括在水体、底泥、土壤和水生生物之间的地球化学循环。由图可知,化石燃料燃烧产生了铅、镉等元素,然后通过沉降、地表径流或地下径流进入土壤、水体或沉积物。冶金、金属加工、电镀和化工业产生的重金属通过地表径流和地下径流进入水体、沉积物或土壤。重金属除以上污染来源外,自然来源也有重要贡献,如铁元素和锰元素主要来自地壳。沉积物中的重金属通过溶解和解析进入水体,水体中可溶性或颗粒态重金属通过沉淀、转化和固化方式进入沉积物中。水生生物又通过吸附、吸收或转化,将水体和沉积物中生物有效态的重金属摄入体内,然后通过溶解、分解和排泄将不可利用的组分返回至沉积物或水体中。通过以上途径,完成了重金属在各介质中的地球化学循环。

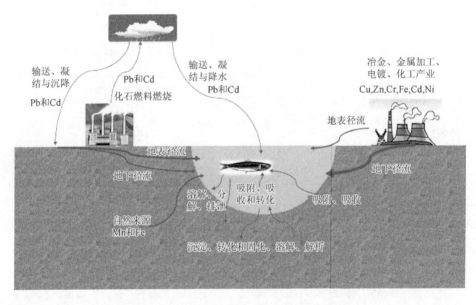

图 8-3　重金属在黄河三角洲中的地球化学循环

8.3.4　重金属在不同环境介质中的富集特征

研究发现,自然界中很多鱼类与其他水生生物都对重金属有一定的富集(Türkmen et al.,2005;Kojadinovic et al.,2007;Mendil and Uluözlü,2007;Ashoka et al.,2011)。当自然界中重金属浓度累积到一定毒性水平时就会产生环境危害,通过食物链传递将导致严重的环境问题(Güven et al.,1999),或引发各种病变(Luckey and Venugopal,1977;Rahman and Islam,2009;Lee et al.,2011)。水生生态系

统中，重金属在食物链中的传递路线为水体—沉积物—底栖动物—底栖肉食性动物（Yi et al.，2011），因此，对重金属在各环境介质中的分布特征和生物体内重金属含量进行分析研究，对进一步了解重金属的迁移、转化及生物体富集特征非常有意义。本章节对铜、锌、铅、铬、镉、铁、锰和镍在食物链中传递和富集特征进行了统计分析和归纳。

基于表 8-3 中各环境介质中重金属的含量信息，本书对重金属元素在各载体的迁移、转化和富集情况进行了总结（表 8-4）。由表 8-3 和表 8-4 可以看出，虽然水体中可溶性重金属的含量很低，但沉积物中重金属的含量已达到了非常高的数值，是水体重金属浓度的数万倍。水生生物体内重金属的最终含量是与水体、沉积物及其他生物之间共同作用的结果，但实验发现，水生生物体内重金属也显示了较高浓度。

表 8-4 重金属在环境介质中的富集特征

	项目	铜	锌	铅	铬	镉	铁	锰	镍
21 份底泥对水的富集因子	最小值	3272	4846	58339	42336	4005	1495914	414832	10786
	最大值	10607	10343	128754	122937	4764	2285398	1020356	28069
	平均值	5788	6253	87543	64192	4436	1884872	538532	16207
62 份生物样对 21 份水富集因子	最小值	150	2076	100	471	42.0	1436	93.3	470
	最大值	24814	25583	55329	50291	31934	383128	235849	27255
	平均值	4261	6140	12794	5517	2944	54043	34509	5701
62 份生物对 21 份底泥总量富集因子	最小值	0.026	0.332	0.001	0.007	0.009	0.001	0.000	0.029
	最大值	4.287	4.092	0.632	0.783	7.198	0.203	0.438	1.682
	平均值	0.736	0.982	0.146	0.086	0.664	0.029	0.064	0.352
62 份生物对 21 份底泥有效态富集因子	最小值	0.278	6.261	0.037	0.284	0.003	0.164	0.0003	0.341
	最大值	46.1	77.1	20.4	30.3	1.91	43.9	0.84	19.8
	平均值	7.91	18.5	4.72	3.32	0.176	6.19	0.123	4.15

由于有效态重金属比金属总量的研究更为重要（（Florence，1982；Legret，1993；Alborés et al.，2000；Fuentes and Wong，2004；Su and Wong，2004；Liu et al.，2008c）。因此本章节对水生生物重金属的含量与沉积物中重金属总量，以及可交换态含量进行了相关分析。从重金属总量分布可知，虽然水生生物体内重金属含量与沉积物重金属总量呈较高的正相关（$R^2=0.998$），表明沉积物重金属总

量对生物重金属含量有重要影响。但从整体富集情况看，水生生物并没有对沉积物中重金属总量产生富集作用，进一步证明了不是所有形态的重金属都能被水生生物吸收，即重金属总量不能最终决定生物体的重金属含量。相反，水生生物重金属含量与沉积物可交换态之间的相关性不是很强（R^2=0.213），但水生生物对有有效态的重金属（可交换态）有较高的富集作用（表 8-4）。同时也发现，水生生物对不同重金属的吸收和富集能力存在较大差别，如水生生物对锌元素有普遍较强的富集能力，而对镉和锰的富集能力有限，这应该与生物本生新陈代谢途径有关，选择吸收了机体需要的元素。

8.3.5　小结

（1）重金属在研究区域各环境介质中含量分布存在较大差异，一方面由各环境介质的背景差异所致，另一方面与重金属在各环境载体中的迁移转化特点密切相关。其中水体中可溶性重金属浓度最低；沉积柱中各金属含量都很高；沉积物镉的含量明显高于其他介质；地表土的铅、铁含量明显高于其他介质；生物样品中铜、锌和镉的含量较高。

（2）水体中可溶性重金属通过沉淀、转化和固化等作用后，在沉积物中不断积累，导致富集系数较大；水生生物体对重金属有较高的富集效应。

（3）水生生物体内重金属含量与沉积物重金属总量存在较高的正相关性，但并没有对沉积物中重金属总量产生富集作用；水生生物重金属含量与沉积物可交换态之间虽然无显著相关性，但对有效态的重金属有较高的富集效应。

（4）本书研究区域的水生生物对不同重金属的吸收和富集能力存在较大差异，其中对锌元素有较强的富集能力，而对镉和锰元素的富集能力较弱。

参 考 文 献

安琼,董元华,王辉,等.2004.苏南农田土壤有机氯农药残留规律.土壤学报,41(3):414-419.

曹斌,何松洁,夏建新.2009.重金属污染现状分析及其对策研究.中央民族大学学报:自然科学版,29-33.

陈静生,董林,邓宝山,等.1987.铜在沉积物各相中分配的实验模拟与数值模拟研究——以鄱阳湖为例.环境科学学报7(2):140-149.

陈静生,刘玉机.1989.水体金属污染潜在危害:应用沉积学方法评价.环境科技(辽宁),9:16-25.

陈华林.1998.沉积物对有机污染物的不可逆吸附行为研究.浙江大学博士学位论文.

陈伟琪,张珞平.1996.厦门港湾沉积物中有机氯农药和多氯联苯的垂直分布特征.海洋科学,(2):56-60.

陈伟琪,洪华生,张珞平,等.2000.闽江口-马祖海域表层沉积物中有机氯污染物的残留水平和分布特征.海洋通报,19(2):5-58.

陈伟琪,洪华生,张珞平,等.2004.珠江口表层沉积物和悬浮颗粒物中的持久性有机氯污染物.厦门大学学报:自然科学版,43(B08):230-235.

陈晓东,吕永生,朱惠刚,2000.六氯苯与健康危害.中国公共卫生,16(9):849-851.

成杭新,赵传冬,庄广民,等.2008.北京市有机氯农药填图与风险评价.地质通报,27(2):169-181.

戴国梁,朱启琴,杨鸿山.1991.长江口及其邻近海域海洋生物重金属和有机氯农药的分析与评价.海洋环境科学,10(3):20-25.

丁辉,王胜强,孙津生,等.2006.海河干流底泥中六氯苯残留及其释放规律.环境科学,27(3):533-537.

范家明,周少奇.2001.广州大田山垃圾填埋场渗滤液污染现状的调查.环境卫生工程,9:160-162.

冯精兰,翟梦晓,刘相甫,等.2011.有机氯农药在中国环境介质中的分布.人民黄河,33(8):91-94.

冯素萍,高连存,叶新强.2003.河流底泥沉积物分子形态综合分析.环境科学研究,16(3):27-30.

高文永,张广泉,姜明星,等.1997.黄河口清水沟流路演变分析.泥沙研究,3:1-7.

葛成军,安琼,董元华,等.2006.南京某地农业土壤中有机污染分布状况研究.长江流域资源与环境,15(3):361-365.

葛晓霞.2004.黄兴镇硫酸锰行业地下水污染及其治理研究.长沙:湖南大学硕士学位论文.

耿存珍,李明伦,杨永亮,等.2006.青岛地区土壤中 OCPs 和 PCBs 污染现状研究.青岛大学学报:工程技术版,21(2):42-48.

龚香宜. 2007.有机氯农药在湖泊水体和沉积物中的污染特征及动力学研究. 北京：中国地质大学博士学位论文.

管东生，陈玉娟. 2001. 广州城市及近郊土壤重金属含量特征及人类活动的影响. 中山大学学报：自然科学版，40（4）：93-97.

郭巨权，王曦婕，刘隆，等.2013. 土壤环境中几种重金属元素的生物地球化学循环研究进展. 绿色科技，9：149-151.

胡文. 2008. 土壤-植物系统中重金属的生物有效性及其影响因素的研究. 北京：北京林业大学.

胡英，祁士华，张俊鹏，等.2011. 重庆地下河中多氯联苯的分布特征及健康风险评价. 环境科学学报，31（8）：1685-1690.

蒋新，许士奋.2000. 长江南京段水，悬浮物及沉积物中多氯有毒有机污染物. 中国环境科学，20（3）：193-197.

康跃惠，刘培斌，王子健.2003. 北京官厅水库——永定河水系水体中有机氯农药污染. 湖泊科学，15（2）：125-132.

康跃惠，盛国英，傅家谟，等.2000. 珠江澳门河口沉积物柱样品正构烷烃研究. 地球化学，29（3）：302-310.

雷鸣，廖柏寒，秦普丰：2007. 土壤重金属化学形态的生物可利用性评价. 生态环境，16（5）：1551-1556.

李炳华，任仲宇，陈鸿汉，等.2007. 太湖流域某农业区浅层地下水有机氯农药残留特征初探. 农业环境科学学报，26（5）：1714-1718.

李富根，张文君，王以燕.2009. 硫丹的使用风险和管理动态. 农药，（7）：542-544.

李国刚，李红莉.2004. 持久性有机污染物在中国的环境监测现状. 中国环境监测，20（4）：53-60.

李军.2005. 珠江三角洲有机氯农药污染的区域地球化学研究. 广州：中国科学院广州地球化学研究所博士学位论文.

李军，张干，祁士华，等.2007. 珠江三角洲土壤中氯丹的残留特征. 土壤学报，44（6）：1058-1062.

李永红.2000. 农药与人类. 化学世界，41（6）：334-336.

李宇庆，陈玲，仇雁翎，等.2004. 上海化学工业区土壤重金属元素形态分析. 生态环境，13（2）：154-155.

刘贵春，黄清辉，李建华，等.2007. 长江口南支表层沉积物中有机氯农药的研究. 中国环境科学，27（4）：503-507.

刘济宁，周林军，石利利，等.2010. 硫丹及硫丹硫酸酯的土壤降解特性. 环境科学学报，30（12）：2484-2490.

刘华峰，祁士华，李敏，等.2007. 海南岛东寨港区域水体中有机氯农药组成与时空分布. 环境科学研究，20（4）：70-74.

刘静，崔兆杰，范国兰，等.2007. 现代黄河三角洲土壤中多氯联苯来源解析研究，环境科学，28：2771-2776.

刘明和.2003. 有机氯在我国的污染现状及监控对策. 内蒙古环境保护，15（1）：35-38.

刘晓秋，陆继龙，赵玉岩，等.2012. 长春市土壤中正构烷烃的分布特征及来源. 吉林大学学报，42：232-238.

隆茜，张经.2002. 陆架区沉积物中重金属研究的基本方法及其应用. 海洋湖沼通报，3：25-35.

罗雪梅，杨志峰，何孟常，等. 2005. 土壤/沉积物中天然有机质对疏水性有机污染物的吸附作用. 土壤, 37 (1): 25-31.

麦碧娴, 林峥, 张干. 2000. 珠江三角洲河流和珠江口表层沉积物中有机污染物研究——多环芳烃和有机氯农药的分布特征. 环境科学学报, 20 (2): 192-197.

庞正平, 杨建平. 2004. 我国白蚁防治及药械应用与发展概况. 中华卫生杀虫药械, 3: 167-169.

乔敏, 王春霞, 黄圣彪, 等. 2004. 太湖梅梁湾沉积物中有机氯农药的残留现状. 中国环境科学, 24 (5): 592-595.

任安芝, 高玉葆. 2000. 铅, 镉, 铬单一和复合污染对青菜种子萌发的生物学效应. 生态学杂志, 19 (1): 19-22.

单凯, 王玉珍, 王伟华. 2009. 黄河三角洲退化湿地生态修复实验. 中国河道治理与生态修复技术专刊, 128-135.

史双昕, 周丽, 邵丁丁, 等. 2007. 北京地区土壤中有机氯农药类 POPs 残留状况研究. 环境科学研究, 20 (1): 24-29.

孙红文, 李书霞. 1998. 多环芳烃的光致毒效应. 环境科学进展, 6: 1-11.

孙敬亮, 武文钧, 赵瑞雪, 等. 2003. 重金属土壤污染及植物修复技术. 长春理工大学学报, 26: 46-48.

谭培功, 赵仕兰, 曾宪杰, 等. 2006. 莱州湾海域水体中有机氯农药和多氯联苯的浓度水平和分布特征. 中国海洋大学学报: 自然科学版, 36 (3): 439-446.

王登阁. 2013. 孤岛油区土壤中石油有机污染的来源与特征. 济南: 山东大学硕士学位论文.

王笛, 马风云, 姚秀粉, 等. 2012. 黄河三角洲退化湿地土壤养分、微生物与土壤酶特性及其关系分析. 中国水土保持科学, 10: 94-98.

王京文, 陆宏, 厉仁安. 2003. 慈溪市蔬菜地有机氯农药残留调查. 浙江农业科学, 1: 40-41.

王莘. 2013. 大凌河口地区有机氯农药污染特征研究. 大连: 大连海事大学博士学位论文.

王琪, 赵娜娜, 黄启飞, 等. 2007. 氯丹和灭蚁灵在污染场地中的空间分布研究. 农业环境科学学报, 26 (5): 1630-1634.

王群, 夏江宝, 张金池, 等. 2012. 黄河三角洲退化刺槐林地不同改造模式下土壤酶活性及养分特征. 水土保持学报, 26 (4): 133-137.

王素萍, 贾国东, 赵艳, 等. 2010. 柴达木盆地克鲁克湖全新世气候变化的正构烷烃分子记录. 第四纪研究, 30 (6): 1097-1104.

王彬, 米娟, 潘学军, 等. 2010. 我国部分水体及沉积物中有机氯农药的污染状况. 昆明理工大学学报: 理工版, 35 (3): 93-99.

王晓阳, 傅瓦利, 张蕾, 等. 2011. 三峡库区消落带土壤重金属 Zn 的形态分布特征及其影响因素. 地球与环境, 39: 85-90.

王文岩, 张娟, 王林权, 等. 2014. 西安城郊土壤中正构烷烃的分布、来源及其影响因素. 农业环境科学学报, 33 (4): 695-701.

维屏. 2006. 农药环境化学. 北京: 化学工业出版社.

魏复盛, 陈静生, 吴燕玉, 等. 1991. 中国土壤环境背景值研究. 环境科学, 12 (4): 12-19.

魏泰莉, 刘锰. 2002. 珠江口水域鱼虾类重金属残留的调查. 中国水产科学, 9 (2): 172-176.

吴对林, 张天彬, 刘申, 等. 2009. 珠江三角洲典型区域蔬菜地土壤中有机氯农药的污染特征——以东莞市为例. 生态环境学报, 18 (4): 1261-1265.

吴新民, 潘根兴. 2004. 影响城市土壤重金属污染因子的关联度分析. 土壤学报, 40 (6): 921-928.

夏凡，胡雄星，韩中豪，等.2006. 黄浦江表层水体中有机氯农药的分布特征. 环境科学研究，19（2）：11-15.

夏江宝，许景伟，李传荣，等.2010. 黄河三角洲退化刺槐林地的土壤水分生态特征. 水土保持通报，30（6）：75-80.

谢武明，胡勇有，刘焕彬.2004. 持久性有机污染物（POPs）的环境问题与研究进展. 中国环境监测，20（2）：58-61.

邢尚军，郗金标，张建锋，等.2002. 黄河三角洲植被基本特征及其主要类型. 东北林业大学学报，31：85-86.

鄢明才，迟清华，顾铁新，等.1995. 中国各类沉积物化学元素平均含量. 物探与化探，19（6）：468-472.

杨慧明.2002. 铜与儿童疾病的关系. 国外医学：妇幼保健分册，13（1）：35-36.

杨清书，麦碧娴，傅家谟，等.2004a.珠江干流河口水体有机氯农药的时空分布特征.环境科学，25（2）：150-156.

杨清书，麦碧娴，罗孝俊，等.2004b. 澳门水域水体有机氯农药的垂线分布特征. 环境科学学报，24（3）：428-434.

杨伟.2012. 现代黄河三角洲海岸线变迁及滩涂演化. 海洋地质前沿，28（7）：17-23.

杨元根，Paterson E，Campbell C.2001. 城市土壤中重金属元素的积累及其微生物效应. 环境科学，22（3）：44-48.

姚鹏，尹红珍，姚庆祯，等.2012. 黄河口湿地土壤中正构烷烃分子指标及物源指示意义. 环境科学，3（10）：3457-3465.

于新民，陆继龙，郝立波，等.2008. 吉林省中部土壤有机氯农药的含量及组成. 地质通报，26（11）：1476-1479.

余刚，牛军峰，黄俊.2005. 持久性有机污染物一新的全球性环境问题. 北京：科学出版社.

郁亚娟，黄宏，王斌.2004. 淮河（江苏段）水体有机氯农药的污染水平. 环境化学，23（5）：56.

袁浩，王雨春，顾尚义，等.2008. 黄河水系沉积物重金属赋存形态及污染特征. 生态学杂志，27（11）：1966-1971.

袁旭音，王禹，陈骏，等.2003. 太湖沉积物中有机氯农药的残留特征及风险评估. 环境科学，24（1）：121-125.

苑金鹏.2013.溴代阻燃剂的分析方法及其在黄河三角洲土壤中的污染特征. 济南：山东大学博士学位论文.

张大弟，张晓红.2001. 农药污染与防治. 北京：化学工业出版社，15-19.

张菲娜，祁士华，苏秋克，等.2006. 福建兴化湾水体有机氯农药污染状况. 地质科技情报，25（4）：86-91.

张慧，刘红玉，张利，等.2008. 湖南省东北部蔬菜土壤中有机氯农药残留及其组成特征. 农业环境科学学报，27（2）：555-559.

张娇，张龙军，宫敏娜.2010. 黄河口及近海表层沉积物中烃类化合物的组成和分布. 海洋学报，32（3）：23-30.

张娟.2012. 污灌区土壤、大气和水中石油烃的分布特征、来源及迁移机制的研究. 济南：山东大学博士学位论文.

张凯，祁士华，邢新丽，等. 2009. 成都经济区土壤中 HCH 和 DDT 含量及其分布特点. 环境科学与技术，32（5）：66-70.

张利，刘红玉，张慧，等. 2008. 湖南东部地区稻田土壤中有机氯农药残留及分布. 环境科学研究，21（1）：118-123.

张立，袁旭音，邓旭. 2007. 南京玄武湖底泥重金属形态与环境意义. 湖泊科学，19（1）：63-69.

张曙光. 1996. 黄河重金属污染物对鱼类的致突变性研究. 环境科学研究，9（3）：51-57.

张婉珈，祁士华，张家泉，等. 2010. 三亚湾沉积柱有机氯农药的垂直分布特征. 环境科学学报，30（4）：862-867.

张祖麟，周俊良. 2000. 厦门港表层水体中有机氯农药和多氯联苯的研究. 海洋环境科学，19（3）：48-51.

张枝焕，卢另，彭旭阳，等. 2010. 北京地区表层土中饱和烃组成特征及成因分析. 生态环境学报，19（10）：2398-2407.

张祖麟. 2001. 河口流域有机农药污染物的环境行为及其风险影响评价. 厦门：厦门大学博士学位论文.

章海波，骆永明，赵其国，等. 2006. 香港土壤研究：土壤中有机氯化合物的含量和组成. 土壤学报，43（2）：220-225.

赵炳梓，张佳宝，周凌云，等. 2006. 黄淮海地区典型农业土壤中六六六（HCH）和滴滴涕（DDT）的残留量研究：表层残留量及其异构体组成. 土壤学报，42（5）：761-768.

赵亢. 2006. 持久性有机污染物的特性及其在我国的使用和管理现状. 环境与健康杂志，22（6）：480-483.

赵美训，张玉琢，邢磊，等. 2011. 南黄海表层沉积物中正构烷烃的组成特征、分布及其对沉积有机质来源的指示意义. 中国海洋大学学报，41（4）：90-96.

赵元凤，徐恒振. 2002. 大连湾养殖海域有机氯农药污染研究. 农业工程学报，18（4）：108-112.

中华人民共和国国家标准. 地表水环境质量标准. GB 3838—2002.

中华人民共和国国家标准. 土壤环境质量标准. GB 15618—1995.

朱鲁生，于建垒. 1996. 硫丹环境毒理研究进展. 环境科学进展，4（1）：41-49.

朱嬚婉，沈壬水，钱钦文. 1989. 土壤中金属元素的五个组分的连续提取法. 土壤，21（3）：163-166.

Agarwal T. 2009. Concentration level，pattern and toxic potential of PAHs in traffic soil of Delhi，India. Journal of Hazardous Materials，171：894-900.

Agarwal T，Khillare P，Shridhar V，et al. 2009. Pattern，sources and toxic potential of PAHs in the agricultural soils of Delhi，India. Journal of Hazardous Materials，163：1033-1039.

Alaee M，Arias P，Sjödin A，et al. 2003. An overview of commercially used brominated flame retardants，their applications，their use patterns in different countries/regions and possible modes of release. Environment International，29：683-689.

Alborés A F，Cid B P，Gómez E F，et al. 2000. Comparison between sequential extraction procedures and single extractions for metal partitioning in sewage sludge samples. Analyst，125：1353-1357.

Alloway B，Ayres D C. 1997. Chemical principles of environmental pollution. Boca Raton：CRC Press.

Al-Saad H T，Farid W A，Ateek A A，et al. 2015. *n*-Alkanes in surficial soils of Basrah city，Southern Iraq. International Journal of Marine Science，5：1-8.

Amymarie A D, Gschwend P M, 2002. Assessing the combined roles of natural organic matter and black carbon as sorbents in sediments. Environmental Science & Technology, 36: 21-29.

Arain M B, Kazi T, Jamali M, et al. 2008a. Time saving modified BCR sequential extraction procedure for the fraction of Cd, Cr, Cu, Ni, Pb and Zn in sediment samples of polluted lake. Journal of Hazardous Materials, 160: 235-239.

Arain M B, Kazi T G, Jamali M K, et al. 2008b. Speciation of heavy metals in sediment by conventional, ultrasound and microwave assisted single extraction methods: a comparison with modified sequential extraction procedure. Journal of Hazardous Materials, 154: 998-1006.

Arellano L, Fernández P, Tatosova J, et al. 2011. Long-range transported atmospheric pollutants in snowpacks accumulated at different altitudes in the Tatra Mountains (Slovakia). Environmental Science & Technology, 45: 9268-9275.

Asante K A, Takahashi S, Itai T, et al. 2013. Occurrence of halogenated contaminants in inland and coastal fish from Ghana: Levels, dietary exposure assessment and human health implications. Ecotoxicology and Environmental Safety, 94: 123-130.

Ashoka S, Peake B M, Bremner G, et al. 2011. Distribution of trace metals in a ling (Genypterus blacodes) fish fillet. Food Chemistry, 125: 402-409.

Asia L, Mazouz S, Guiliano M, et al. 2009. Occurrence and distribution of hydrocarbons in surface sediments from Marseille Bay (France). Marine Pollution Bulletin, 58: 443-451.

ATSDR (Agency of Toxic Subtances and Disease Register). 1995. Public health assessment. Johnstown City Landfill, Johnstown, Fulton Country, (CERCLIS NO. NYD980506927), Department of Health and Human Services, Public Health Service, Atlanta.

Bakhtiari A R, Zakaria M P, Yaziz M I, et al. 2010. Distribution of PAHs and n-alkanes in Klang River surface sediments, Malaysia. Pertanika Journal of Science & Technology, 18: 167-179.

Barakat A O, Kim M, Qian Y, et al. 2002. Organochlorine pesticides and PCB residues in sediments of Alexandria Harbour, Egypt. Marine Pollution Bulletin, 44: 1426-1434.

Barakat A O, Khairy M, Aukaily I. 2013. Persistent organochlorine pesticide and PCB residues in surface sediments of Lake Qarun, a protected area of Egypt. Chemosphere, 90: 2467-2476.

Barra R, Popp P, Quiroz R, et al. 2006. Polycyclic aromatic hydrocarbons fluxes during the past 50 years observed in dated sediment cores from Andean mountain lakes in central south Chile. Ecotoxiology and Environmental Safety, 63: 52-60.

Bebbington G, Mackay N, Chvojka R, et al. 1977. Heavy metals, selenium and arsenic in nine species of Australian commercial fish. Marine and Freshwater Research, 28: 277-286.

Bergvall C, Westerholm R. 2007. Identification and determination of highly carcinogenic dibenzopyrene isomers in air particulate samples from a street canyon, a rooftop, and a subway station in Stockholm. Environmental Science & Technology, 41: 731-737.

Bhavsar S P, Reiner E J, Hayton A, et al. 2008. Converting toxic equivalents (TEQ) of dioxins and dioxin-like compounds in fish from one toxic equivalency factor (TEF) scheme to another. Environment International, 34: 915-921.

Bi X H, Sheng G Y, Peng P A, et al. 2005. Size distribution of n-alkanes and polycyclic aromatic hydrocarbons (PAHs) in urban and rural atmospheres of Guangzhou, China. Atmospheric

Environment, 39: 477-487.

Birch G, Taylor S, Matthai C. 2001. Small-scale spatial and temporal variance in the concentration of heavy metals in aquatic sediments: a review and some new concepts. Environmental Pollution, 113: 357-372.

Blumer M, Guillard R R L, Chase T. 1971. Hydrocarbons of marine phytoplankton. Marine Biology, 8: 183-189.

Boas M, Feldt-Rasmussen U, Main K M. 2012. Thyroid effects of endocrine disrupting chemicals. Molecular and Cellular Endocrinology, 355: 240-248.

Boehm P, Burns W, Page D, et al. 2002. Total organic carbon, an important tool in an holistic approach to hydrocarbon source fingerprinting. Environmental Forensics, 3: 243-250.

Borja J, Taleon D M, Auresenia J, et al. 2005. Polychlorinated biphenyls and their biodegradation. Process Biochemistry, 40: 1999-2013.

Bossi R, Vorkamp K, Skov H. 2016. Concentrations of organochlorine pesticides, polybrominated diphenyl ethers and perfluorinated compounds in the atmosphere of North Greenland. Environmental Pollution, 217 (2): 4-10.

Bramwell L, Fernandes A, Rose M, et al. 2014. PBDEs and PBBs in human serum and breast milk from cohabiting UK couples. Chemosphere, 116: 67-74.

Buat-Menard P, Chesselet R. 1979. Variable influence of the atmospheric flux on the trace metal chemistry of oceanic suspended matter. Earth and Planetary Science Letters, 42: 399-411.

Bucheli T D, Blum F, Desaules A, et al. 2004. Polycyclic aromatic hydrocarbons, black carbon, and molecular markers in soils of Switzerland. Chemosphere, 56: 1061-1076.

Buchman M F. 2008. NOAA screening quick reference tables (SQuiRTs). US National Oceanic and Atmospheric Administration, Office of Response and Restoration Division. National Oceanic and Atmospheric Administration: 34.

Calabrese E J, Gilbert P T, Kostecki C E. 1987. How much dirt do childre eat? An emerging environmental health question. Comments on Toxicology, 1: 229-241.

Callén M S, De La Cruz M T, López J M, et al. 2009. Comparison of receptor models for source apportionment of the PM10 in Zaragoza (Spain). Chemosphere, 76: 1120-1129.

Cai Q Y, Mo C H, Wu Q T, et al. 2008. The status of soil contamination by semivolatile organic chemicals (SVOCs) in China: a review. Science of the Total Environment, 389: 209-224.

Canada Gazette. 2006. Polybrominated diphenyl ethers regulations-regulatory impact analysis statement, Part I: 4294 (December 16).

Cao M, Liu G. 2008. Habitat suitability change of red crowned crane in Yellow River Delta Nature Reserve. Journal of Forestry Reserch, 19: 141-147.

Capkin E, Altinok I, Karahan S. 2006. Water quality and fish size affect toxicity of endosulfan, an organochlorine pesticide, to rainbow trout. Chemosphere, 64: 1793-1800.

Carson R. 2002. Silent spring. Boston: Houghton Mifflin Harcourt.

Castro-Jiménez J, Dueri S, Eisenreich S J, et al. 2009. Polychlorinated biphenyls (PCBs) in the atmosphere of sub-alpine northern Italy. Environmental Pollution, 157: 1024-1032.

Cavanagh J E, Burns K A, Brunskill G J, et al. 1999. Organochlorine pesticide residues in soils and sediments of the Herbert and Burdekin River regions, north Queensland-implications for contamination of the Great Barrier Reef. Marine Pollution Bulletin, 39: 367-375.

Chabukdhara M, Nema A K. 2012. Assessment of heavy metal contamination in Hindon River sediments: A chemometric and geochemical approach. Chemosphere, 87: 945-953.

Chapman D. 1992. Water quantity assessment. London: Chapman & Hall, 121-134.

Chen B H, Hong C J, Kan H D. 2004. Exposures and health outcomes from outdoor air pollutants in China. Toxicology, 198: 291-300.

Chen C, Zhao H, Chen J, et al. 2012. Polybrominated diphenyl ethers in soils of the modern Yellow River Delta, China: Occurrence, distribution and inventory. Chemosphere, 88: 791-797.

Chen L, Huang Y, Peng X, et al. 2009. PBDEs in sediments of the Beijiang River, China: Levels, distribution, and influence of total organic carbon. Chemosphere, 76: 226-231.

Chen L, Ran Y, Xing B, et al. 2005. Contents and sources of polycyclic aromatic hydrocarbons and organochlorine pesticides in vegetable soils of Guangzhou, China. Chemosphere, 60: 879-890.

Chen S J, Gao X J, Mai B X, et al. 2006b. Polybrominated diphenyl ethers in surface sediments of the Yangtze River Delta: Levels, distribution and potential hydrodynamic influence. Environmental Pollution, 144: 951-957.

Chen S J, Luo X J, Mai B X, et al. 2006a. Distribution and mass inventories of polycyclic aromatic hydrocarbons and organochlorine pesticides in sediments of the Pearl River Estuary and the northern South China Sea. Environmental Science & Technology, 40: 709-714.

Cheng D X, Yang Z Z, Wang X T, et al. 2006. Organochlorine pesticides in tissues of catfish (Silurus asotus) from Guanting Reservoir, the People's Republic of China. Bulletin of Environmental Contamination and Toxicology, 76: 766-773.

Cocco P, Fadda D, Ibba A, et al. 2005. Reproductive outcomes in DDT applicators. Environmental Research, 98: 120-126.

Collins J F, Brown J P, Alexeeff G V, et al. 1998. Potency equivalency factors for some polycyclic aromatic hydrocarbons and polycyclic aromatic hydrocarbon derivatives. Regulatory Toxicology and Pharmacology, 28: 45-54.

Colombo J C, Pelletier E, Brochu C, et al. 1989. Determination of hydrocarbon sources using n-alkane and polyaromatic hydrocarbon distribution indexes. Case study: Rio de la Plata estuary, Argentina. Environmental Science & Technology, 23: 888-894.

Commendatore M G, Esteves J L, Colombo J C. 2000. Hydrocarbons in coastal sediments of Patagonia, Argentina: levels and probable sources. Marine Pollution Bulletin, 40: 989-998.

Committee A M. 1987. Recommendations for the definition, estimation and use of the detection limit. Analyst, 112: 199-204.

Cook J W, Hewett C, Hieger I. 1933. The isolation of a cancer-producing hydrocarbon from coal tar: parts I, II, and III. Journal of the Chemical Society: 395-405.

Cortazar E, Bartolomé L, Arrasate S, et al. 2008. Distribution and bioaccumulation of PAHs in the UNESCO protected natural reserve of Urdaibai, Bay of Biscay. Chemosphere, 72: 1467-1474.

Cousins I T, Beck A J, Jones K C. 1999. A review of the processes involved in the exchange of semi-volatile organic compounds (SVOC) across the air–soil interface. Science of The Total

Environment, 228: 5-24.

Covaci A, Gheorghe A, Voorspoels S, et al. 2005. Polybrominated diphenyl ethers, polychlorinated biphenyls and organochlorine pesticides in sediment cores from the Western Scheldt river (Belgium): Analytical aspects and depth profiles. Environment International, 31: 367-375.

Cambrell R. 1994. Trace and toxic metals in wetland: A review. Journal of Environmental Quality, 23: 883-819.

Cui S, Fu Q, Ma W, et al. 2015. A preliminary compilation and evaluation of a comprehensive emission inventory for polychlorinated biphenyls in China. Science of The Total Environment, 533: 247-255.

Cui S, Qi H, Liu L Y, et al. 2013. Emission of unintentionally produced polychlorinated biphenyls (UP-PCBs) in China: Has this become the major source of PCBs in Chinese air? Atmospheric Environment, 67: 73-79.

Čupr P, Bartoš T, Sáňka M, et al. 2010. Soil burdens of persistent organic pollutants-Their levels, fate and risks: Part Ⅲ. Quantification of the soil burdens and related health risks in the Czech Republic. Science of The Total Environment, 408: 486-494.

Da C, Liu G, Tang Q, et al. 2013. Distribution, sources, and ecological risks of organochlorine pesticides in surface sediments from the Yellow River Estuary, China. Environmental Science: Processes & Impacts, 15: 2288-2296.

Da C, Liu G, Yuan Z. 2014. Analysis of HCHs and DDTs in a sediment core from the Old Yellow River Estuary, China. Ecotoxicology and environmental safety, 100: 171-177.

Das A K, Chakraborty R, Cervera M L, et al. 1995. Metal speciation in solid matrices. Talanta, 42: 1007-1030.

Das S K, Routh J, Roychoudhury A N. 2009. Biomarker evidence of macrophyte and plankton community changes in Zeekoevlei, a shallow lake in South Africa. Journal of Paleolimnology, 41: 507-521.

Dauvalter V, Rognerud S. 2001. Heavy metal pollution in sediments of the Pasvik River drainage. Chemosphere, 42: 9-18.

Davidson C M, Thomas R P, McVey S E, et al. 1994. Evaluation of a sequential extraction procedure for the speciation of heavy metals in sediments. Analytica Chimica Acta, 291: 277-286.

Davis B. 1992. Inter-relationship between soil properties and the uptake of cadmium, copper, lead and zinc from contaminated soils by radish (Raphanus sativus L.). Water Air Soil Pollut, 63: 331-342.

de Boer J, van der Zande T E, Pieters H, et al. 2001. Organic contaminants and trace metals in flounder liver and sediment from the Amsterdam and Rotterdam harbours and off the Dutch coast. Journal of Environmental Monitoring, 3: 386-393.

de Carlo V J. 1979. Studies on brominated chemicals in the environment. Annals of the New York Academy of Sciences, 320: 678-681.

DelValls TÁ, Forja J, González-Mazo E, et al. 1998. Determining contamination sources in marine sediments using multivariate analysis. Trends in Analytical Chemistry, 17: 181-192.

de Wit C A. 2002. An overview of brominated flame retardants in the environment. Chemosphere,

46：583-624.

Denis E H，Toney J L，Tarozo R，et al. 2012. Polycyclic aromatic hydrocarbons（PAHs）in lake sediments record historic fire events：Validation using HPLC-fluorescence detection. Organic Geochemistry，45：7-17.

Dickhut R M，Canuel E A，Gustafson K E，et al. 2000. Automotive sources of carcinogenic polycyclic aromatic hydrocarbons associated with particulate matter in the Chesapeake Bay region. Environmental Science & Technology，34：4635-4640.

Die Q，Nie Z，Liu F，et al. 2015. Seasonal variations in atmospheric concentrations and gas-particle partitioning of PCDD/Fs and dioxin-like PCBs around industrial sites in Shanghai，China. Atmospheric Environment，119：220-227.

Ding J，Zhong J，Yang Y，et al. 2012. Occurrence and exposure to polycyclic aromatic hydrocarbons and their derivatives in a rural Chinese home through biomass fuelled cooking. Environmental Pollution，169：160-166.

Dong Y，Fu S，Zhang Y，et al. 2015. Polybrominated diphenyl ethers in atmosphere from three different typical industrial areas in Beijing，China. Chemosphere，123：33-42.

Doong R A，Peng C K，Sun Y C，et al. 2002. Composition and distribution of organochlorine pesticide residues in surface sediments from the Wu-Shi River estuary，Taiwan. Marine Pollution Bulletin，45（1）：246-253.

Doong R，Lee S，Lee C，et al. 2008. Characterization and composition of heavy metals and persistent organic pollutants in water and estuarine sediments from Gao-ping River，Taiwan. Marine Pollution Bulletin，57：846-857.

Drage D，Mueller J F，Birch G，et al. 2015. Historical trends of PBDEs and HBCDs in sediment cores from Sydney estuary，Australia. Science of the Total Environment，512-513：177-184.

Duan X，Li Y，Li X，et al. 2013b. Distributions and sources of polychlorinated biphenyls in the coastal East China Sea sediments. Science of the Total Environment，463：894-903.

Duan X，Li Y，Li X，et al. 2013a. Polychlorinated biphenyls in sediments of the Yellow Sea：distribution，source identification and flux estimation. Marine Pollution Bulletin，76：283-290.

Duan Y，Meng X，Yang C，et al. 2010. Polybrominated diphenyl ethers in background surface soils from the Yangtze River Delta（YRD），China：occurrence，sources，and inventory. Environmental Science and Pollution Research，17：948-956.

Duval M M，Friedlander S K. 1981. Source resolution of polycyclic aromatic hydrocarbons in the Los Angeles atmosphere application of a CMB with first-order decay. United States Environmental Protection Agency，Washington，DC.

EPA. 2002. List of contaminants and their maximum contaminant level，National Primary Drinking Water Regulations，United States Environmental Protection Agency，Office of Water，Washington，DC.http：//www.epa.gov/safewater/mcl.htm.

Ebrahimpour M，Pourkhabbaz A，Baramaki R，et al. 2011. Bioaccumulation of heavy metals in freshwater fish species，Anzali，Iran. Bulletin of Environmental Contamination and Toxicology，87：386-392.

Edgar P J，Hursthouse A S，Matthews J E，et al. 2003. An investigation of geochemical factors controlling the distribution of PCBs in intertidal sediments at a contamination hot spot, the Clyde Estuary, UK. Applied Geochemistry, 18: 327-338.

Eganhouse R P, Kaplan I R. 1982. Extractable organic matter in municipal wastewaters. 2. Hydrocarbons: molecular characterization. Environmental Science & Technology, 16: 541-551.

Eljarrat E, de la Cal A, Raldua D, et al. 2004. Occurrence and bioavailability of polybrominated diphenyl ethers and hexabromocyclododecane in sediment and fish from the Cinca River, a tributary of the Ebro River (Spain). Environmental Science & Technology, 38: 2603-2608.

Eljarrat E, Marsh G, Labandeira A, et al. 2008. Effect of sewage sludges contaminated with polybrominated diphenylethers on agricultural soils. Chemosphere, 71: 1079-1086.

El-Kabbany S, Rashed M M, Zayed M A. 2000. Monitoring of the pesticide levels in some water supplies and agricultural land, in El-Haram, Giza (ARE). Journal of hazardous materials, 72: 11-21.

El Nemr A, El-Sadaawy M M, Khaled A, et al. 2013b. Aliphatic and polycyclic aromatic hydrocarbons in the surface sediments of the Mediterranean: Assessment and source recognition of petroleum hydrocarbons. Environmental Monitoring and Assessment, 185: 4571-4589.

El Nemr A, Moneer A, Khaled A, et al. 2013a. Levels, distribution, and risk assessment of organochlorines in surficial sediments of the Red Sea coast, Egypt. Environmental monitoring and assessment, 185: 4835-4853.

Environment Canada. 2010. Federal environmental quality guidelines for polybrominated diphenyl ethers (PBDEs). National Guidelines and Standards Office, Gatineau, Quebec.

Eqani SAMAS, Cincinelli A, Mehmood A, et al. 2015. Occurrence, bioaccumulation and risk assessment of dioxin-like PCBs along the Chenab river, Pakistan. Environmental Pollution, 206: 688-695.

Eremina N, Paschke A, Mazlova E A, et al. 2016. Distribution of polychlorinated biphenyls, phthalic acid esters, polycyclic aromatic hydrocarbons and organochlorine substances in the Moscow River, Russia. Environmental Pollution, 210: 409-418.

Erratico C, Currier H, Szeitz A, et al. 2015. Levels of PBDEs in plasma of juvenile starlings (Sturnus vulgaris) from British Columbia, Canada and assessment of PBDE metabolism by avian liver microsomes. Science of the Total Environment, 518-519: 31-37.

Eskew D L, Welch R M, Cary E E. 1983. Nickel: an essential micronutrient for legumes and possibly all higher plants. Science, 222: 621-623.

European Court of Justice. 2008. Judgement of the European court of justiceon joint: cases C-14/06 and C-295/06. http: //eur-lex. europa. eu/legal-content/EN/TXT/?qid=1433298533644 & uri=CELEX: 62006CJ0014.

Fan G, Cui Z, Liu J. 2009. Interspecies variability of Dioxin-like PCBs accumulation in five plants from the modern Yellow River delta. Journal of Hazardous Materials, 163: 967-972.

Fang M, Choi S D, Baek S Y, et al. 2012. Deposition of polychlorinated biphenyls and polybrominated diphenyl ethers in the vicinity of a steel manufacturing plant. Atmospheric Environment, 49: 206-211.

Farkas A, Erratico C, Viganò L. 2007. Assessment of the environmental significance of heavy metal pollution in surficial sediments of the River Po. Chemosphere，68：761-768.

Fernandez M A，Alonso C，González M J，et al. 1999. Occurrence of organochlorine insecticides，PCBs and PCB congeners in waters and sediments of the Ebro River（Spain）. Chemosphere，38：33-43.

Ferrarese E，Andreottola G，Oprea I A. 2008. Remediation of PAH-contaminated sediments by chemical oxidation. Journal of Hazardous Materials，152：128-139.

Ferré-Huguet N，Bosch C，Lourencetti C，et al. 2009. Human health risk assessment of environmental exposure to organochlorine compounds in the Catalan stretch of the Ebro River，Spain. Bulletin of Environmental Contamination and Toxicology，83：662-667.

Ficken K J，Li B，Swain D L，et al. 2000. An *n*-alkane proxy for the sedimentary input of submerged/floating freshwater aquatic macrophytes. Organic Geochemistry，31：745-749.

Fillmann G，Readman J W，Tolosa I，et al. 2002. Persistent organochlorine residues in sediments from the Black Sea. Marine Pollution Bulletin，44：122-133.

Florence T. 1982. The speciation of trace elements in waters. Talanta，29：345-364.

Foster I，Charlesworth S. 1996. Heavy metals in the hydrological cycle：Trends and explanation. Hydrological Processes，10：227-261.

Förstner U，Wittmann G T. 2012. Metal pollution in the aquatic environment. Springer Science & Business Media，12（5）：163-168.

Fox W M，Connor L，Copplestone D，et al. 2001. The organochlorine contamination history of the Mersey estuary，UK，revealed by analysis of sediment cores from salt marshes. Marine Environmental Research，51：213-227.

Frame G M，Cochran J W，Bøwadt S S. 1996. Complete PCB congener distributions for 17 aroclor mixtures determined by 3 HRGC systems optimized for comprehensive，quantitative，congener-specific analysis. Journal of High Resolution Chromatography，19：657-668.

Friberg L，Pîscator M，Nordberg G. 1979. Cadmium in the environment：a toxicological and epidemiological appraisal.

Fromme H，Albrecht M，Appel M，et al. 2015. PCBs，PCDD/Fs，and PBDEs in blood samples of a rural population in South Germany. International Journal of Hygiene and Environmental Health，218：41-46.

Fuentes A，Lloréns M，Sáez J，et al. 2004. Simple and sequential extractions of heavy metals from different sewage sludges. Chemosphere，54：1039-1047.

Fu J，Mai B，Sheng G，et al. 2003. Persistent organic pollutants in environment of the Pearl River Delta，China：an overview. Chemosphere，52：1411-1422.

Fu J，Wang Y，Zhang A，et al. 2011. Spatial distribution of polychlorinated biphenyls（PCBs）and polybrominated biphenyl ethers（PBDEs）in an e-waste dismantling region in Southeast China：Use of apple snail（Ampullariidae）as a bioindicator. Chemosphere，82：648-655.

Galarneau E. 2008. Source specificity and atmospheric processing of airborne PAHs：Implications for source apportionment. Atmospheric Environment，42：8139-8149.

Gao D，Zheng G D，Chen T B，et al. 2005. Changes of Cu，Zn，and Cd speciation in sewage sludge during composting. Journal of Environmental Sciences，17：957-961.

Gao F, Luo X J, Yang Z F, et al. 2009. Brominated flame retardants, polychlorinated biphenyls, and organochlorine pesticides in bird eggs from the Yellow River Delta, North China. Environmental Science & Technology, 43: 6956-6962.

Gao J, Zhou H, Pan G, et al. 2013. Factors influencing the persistence of organochlorine pesticides in surface soil from the region around the Hongze Lake, China. Science of the Total Environment, 443: 7-13.

Gao S, Chen J, Shen Z, et al. 2013. Seasonal and spatial distributions and possible sources of polychlorinated biphenyls in surface sediments of Yangtze Estuary, China. Chemosphere, 91: 809-816.

Gaudet C, Lingard S, Cureton P, et al. 1995. Canadian environmental quality guidelines for mercury. Water, Air, and Soil Pollution, 80: 1149-1159.

Ge J, Liu M, Yun X, et al. 2014. Occurrence, distribution and seasonal variations of polychlorinated biphenyls and polybrominated diphenyl ethers in surface waters of the East Lake, China. Chemosphere, 103: 256-262.

Ge J, Woodward L A, Li Q X, et al. 2013. Composition, distribution and risk assessment of organochlorine pesticides in soils from the Midway Atoll, North Pacific Ocean. Science of The Total Environment, 452-453: 421-426.

Gevao B, Ghadban A N, Uddin S, et al. 2011. Polybrominated diphenyl ethers(PBDEs)in soils along a rural-urban-rural transect: Sources, concentration gradients, and profiles. Environmental Pollution, 159: 3666-3672.

Gevao B, Hamilton-Taylor J, Murdoch C, et al. 1997. Depositional Time Trends and Remobilization of PCBs in Lake Sediments. Environmental Science & Technology, 31: 3274-3280.

Gevao B, Jones K C, Hamilton-Taylor J. 1998. Polycyclic aromatic hydrocarbon (PAH) deposition to and processing in a small rural lake, Cumbria UK. Science of the Total Environment, 215: 231-242.

Ghosh D, Routh J, Bhadury P. 2015. Characterization and microbial utilization of dissolved lipid organic fraction in arsenic impacted aquifers (India). Journal of Hydrology, 527: 221-233.

Gleyzes C, Tellier S, Astruc M. 2002. Fractionation studies of trace elements in contaminated soils and sediments: a review of sequential extraction procedures. Trends in Analytical Chemistry, 21: 451-467.

Gómez-Gutiérrez A, Garnacho E, Bayona J M, et al. 2007. Screening ecological risk assessment of persistent organic pollutants in Mediterranean sea sediments. Environment International, 33: 867-876.

Gong X, Qi S, Wang Y, et al. 2007. Historical contamination and sources of organochlorine pesticides in sediment cores from Quanzhou Bay, Southeast China. Marine Pollution Bulletin, 54: 1434-1440.

Gong Z M, Tao S, Xu F L, et al. 2004. Level and distribution of DDT in surface soils from Tianjin, China. Chemosphere, 54: 1247-1253.

Götz, R, Bauer O H, Friesel P, et al. 2007. Vertical profile of PCDD/Fs, dioxin-like PCBs, other PCBs, PAHs, chlorobenzenes, DDX, HCHs, organotin compounds and chlorinated ethers in dated sediment/soil cores from flood-plains of the river Elbe, Germany. Chemosphere, 67: 592-603.

Gough M A, Rowland S J. 1990. Characterization of unresolved complex mixtures of hydrocarbons in petroleum. Nature, 344: 648-650.

Gouin T, Mackay D, Jones K C, et al. 2004. Evidence for the "grasshopper" effect and fractionation during long-range atmospheric transport of organic contaminants. Environmental Pollution, 128: 139-148.

Guo J Y, Liang Z, Liao H Q, et al. 2011b. Sedimentary record of polycyclic aromatic hydrocarbons in Lake Erhai, Southwest China. Journal of Environmental Sciences, 23: 1308-1315.

Guo J Y, Wu F C, Liao H Q, et al. 2013. Sedimentary record of polycyclic aromatic hydrocarbons and DDTs in Dianchi Lake, an urban lake in Southwest China. Environmental Science and Pollution Research, 20: 5471-5480.

Guo W, He M C, Yang Z F, et al. 2011a. Characteristics of petroleum hydrocarbons in surficial sediments from the Songhuajiang River (China): Spatial and temporal trends. Environmental Monitoring and Assessment, 179: 81-92.

Guo W, Pei Y S, Yang Z F, et al. 2011c. Historical changes in polycyclic aromatic hydrocarbons (PAHs) input in Lake Baiyangdian related to regional socio-economic development. Journal of Hazardous Materials, 187: 441-449.

Guo Z G, Lin T, Zhang G, et al. 2006. High-resolution depositional records of polycyclic aromatic hydrocarbons in the central continental shelf mud of the East China Sea. Environmental Science & Technology, 40: 5304-5311.

Guo Z G, Lin T, Zhang G, et al. 2007. The sedimentary fluxes of polycyclic aromatic hydrocarbons in the Yangtze River Estuary coastal sea for the past century. Science of the Total Environment, 386: 33-41.

Güven K, Özbay C, Ünlü E, et al. 1999. Acute lethal toxicity and accumulation of copper in Gammarus pulex (L.) (Amphipoda). Turkish Journal of Biology, 23: 513-521.

Haddaoui I, Mahjoub O, Mahjoub B, et al. 2016. Occurrence and distribution of PAHs, PCBs, and chlorinated pesticides in Tunisian soil irrigated with treated wastewater. Chemosphere, 146: 195-205.

Hakanson L. 1980. An ecological risk index for aquatic pollution control. A sedimentological approach. Water Research, 14: 975-1001.

Han J, Calvin M. 1969. Hydrocarbon distribution of algae and bacteria, and microbiological activity in sediments. Proceedings of the National Academy of Sciences, 64: 436-443.

Hans R K, Farooq M, Babu G S, et al. 1999. Agricultural produce in the dry bed of the River Ganga in Kanpur, India—a new source of pesticide contamination in human diets. Food and Chemical Toxicology, 37: 847-852.

Harmens H, Foan L, Simon V, et al. 2013. Terrestrial mosses as biomonitors of atmospheric POPs pollution: A review. Environmental Pollution, 173: 245-254.

Harner T, Wideman J L, Jantunen L M M, et al. 1999. Residues of organochlorine pesticides in Alabama soils. Environmental Pollution, 106: 323-332.

Harrison R M, Smith D J T, Luhana L. 1996. Source apportionment of atmospheric polycyclic aromatic hydrocarbons collected from an urban location in Birmingham, UK. Environmental Science & Technology, 30: 825-832.

Harvey R. 1991. Polycyclic Aromatic Hydrocarbons: Chemistry and Carcinogenicity. New York: Cambridge University Press.

Hassanin A, Breivik K, Meijer S N, et al. 2004. PBDEs in European background soils: Levels and factors controlling their distribution. Environmental Science & Technology, 38: 738-745.

Hays M D, Fine P M, Geron C D, et al. 2005. Open burning of agricultural biomass: Physical and chemical properties of particle-phase emissions. Atmospheric Environment, 39: 6747-6764.

He M, Sun Y, Li X, et al. 2006. Distribution patterns of nitrobenzenes and polychlorinated biphenyls in water, suspended particulate matter and sediment from mid-and down-stream of the Yellow River (China). Chemosphere, 65: 365-374.

He W, Qin N, Kong X, et al. 2013. Polybrominated diphenyl ethers(PBDEs)in the surface sediments and suspended particulate matter (SPM) from Lake Chaohu, a large shallow Chinese lake. Science of The Total Environment, 463-464: 1163-1173.

Health Canada. 2004. Federal contaminated site risk assessment in Canada, Part I: Guidance on human health preliminary quantitative risk assessment (PQRA). Environmental Health Assessment Services, Safe Environments Directorate.

Hellar-Kihampa H, De Wael K, Lugwisha E, et al. 2013. Spatial monitoring of organohalogen compounds in surface water and sediments of a rural-urban river basin in Tanzania. Science of the Total Environment, 447: 186-197.

Hitch R K, Day H R. 1992. Unusual persistence of DDT in some western USA soils. Bulletin of Environmental Contamination and Toxicology, 48: 259-264.

Hites R A, LaFlamme R E, Farrington J W. 1977. Sedimentary polycyclic aromatic hydrocarbons: the historical record. Science, 198: 829-831.

Holmes D, Simmons J, Tatton J. 1967. Chlorinated hydrocarbons in British wildlife. Nature, 216: 227-229.

Hong S H, Yim U H, Shim W J, et al. 2005. Congener-specific survey for polychlorinated biphenlys in sediments of industrialized bays in Korea: regional characteristics and pollution sources. Environmental Science & Technology, 39: 7380-7388.

Hong S H, Yim U H, Shim W J, et al. 2006. Nationwide monitoring of polychlorinated biphenyls and organochlorine pesticides in sediments from coastal environment of Korea. Chemosphere, 64: 1479-1488.

Hope B K. 2006. An examination of ecological risk assessment and management practices. Environment International, 32: 983-995.

Hu D, Hornbuckle K C. 2010. Inadvertent polychlorinated biphenyls in commercial paint pigments. Environmental Science & Technology, 44: 2822-2827.

Hu G, Xu Z, Dai J, et al. 2010. Distribution of polybrominated diphenyl ethers and decabromodiphenylethane in surface sediments from Fuhe River and Baiyangdian Lake, North China. Journal of Environmental Sciences, 22: 1833-1839.

Hu L，Zhang G，Zheng B，et al. 2009. Occurrence and distribution of organochlorine pesticides （OCPs） in surface sediments of the Bohai Sea，China. Chemosphere，77：663-672.

Hu L M，Guo Z G，Shi X F，et al. 2011. Temporal trends of aliphatic and polyaromatic hydrocarbons in the Bohai Sea，China：evidence from the sedimentary record. Organic Geochemistry，42：1181-1193.

Hu N J，Huang P，Liu J H，et al. 2014. Characterization and source apportionment of polycyclic aromatic hydrocarbons（PAHs）in sediments in the Yellow River Estuary，China. Environment Earth Science，71：873-883.

Hu N J，Shi X F，Huang P，et al. 2011. Polycyclic aromatic hydrocarbons in surface sediments of Laizhou Bay，Bohai Sea，China. Environmental Earth Sciences，63：121-133.

Hu X X，Han Z H，Zhou Y K，et al. 2005b. Distribution of organochlorine pesticides in surface sediments from Huangpu River and its risk evaluation. Environmental Science，26：44-48.

Hu X X，Xia D X，Han Z H，et al. 2005a. Distribution characteristics and fate of organochlorine pesticide in water-sediment of Suzhou River. China Environmental Science，25：124-128.

Hui Y M，Zheng M，Liu Z，et al. 2009. Distribution of polycyclic aromatic hydrocarbons in sediments from Yellow River Estuary and Yangtze River Estuary，China. Journal of Environmental Sciences，21：1625-1631.

IARC（International Agency for Research on Cancer）. 1983. IARC monographs on the evaluation of the carcinogenic risk of chemicals to human. Polynuclear Aromatic Compounds，Part I：Chemical Environmental and Experimental Data. Geneva，Switzerland：World Health Organization.

Ilyas M，Sudaryanto A，Setiawan I E，et al. 2011. Characterization of polychlorinated biphenyls and brominated flame retardants in surface soils from Surabaya，Indonesia. Chemosphere，83：783-791.

Ip C，Li X，Zhang G，et al. 2005. Heavy metal and Pb isotopic compositions of aquatic organisms in the Pearl River Estuary，South China. Environmental Pollution，138：494-504.

Ip C C，Li X D，Zhang G，et al. 2007. Trace metal distribution in sediments of the Pearl River Estuary and the surrounding coastal area，South China. Environmental Pollution，147：311-323.

Iwata H，Tanabe S，Aramoto M，et al. 1994a. Persistent organochlorine residues in sediments from the Chukchi Sea，Bering Sea and Gulf of Alaska. Marine Pollution Bulletin，28：746-753.

Iwata H，Tanabe S，Sakai N，et al. 1994b. Geographical distribution of persistent organochlorines in air，water and sediments from Asia and Oceania，and their implications for global redistribution from lower latitudes. Environmental Pollution，85：15-33.

Iwata H，Tanabe S，Ueda K，et al. 1995. Persistent organochlorine residues in air，water，sediments，and soils from the Lake Baikal region，Russia. Environmental science & technology，29：792-801.

Iwegbue C，Emuh F，Isirimah N，et al. 2007. Fractionation，characterization and speciation of heavy metals in composts and compost-amended soils. African Journal of Biotechnology，6：67-78.

Jaffé R. 1991. Fate of hydrophobic organic pollutants in the aquatic environment：a review. Environmental Pollution，69：237-257.

Jain C. 2004. Metal fractionation study on bed sediments of River Yamuna，India. Water Research，

38: 569-578.

Jamali M K, Kazi T G, Afridi H I, et al. 2007. Speciation of heavy metals in untreated domestic wastewater sludge by time saving BCR sequential extraction method. Journal of Environmental Science and Health Part A, 42: 649-659.

Jang E, Alam M S, Harrison R M. 2013. Source apportionment of polycyclic aromatic hydrocarbons in urban air using positive matrix factorization and spatial distribution analysis. Atmospheric Environment, 79: 271-285.

Jansson B, Asplund L, Olsson M. 1987. Brominated flame retardants-ubiquitous environmental pollutants? Chemosphere, 16: 2343-2349.

Javedankherad I, Esmaili-Sari A, Bahramifar N. 2013. Levels and distribution of organochlorine pesticides and polychlorinated biphenyls in water and sediment from the international Anzali Wetland, North of Iran. Bulletin of Environmental Contamination and Toxicology, 90 (3): 285-290.

Jeng W L, Huh C A. 2008. A comparison of sedimentary aliphatic hydrocarbon distribution between East China Sea and southern Okinawa Trough. Continental Shelf Research, 28: 582-592.

Jensen S. 1966. Report of a new chemical hazard. New Scientist, 32: 612.

Jezierska B, Witeska M. 2001.Metal toxicity to fish. Monografie. Poland: University of Podlasie.

Jiang J J, Lee C L, Fang M D, et al. 2011b. Polybrominated diphenyl ethers and polychlorinated biphenyls in sediments of southwest Taiwan: Regional characteristics and potential sources. Marine Pollution Bulletin, 62: 815-823.

Jiang K, Li L, Chen Y, et al. 1997. Determination of PCDD/Fs and dioxin-like PCBs in Chinese commercial PCBs and emissions from a testing PCB incinerator. Chemosphere, 34: 941-950.

Jiang Y, Wang X, Zhu K, et al. 2010. Occurrence, compositional profiles and possible sources of polybrominated diphenyl ethers in urban soils of Shanghai, China. Chemosphere, 80: 131-136.

Jiang Y, Wang X, Zhu K, et al. 2011a. Polychlorinated biphenyls contamination in urban soil of Shanghai: level, compositional profiles and source identification. Chemosphere, 83: 767-773.

Jiang Y F, Wang X T, Wang F, et al. 2009. Levels, composition profiles and sources of polycyclic aromatic hydrocarbons in urban soil of Shanghai, China. Chemosphere, 75: 1112-1118.

Jiao L, Zheng G J, Minh T B, et al. 2009. Persistent toxic substances in remote lake and coastal sediments from Svalbard, Norwegian Arctic: levels, sources and fluxes. Environmental Pollution, 157: 1342-1351.

Jin J, Liu W, Wang Y, et al. 2008. Levels and distribution of polybrominated diphenyl ethers in plant, shellfish and sediment samples from Laizhou Bay in China. Chemosphere, 71: 1043-1050.

Johnson-Restrepo B, Kannan K. 2009. An assessment of sources and pathways of human exposure to polybrominated diphenyl ethers in the United States. Chemosphere, 76: 542-548.

Jones K C, de Voogt P. 1999. Persistent organic pollutants(POPs): state of the science. Environmental Pollution, 100: 209-221.

Kannan K, Johnson-Restrepo B, Yohn S S, et al. 2005. Spatial and temporal distribution of polycyclic aromatic hydrocarbons in sediments from Michigan inland lakes. Environmental Science & Technology, 39: 4700-4706.

Kannan K, Perrotta E. 2008. Polycyclic aromatic hydrocarbons (PAHs) in livers of California sea otters. Chemosphere, 71: 649-655.

Kartal Ş, Aydın Z, Tokalıoğlu Ş. 2006. Fractionation of metals in street sediment samples by using the BCR sequential extraction procedure and multivariate statistical elucidation of the data. Journal of Hazardous Materials, 132: 80-89.

Kaushik C, Haritash A. 2006. Polycyclic aromatic hydrocarbons (PAHs) and environmental health. Our Earth, 3: 1-7.

Kaushik C P, Sharma N, Kumar S, et al. 2012. Organochlorine pesticide residues in human blood samples collected from haryana, India and the changing pattern. Bulletin of Environmental Contamination and Toxicology, 89: 587-591.

Kavouras I G, Koutrakis P, Tsapakis M, et al. 2001. Source apportionment of urban particulate aliphatic and polynuclear aromatic hydrocarbons (PAHs) using multivariate methods. Environmental Science & Technology, 35: 2288-2294.

Kezios K L, Liu X, Cirillo P M, et al. 2013. Dichlorodiphenyltrichloroethane (DDT), DDT metabolites and pregnancy outcomes. Reproductive Toxicology, 35: 156-164.

Khairy M, Muir D, Teixeira C, et al. 2015. Spatial distribution, air-water fugacity ratios and source apportionment of polychlorinated biphenyls in the lower great lakes basin. Environmental Science & Technology, 49: 13787-13797.

Khalili N R, Scheff P A, Holsen T M. 1995. PAH source fingerprints for coke ovens, diesel and, gasoline engines, highway tunnels, and wood combustion emissions. Atmospheric Environment, 29: 533-542.

Kishimba M A, Henry L, Hwevura H, et al. 2004. The status of pesticide pollution in Tanzania. Talanta, 64: 48-53.

Kojadinovic J, Potier M, Le Corre M, et al. 2007. Bioaccumulation of trace elements in pelagic fish from the Western Indian Ocean. Environmental Pollution, 146: 548-566.

Kong S, Lu B, Bai Z, et al. 2011. Potential threat of heavy metals in re-suspended dusts on building surfaces in oilfield city. Atmospheric Environment, 45: 4192-4204.

Kong S, Lu B, Ji Y, et al. 2012a. Distribution and sources of polycyclic aromatic hydrocarbons in size-differentiated re-suspended dust on building surfaces in an oilfield city, China. Atmospheric Environment, 55: 7-16.

Kong S, Lu B, Ji, Y, et al. 2012b. Risk assessment of heavy metals in road and soil dusts within $PM_{2.5}$, PM_{10} and PM_{100} fractions in Dongying city, Shandong Province, China. Journal of Environmental Monitoring, 14: 791-803.

Konstantinov A, Arsenault G, Chittim B, et al. 2008. Identification of the minor components of Great Lakes DE-71™ technical mix by means of 1H NMR and GC/MS. Chemosphere, 73: S39-S43.

Kou S W, Wu J B, Xie S, et al. 2011. Absorption and accumulation of Pb and Cd in sweet potato and species distribution of Pb and Cd in rhizosphere soil. Journal of Agro-Environment Science, 4: 12.

Kozin I S, Gooijer C, Velthorst N H. 1995. Direct determination of dibenzo [a, l] pyrene in crude extracts of environmental samples by laser-excited Shpol'skii spectroscopy. Analytical Chemistry,

67: 1623-1626.

Król S, Namieśnik J, Zabiegała B. 2014. Occurrence and levels of polybrominated diphenyl ethers (PBDEs) in house dust and hair samples from Northern Poland: an assessment of human exposure. Chemosphere, 110: 91-96.

Kurt P B, Boke Ozkoc H. 2004. A survey to determine levels of chlorinated pesticides and PCBs in mussels and seawater from the Mid-Black Sea Coast of Turkey. Marine Pollution Bulletin, 48: 1076-1083.

Kutz F W, Wood P H, Bottimore D P. 1991. Organochlorine pesticides and polychlorinated biphenyls in human adipose tissue. Reviews of Environmental Contamination and Toxicology, 120: 1-82.

La Guardia M J, Hale R C, Harvey E. 2006. Detailed polybrominated diphenyl ether (PBDE) congener composition of the widely used penta-, octa-, and deca-PBDE technical flame-retardant mixtures. Environmental Science & Technology, 40: 6247-6254.

La Guardia M J, Hale R C, Harvey E. 2007. Evidence of debromination of decabromodiphenyl ether (BDE-209) in Biota from a wastewater receiving stream. Environmental Science & Technology, 41: 6663-6670.

Lagalante A F, Shedden C S, Greenbacker P W. 2011. Levels of polybrominated diphenyl ethers (PBDEs) in dust from personal automobiles in conjunction with studies on the photochemical degradation of decabromodiphenyl ether (BDE-209). Environment International, 37: 899-906.

Lamon L, Dalla Valle M, Critto A D, et al. 2009. Introducing an integrated climate change perspective in POPs modelling, monitoring and regulation. Environmental Pollution, 157: 1971-1980.

Larson R A, Berenbaum M R. 1988. Environmental phototoxicity. Environmental Science & Technology, 22: 354-360.

Larsen R K, Baker J E. 2003. Source apportionment of polycyclic aromatic hydrocarbons in the urban atmosphere: a comparison of three methods. Environmental Science & Technology, 37: 1873-1881.

Lavandier R, Quinete N, Hauser-Davis R A, et al. 2013. Polychlorinated biphenyls (PCBs) and Polybrominated Diphenyl ethers (PBDEs) in three fish species from an estuary in the southeastern coast of Brazil. Chemosphere, 90: 2435-2443.

Lee K G, Kweon H, Yeo J H, et al. 2011. Characterization of tyrosine-rich Antheraea pernyi silk fibroin hydrolysate. International Journal of Biological Macromolecules, 48: 223-226.

Lee K T, Tanabe S, Koh C H. 2001. Distribution of organochlorine pesticides in sediments from Kyeonggi Bay and nearby areas, Korea. Environmental Pollution, 114: 207-213.

Leenheer J A, Croué J P. 2003. Peer Reviewed: Characterizing aquatic dissolved organic matter. Environmental Science & Technology, 37: 18A-26A.

Legret M. 1993. Speciation of heavy metals in sewage sludge and sludge-amended soil. International Journal of Environmental Analytical Chemistry, 51: 161-165.

Lei N. 2014. Development of a metabolomics platform for the assessment of neurological impacts of selected environmental contaminants and bio-toxins. PhD thesis. Hong Kong, China: City University of Hong Kong.

Leonetti C, Butt C M, Hoffman K, et al. 2016. Concentrations of polybrominated diphenyl ethers

（PBDEs）and 2, 4, 6-tribromophenol in human placental tissues. Environment International，88：23-29.

Li G C，Xia X H，Yang Z F，et al. 2006a. Distribution and sources of polycyclic aromatic hydrocarbons in the middle and lower reaches of the Yellow River，China. Environmental Pollution，144：985-993.

Li J，Zhang G，Qi S，et al. 2006b. Concentrations，enantiomeric compositions，and sources of HCH，DDT and chlordane in soils from the Pearl River Delta，South China. Science of the Total Environment，372：215-224.

Li K，Christensen E R，Van Camp R P，et al. 2001c. PAHs in dated sediments of Ashtabula River，Ohio，USA. Environmental Science & Technology，35：2896-2902.

Li M，Zang S，Xiao H，et al. 2014b. Speciation and distribution characteristics of heavy metals and pollution assessments in the sediments of Nashina Lake，Heilongjiang，China. Ecotoxicology，23：681-688.

Li X H，Ma L L，Lui X F，et al. 2005a. Distribution of organochlorine pesticides in urban soil from Beijing，People's Republic of China. Bulletin of Environmental Contamination and Toxicology，74：938-945.

Li X，Shen Z，Wai O W，et al. 2001b. Chemical forms of Pb，Zn and Cu in the sediment profiles of the Pearl River Estuary. Marine Pollution Bulletin，42：215-223.

Li X，Wai O W，Li Y，et al. 2000. Heavy metal distribution in sediment profiles of the Pearl River estuary，South China. Applied Geochemistry，15：567-581.

Li Y F，Cai D J，Shan Z J，et al. 2001a. Gridded usage inventories of technical hexachlorocyclohexane and lindane for China with 1/6 latitude by 1/4 longitude resolution. Archives of Environmental Contamination and Toxicology，41：261-266.

Li Y F，Cai D J，Singh A. 1998. Technical hexachlorocyclohexane use trends in China and their impact on the environment. Archives of Environmental Contamination and Toxicology，35：688-697.

Li Y F，Cai D J，Singh A. 1999. Historical DDT use trend in China and usage data gridding with 1/4 by 1/6 longitude/latitude resolution. Advances in Environmental Research，2：497-506.

Li Y F，Macdonald R W，Jantunen L M M，et al. 2002. The transport of β-hexachlorocyclohexane to the western Arctic Ocean: a contrast to α-HCH. Science of the Total Environment，291，229-246.

Li Y F，Macdonald R W. 2005b. Sources and pathways of selected organochlorine pesticides to the Arctic and the effect of pathway divergence on HCH trends in biota: a review. Science of the Total Environment，342：87-106.

Li Y，Chen L，Wen Z，et al. 2015. Characterizing distribution，sources，and potential health risk of polybrominated diphenyl ethers（PBDEs）in office environment. Environmental Pollution，198：25-31.

Li Y，Lin T，Chen Y，et al. 2012. Polybrominated diphenyl ethers（PBDEs）in sediments of the coastal East China Sea: occurrence，distribution and mass inventory. Environmental Pollution，171：155-161.

Li Z，Ma Z，van der Kuijp T J，et al. 2014a. A review of soil heavy metal pollution from mines in

China: pollution and health risk assessment. Science of the Total Environment, 468: 843-853.

Liao C, Lv J, Fu J, et al. 2012. Occurrence and profiles of polycyclic aromatic hydrocarbons(PAHs), polychlorinated biphenyls (PCBs) and organochlorine pesticides (OCPs) in soils from a typical e-waste recycling area in Southeast China. International Journal of Environmental Health Research, 22: 317-330.

Liebezeit G, Wöstmann R. 2009. n-alkanes as indicators of natural and anthropogenic organic matter sources in the Siak River and its Estuary, E Sumatra, Indonesia. Bulletin of Environmental Contamination and Toxicology, 83: 403-409.

Lima A L C, Eglinton T I, Reddy C M. 2003. High-resolution record of pyrogenic polycyclic aromatic hydrocarbon deposition during the 20th century. Environmental Science & Technology, 37: 53-61.

Lin T, Qin Y, Zheng B, et al. 2012. Sedimentary record of polycyclic aromatic hydrocarbons in a reservoir in Northeast China. Environmental Pollution, 163: 256-260.

Liu G, Yu Y, Hou J, et al. 2014. An ecological risk assessment of heavy metal pollution of the agricultural ecosystem near a lead-acid battery factory. Ecological Indicators, 47: 210-218.

Liu G J, Niu Z Y, Van Niekerk D, et al. 2008a. Polycyclic aromatic hydrocarbons (PAHs) from coal combustion: emissions, analysis, and toxicology. Reviews of Environmental Contamination and Toxicology, 192: 1-28.

Liu G Q, Zhang G, Jin Z D, et al. 2009. Sedimentary record of hydrophobic organic compounds in relation to regional economic development: a study of Taihu Lake, East China. Environmental Pollution, 157: 2994-3000.

Liu G Q, Zhang G, Li X D, et al. 2005. Sedimentary record of polycyclic aromatic hydrocarbons in a sediment core from the Pearl River Estuary, South China. Marine Pollution Bulletin, 51: 912-921.

Liu H, Liu G, Da C, et al. 2015b. Concentration and fractionation of heavy metals in the Old Yellow River Estuary, China. Journal of Environmental Quality, 44: 174-182.

Liu H, Li L, Yin C, et al. 2008c. Fraction distribution and risk assessment of heavy metals in sediments of Moshui Lake. Journal of Environmental Sciences, 20: 390-397.

Liu L Y, Wang J Z, Wei G L, et al. 2012b. Sediment records of polycyclic aromatic hydrocarbons (PAHs) in the continental shelf of China: implications for evolving anthropogenic impacts. Environmental Science & Technology, 46: 6497-6504.

Liu M, Cheng S, Ou D, et al. 2008b. Organochlorine pesticides in surface sediments and suspended particulate matters from the Yangtze estuary, China. Environmental Pollution, 156: 168-173.

Liu R, Tan R, Li B, et al. 2015a. Overview of POPs and heavy metals in Liao River Basin. Environmental Earth Sciences, 73: 5007-5017.

Liu S, Xia X, Yang L, et al. 2010. Polycyclic aromatic hydrocarbons in urban soils of different land uses in Beijing, China: distribution, sources and their correlation with the city's urbanization history. Journal of Hazardous Materials, 177: 1085-1092.

Liu W X, Chen J L, Lin X M, et al. 2006. Distribution and characteristics of organic micropollutants in surface sediments from Bohai Sea. Environmental Pollution, 140: 4-8.

Liu W X, He W, Qin N, et al. 2013. The residues, distribution, and partition of organochlorine pesticides in the water, suspended solids, and sediments from a large Chinese lake (Lake Chaohu) during the high water level period. Environmental Science and Pollution Research, 20 (4): 2033-2045.

Liu Y, Song C, Li Y, et al. 2012a. The distribution of organochlorine pesticides (OCPs) in surface sediments of Bohai Sea Bay, China. Environmental Monitoring and Assessment, 184: 1921-1927.

Liu Y, Yu N, Li Z, et al. 2012c. Sedimentary record of PAHs in the Liangtan River and its relation to socioeconomic development of Chongqing, Southwest China. Chemosphere, 89: 893-899.

Long E R, MacDonald D D, Smith S L, et al. 1995. Incidence of adverse biological effects within ranges of chemical concentrations in marine and estuarine sediments. Environmental Management, 19: 81-97.

Long E R, Field L J, MacDonald D D. 1998. Predicting toxicity in marine sediments with numerical sediment quality guidelines. Environmental Toxicology and Chemistry, 17: 714-727.

Loska K, Wiechuła D. 2003. Application of principal component analysis for the estimation of source of heavy metal contamination in surface sediments from the Rybnik Reservoir. Chemosphere, 51: 723-733.

LRTAP Convention. 1998. Protocol to the 1979 Convention on Long-range Transboundary Air Pollution on Persistent Organic Pollutants. http: //www.unece.org/env/lrtap/pops_h1.html.

Luckey T, Venugopal I. 1977. Metal toxicity in mammals. Volume 1: Physiologic and chemical basis for metal toxicity. Biochemical Society Transactions, 6 (4): 819-820.

Luo X, Mai B, Yang Q, et al. 2004. Polycyclic aromatic hydrocarbons (PAHs) and organochlorine pesticides in water columns from the Pearl River and the Macao harbor in the Pearl River Delta in South China. Marine Pollution Bulletin, 48: 1102-1115.

Lv Q X, Wang W, Li X H, et al. 2015. Polychlorinated biphenyls and polybrominated biphenyl ethers in adipose tissue and matched serum from an E-waste recycling area (Wenling, China). Environmental Pollution, 199: 219-226.

Ma L Q, Rao G N. 1997. Chemical fractionation of cadmium, copper, nickel, and zinc in contaminated soils. Journal of Environmental Quality, 26: 259-264.

Ma M, Feng Z, Guan C, et al. 2001. DDT, PAH and PCB in sediments from the intertidal zone of the Bohai Sea and the Yellow Sea. Marine Pollution Bulletin, 42: 132-136.

Ma W L, Li Y F, Qi H, et al. 2010. Seasonal variations of sources of polycyclic aromatic hydrocarbons (PAHs) to a northeastern urban city, China. Chemosphere, 79: 441-447.

Maanan M, Saddik M, Maanan M, et al. 2015. Environmental and ecological risk assessment of heavy metals in sediments of Nador lagoon, Morocco. Ecological Indicators, 48: 616-626.

Machado K S, Figueira R C, Côcco L C, et al. 2014. Sedimentary record of PAHs in the Barigui River and its relation to the socioeconomic development of Curitiba, Brazil. Science of the Total Environment, 482: 42-52.

Mackay D. 1989. Modeling the Long-Term Behavior of an Organic Contaminant in a Large Lake: Application to PCBs in Lake Ontario. Journal of Great Lakes Research, 15: 283-297.

Mackay D, Joy M, Paterson S. 1983. A quantitative water, air, sediment interaction(QWASI)fugacity model for describing the fate of chemicals in lakes. Chemosphere, 12: 981-997.

Mahmood A, Malik R N, Li J, et al. 2015. Distribution, congener profile, and risk of polybrominated diphenyl ethers and dechlorane plus in water and sediment from two tributaries of the Chenab River, Pakistan. Archives of Environmental Contamination and Toxicology, 68: 83-91.

Mai B, Chen S, Luo X, et al. 2005. Distribution of polybrominated diphenyl ethers in sediments of the Pearl River Delta and adjacent South China Sea. Environmental Science & Technology, 39: 3521-3527.

Maliszewska-Kordybach B. 1996. Polycyclic aromatic hydrocarbons in agricultural soils in Poland: preliminary proposals for criteria to evaluate the level of soil contamination. Applied Geochemistry, 11: 121-127.

Mandalakis M, Polymenakou P N, Tselepides A, et al. 2014. Distribution of aliphatic hydrocarbons, polycyclic aromatic hydrocarbons and organochlorinated pollutants in deep-sea sediments of the southern Cretan margin, eastern Mediterranean Sea: a baseline assessment. Chemosphere, 106: 28-35.

Manz M, Wenzel K D, Dietze U, et al. 2001. Persistent organic pollutants in agricultural soils of central Germany. Science of the Total Environment, 277: 187-198.

Man Y B, Lopez B N, Wang H S, et al. 2011. Cancer risk assessment of polybrominated diphenyl ethers(PBDEs)and polychlorinated biphenyls(PCBs)in former agricultural soils of Hong Kong. Journal of Hazardous Materials, 195: 92-99.

Martins C C, Bícego M C, Mahiques M M, et al. 2011. Polycyclic aromatic hydrocarbons (PAHs) in a large South American industrial coastal area (Santos Estuary, Southeastern Brazil): sources and depositional history. Marine Pollution Bulletin, 63: 452-458.

Martins C C, Bícego M C, Rose N L, et al. 2010. Historical record of polycyclic aromatic hydrocarbons (PAHs) and spheroidal carbonaceous particles (SCPs) in marine sediment cores from Admiralty Bay, King George Island, Antarctica. Environmental Pollution, 158: 192-200.

Marvin C, Waltho J, Jia J, et al. 2013. Spatial distributions and temporal trends in polybrominated diphenyl ethers in Detroit River suspended sediments. Chemosphere, 91: 778-783.

Masclet P, Mouvier G, Nikolaou K. 1986. Relative decay index and sources of polycyclic aromatic hydrocarbons. Atmospheric Environment (1967), 20: 439-446.

Mastral A M, Callen M, Murillo R. 1996. Assessment of PAH emissions as a function of coal combustion variables. Fuel, 75: 1533-1536.

May W E, Wise S A. 1984. Liquid chromatographic determination of polycyclic aromatic hydrocarbons in air particulate extracts. Analytical Chemistry, 56: 225-232.

McDonald T A. 2002. A perspective on the potential health risks of PBDEs. Chemosphere, 46: 745-755.

Melnyk A, Dettlaff A, Kuklińska K, et al. 2015. Concentration and sources of polycyclic aromatic hydrocarbons(PAHs)and polychlorinated biphenyls(PCBs)in surface soil near a municipal solid waste (MSW) landfill. Science of The Total Environment, 530-531: 18-27.

Mendil D, Uluözlü ÖD. 2007. Determination of trace metal levels in sediment and five fish species from lakes in Tokat，Turkey. Food Chemistry，101：739-745.

Menzie C A，Potocki B B，Santodonato J. 1992. Exposure to carcinogenic PAHs in the environment. Environmental Science & Technology，26：1278-1284.

Meyers P A. 2003. Applications of organic geochemistry to paleolimnological reconstructions：a summary of examples from the Laurentian Great Lakes. Organic Geochemistry，34：261-289.

Meyers P A，Ishiwatari R. 1993. Lacustrine organic geochemistry—an overview of indicators of organic matter sources and diagenesis in lake sediments. Organic Geochemistry，20：867-900.

Meyers P A，Takemura K. 1997. Quaternary changes in delivery and accumulation of organic matter in sediments of Lake Biwa，Japan. Journal of Paleolimnology，18：211-218.

Mille G，Asia L，Guiliano M，et al. 2007. Hydrocarbons in coastal sediments from the Mediterranean sea（Gulf of Fos area，France）. Marine Pollution Bulletin，54：566-575.

Minh N H，Isobe T，Ueno D，et al. 2007. Spatial distribution and vertical profile of polybrominated diphenyl ethers and hexabromocyclododecanes in sediment core from Tokyo Bay，Japan. Environmental Pollution，148：409-417.

Monza L B，Loewy R，Savini M C，et al. 2013. Sources and distribution of aliphatic and polyaromatic hydrocarbons in sediments from the Neuquen River，Argentine Patagonia. Journal of Environmental Science and Health，Part A，48：370-379.

Moon H B，Choi M，Yu J，et al. 2012b. Contamination and potential sources of polybrominated diphenyl ethers（PBDEs）in water and sediment from the artificial Lake Shihwa，Korea. Chemosphere，88：837-843.

Moon H B，Lee D H，Lee Y S，et al. 2012a. Occurrence and accumulation patterns of polycyclic aromatic hydrocarbons and synthetic musk compounds in adipose tissues of Korean females. Chemosphere，86：485-490.

Mormede S，Davies I. 2001. Heavy metal concentrations in commercial deep-sea fish from the Rockall Trough. Continental Shelf Research，21：899-916.

Motelay-Massei A，Ollivon D，Garban B，et al. 2004. Distribution and spatial trends of PAHs and PCBs in soils in the Seine River basin，France. Chemosphere，55：555-565.

Mumtaz M，Mehmood A，Qadir A，et al. 2016. Polychlorinated biphenyl（PCBs）in rice grains and straw：risk surveillance，congener specific analysis，distribution and source apportionment from selected districts of Punjab Province，Pakistan. Science of The Total Environment，543：620-627.

Nadal M，Schuhmacher M，Domingo J. 2004. Levels of PAHs in soil and vegetation samples from Tarragona County，Spain. Environmental Pollution，132：1-11.

Neff J M. 1979. Polycyclic aromatic hydrocarbons in the aquatic environment：Sources，fates and biological effects，Polycyclic aromatic hydrocarbons in the aquatic environment：sources，fates and biological effects. Applied Science.

Nemati K，Bakar N K A，Abas M R，et al. 2011. Speciation of heavy metals by modified BCR sequential extraction procedure in different depths of sediments from Sungai Buloh，Selangor，Malaysia. Journal of Hazardous Materials，192：402-410.

Nemerow N L. 1974. Scientific stream pollution analysis. McGraw-Hill，New York.

Nhan D D，Carvalho F P，Tuan N Q，et al. 2001. Chlorinated pesticides and PCBs in sediments and molluscs from freshwater canals in the Hanoi region. Environmental Pollution, 112: 311-320.

Ni H, Ding C, Lu S, et al. 2012. Food as a main route of adult exposure to PBDEs in Shenzhen, China. Science of the Total Environment, 437: 10-14.

Ni K, Lu Y, Wang T, et al. 2013. A review of human exposure to polybrominated diphenyl ethers (PBDEs) in China. International Journal of Hygiene and Environmental Health, 216: 607-623.

Nie X, Lan C, Wei T, et al. 2005. Distribution of polychlorinated biphenyls in the water, sediment and fish from the Pearl River estuary, China. Marine Pollution Bulletin, 50: 537-546.

Nie Z, Tian S, Tian Y, et al. 2015. The distribution and biomagnification of higher brominated BDEs in terrestrial organisms affected by a typical e-waste burning site in South China. Chemosphere, 118: 301-308.

Nielsen T. 1996. Traffic contribution of polycyclic aromatic hydrocarbons in the center of a large city. Atmospheric Environment, 30: 3481-3490.

Nishigima F N, Weber R R, Bícego M C. 2001. Aliphatic and aromatic hydrocarbons in sediments of Santos and Cananéia, SP, Brazil. Marine Pollution Bulletin, 42: 1064-1072.

Nordberg G. 2003. Cadmium and human health: a perspective based on recent studies in China. The Journal of Trace Elements in Experimental Medicine, 16: 307-319.

Notar M, Leskovšek H, Faganeli J. 2001. Composition, distribution and sources of polycyclic aromatic hydrocarbons in sediments of the gulf of Trieste, Northern Adriatic Sea. Marine Pollution Bulletin, 42: 36-44.

Nouira T, Risso C, Chouba L, et al. 2013. Polychlorinated biphenyls (PCBs) and Polybrominated diphenyl ethers (PBDEs) in surface sediments from Monastir Bay (Tunisia, Central Mediterranean): Occurrence, distribution and seasonal variations. Chemosphere, 93: 487-493.

Obasohan E, Oronsaye J. 2004. Bioaccumulation of heavy metals by some cichlids from Ogba River, Benin City, Nigeria. Nigerian Annals of Natural Science, 5: 11-27.

Okuda T, Okamoto K, Tanaka S, et al. 2010. Measurement and source identification of polycyclic aromatic hydrocarbons (PAHs) in the aerosol in Xi'an, China, by using automated column chromatography and applying positive matrix factorization (PMF). Science of The Total Environment, 408: 1909-1914.

Orecchio S. 2010. Assessment of polycyclic aromatic hydrocarbons (PAHs) in soil of a Natural Reserve (Isola delle Femmine) (Italy) located in front of a plant for the production of cement. Journal of Hazardous Materials, 173: 358-368.

Oyoita O E, Ekpo B O, Oros D R, et al. 2010. Distributions and sources of aliphatic hydrocarbons and ketones in surface sediments from the Cross River estuary, SE Niger Delta, Nigeria. Journal of Applied Sciences in Environmental Sanitation, 5: 24-34.

Paatero P. 1997. Least squares formulation of robust non-negative factor analysis. Chemometrics and Intelligent Laboratory Systems, 37: 23-35.

Paatero P. 1999. The multilinear engine-a table-driven, least squares program for solving multilinear problems, including the n-way parallel factor analysis model. Journal of Computational and Graphical Statistics, 8: 854-888.

Paatero P, Tapper U. 1993. Analysis of different modes of factor analysis as least squares fit problems.

Chemometrics and Intelligent Laboratory Systems, 18: 183-194.

Paatero P, Tapper U. 1994. Positive matrix factorization: a non-negative factor model with optimal utilization of error estimates of data values. Environmetrics, 5: 111-126.

Pan X, Tang J, Li J, et al. 2010. Levels and distributions of PBDEs and PCBs in sediments of the Bohai Sea, North China. Journal of Environmental Monitoring, 12: 1234-1241.

Pan X, Tang J, Li J, et al. 2011. Polybrominated diphenyl ethers (PBDEs) in the riverine and marine sediments of the Laizhou Bay area, North China. Journal of Environmental Monitoring, 13: 886-893.

Pandit G G, Sahu S K, Sharma S, et al. 2006. Distribution and fate of persistent organochlorine pesticides in coastal marine environment of Mumbai. Environment International, 32: 240-243.

Parolini M, Guazzoni N, Comolli R, et al. 2013. Background levels of polybrominated diphenyl ethers (PBDEs) in soils from Mount Meru area, Arusha district (Tanzania). Science of The Total Environment, 452-453: 253-261.

Patrolecco L, Ademollo N, Capri S, et al. 2010. Occurrence of priority hazardous PAHs in water, suspended particulate matter, sediment and common eels (Anguilla anguilla) in the urban stretch of the River Tiber (Italy). Chemosphere, 81: 1386-1392.

Peng X, Zhang G, Zheng L, et al. 2005. The vertical variations of hydrocarbon pollutants and organochlorine pesticide residues in a sediment core in Lake Taihu, East China. Geochemistry: Exploration, Environment, Analysis, 5: 99-104.

Pérez-Ruzafa A, Navarro S, Barba A, et al. 2000. Presence of pesticides throughout trophic compartments of the food web in the Mar Menor Lagoon (SE Spain). Marine Pollution Bulletin, 40: 140-151.

Pessah I N, Cherednichenko G, Lein P J. 2010. Minding the calcium store: ryanodine receptor activation as a convergent mechanism of PCB toxicity. Pharmacology & Therapeutics, 125: 260-285.

Peters C A, Knightes C D, Brown D G. 1999. Long-term composition dynamics of PAH-containing NAPLs and implications for risk assessment. Environmental Science & Technology, 33: 4499-4507.

Pham T, Lum K, Lemieux C. 1993. The occurrence, distribution and sources of DDT in the St. Lawrence River, Quebec (Canada). Chemosphere, 26: 1595-1606.

Piazza R, Ruiz-Fernández A C, Frignani M, et al. 2009. Historical PCB fluxes in the Mexico City Metropolitan Zone as evidenced by a sedimentary record from the Espejo de los Lirios lake. Chemosphere, 75: 1252-1258.

Platt K, Pfeiffer E, Petrovic P, et al. 1990. Comparative tumorigenicity of picene and dibenz [a, h] anthracene in the mouse. Carcinogenesis, 11: 1721-1726.

Plaskett D, Potter I. 1979. Heavy metal concentrations in the muscle tissue of 12 species of teleost from Cockburn Sound, Western Australia. Marine and Freshwater Research, 30: 607-616.

Pociecha M, Lestan D. 2010. Using electrocoagulation for metal and chelant separation from washing solution after EDTA leaching of Pb, Zn and Cd contaminated soil. Journal of Hazardous Materials, 174: 670-678.

Poirier M C. 2004. Chemical-induced DNA damage and human cancer risk. Nature Reviews Cancer, 4: 630-637.

Pozo K, Perra G, Menchi V, et al. 2011. Levels and spatial distribution of polycyclic aromatic hydrocarbons(PAHs)in sediments from Lenga Estuary, central Chile. Marine Pollution Bulletin, 62: 1572-1576.

Qin Y, Zheng B, Lei K, et al. 2011. Distribution and mass inventory of polycyclic aromatic hydrocarbons in the sediments of the south Bohai Sea, China. Marine Pollution Bulletin, 62: 371-376.

Qin Z, Zhou J, Chu S, et al. 2003. Effects of Chinese domestic polychlorinated biphenyls (PCBs) on gonadal differentiation in Xenopus laevis. Environmental Health Perspectives, 111: 553-556.

Qiu X, Zhu T, Li J, et al. 2004. Organochlorine pesticides in the air around the Taihu Lake, China. Environmental Science & Technology, 38: 1368-1374.

Qiu X, Zhu T, Yao B, et al. 2005. Contribution of dicofol to the current DDT pollution in China. Environmental Science & Technology, 39: 4385-4390.

Qiu Y W, Zhang G, Guo L L, et al. 2009. Current status and historical trends of organochlorine pesticides in the ecosystem of Deep Bay, South China. Estuarine, Coastal and Shelf Science, 85: 265-272.

Quenea K, Derenne S, Largeau C, et al. 2004. Variation in lipid relative abundance and composition among different particle size fractions of a forest soil. Organic Geochemistry, 35: 1355-1370.

Quevauviller P. 1998. Operationally defined extraction procedures for soil and sediment analysis I. Standardization. Trends in Analytical Chemistry, 17: 289-298.

Raccanelli S, Pavoni B, Marcomini A, et al. 1989. Polychlorinated biphenyl pollution caused by resuspension of surface sediments in the lagoon of Venice. Science of The Total Environment, 79: 111-123.

Rahman M S, Islam M R. 2009. Effects of pH on isotherms modeling for Cu(II)ions adsorption using maple wood sawdust. Chemical Engineering Journal, 149: 273-280.

Rahman M S, Molla A H, Saha N, et al. 2012. Study on heavy metals levels and its risk assessment in some edible fishes from Bangshi River, Savar, Dhaka, Bangladesh. Food Chemistry, 134: 1847-1854.

Rachdawong P, Christensen E R, Karls J F. 1998. Historical PAH fluxes to Lake Michigan sediments determined by factor analysis. Water Research, 32: 2422-2430.

Ramdahl T. 1983. Retene-a molecular marker of wood combustion in ambient air. Nature, 306: 580-583.

Ramu K, Isobe T, Takahashi S, et al. 2010. Spatial distribution of polybrominated diphenyl ethers and hexabromocyclododecanes in sediments from coastal waters of Korea. Chemosphere, 79: 713-719.

Ravindra K, Sokhi R, Van Grieken R. 2008. Atmospheric polycyclic aromatic hydrocarbons: source attribution, emission factors and regulation. Atmospheric Environment, 42: 2895-2921.

Rayne S, Ikonomou M G, Antcliffe B. 2003. Rapidly increasing polybrominated diphenyl ether concentrations in the Columbia River system from 1992 to 2000. Environmental Science &

Technology，37：2847-2854.

Reff A，Eberly S I，Bhave P V. 2007. Receptor modeling of ambient particulate matter data using positive matrix factorization：review of existing methods. Journal of the Air & Waste Management Association，57：146-154.

Ren J，Shang Z，Tao L，et al. 2015. Multivariate Analysis and Heavy Metals Pollution Evaluation in Yellow River Surface Sediments. Polish Journal of Environmental Studies，24：1041-1048.

Rey-Salgueiro L，Martínez-Carballo E，García-Falcón M S，et al. 2009. Survey of polycyclic aromatic hydrocarbons in canned bivalves and investigation of their potential sources. Food Research International，42：983-988.

Risebrough R，Rieche P，DB P，et al. 1968. Polychlorinated biphenyls in the global ecosystem. Nature，220：1098-1102.

Robards K. 1990. The determination of polychlorinated biphenyl residues：a review with special reference to foods. Food Additives & Contaminants，7：143-174.

Roburn J. 1965. A simple concentration-cell technique for determining small amounts of halide ions and its use in the determination of residues of organochlorine pesticides. Analyst，90：467-475.

Rogge W F，Hildemann L M，Mazurek M A，et al. 1993a. Sources of fine organic aerosol. 2. noncatalyst and catalyst-equipped automobiles and heavy-duty diesel trucks. Environmental Science & Technology，27：636-651.

Rogge W F，Hildemann L M，Mazurek M A，et al. 1993b. Sources of fine organic aerosol. 3. road dust，tire debris，and organometallic brake lining dust：roads as sources and sinks. Environmental Science & Technology，27：1892-1904.

Rogge W F，Hildemann L M，Mazurek M A，et al. 1993c. Sources of fine organic aerosol. 4. particulate abrasion products from leaf surfaces of urban plants. Environmental Science & Technology，27：2700-2711.

Rogge W F，Hildemann L M，Mazurek M A，et al. 1998. Sources of fine organic aerosol. 9. pine，oak，and synthetic log combustion in residential fireplaces. Environmental Science & Technology，32：13-22.

Romano S，Piazza R，Mugnai C，et al. 2013. PBDEs and PCBs in sediments of the Thi Nai Lagoon（Central Vietnam）and soils from its mainland. Chemosphere，90：2396-2402.

Roszko M，Jędrzejczak R，Szymczyk K. 2014. Polychlorinated biphenyls（PCBs），polychlorinated diphenyl ethers（PBDEs）and organochlorine pesticides in selected cereals available on the Polish retail market. Science of The Total Environment，466-467：136-151.

Sadiq M. 1992. Toxic Metal Chemistry in Marine Environments. New York：Marcel Dekker.

Safe S. 1989. Polychlorinated biphenyls（PCBs）：mutagenicity and carcinogenicity. Mutation Research/Reviews in Genetic Toxicology，220：31-47.

Saha N，Zaman M. 2011. Concentration of selected toxic metals in groundwater and some cereals grown in Shibganj area of Chapai Nawabganj，Rajshahi，Bangladesh. Current Science（Bangalore），101：427-431.

Sahito O M，Afridi H I，Kazi T G，et al. 2015. Evaluation of heavy metal bioavailability in soil amended with poultry manure using single and BCR sequential extractions. International Journal of Environmental Analytical Chemistry，95：1066-1079.

Sakari M，Zakaria M P，Junos M B M，et al，2008. Spatial distribution of petroleum hydrocarbon in sediments of major rivers from east coast of peninsular Malaysia. Coastal Marine Science，32：9-18.

Salem D M S A，Morsy F A E M，El Nemr A，et al. 2014. The monitoring and risk assessment of aliphatic and aromatic hydrocarbons in sediments of the Red Sea，Egypt. The Egyptian Journal of Aquatic Research，40：333-348.

Salomons W，De Rooij N，Kerdijk H，et al. 1987. Sediments as a source for contaminants? Hydrobiologia，149：13-30.

Samara F，Tsai C W，Aga D S. 2006. Determination of potential sources of PCBs and PBDEs in sediments of the Niagara River. Environmental Pollution，139：489-497.

Santschi P，Presley B，Wade T，et al. 2001. Historical contamination of PAHs，PCBs，DDTs，and heavy metals in Mississippi river Delta，Galveston bay and Tampa bay sediment cores. Marine Environmental Reserch，52：51-79.

Sapozhnikova Y，Bawardi O，Schlenk D. 2004. Pesticides and PCBs in sediments and fish from the Salton Sea，California，USA. Chemosphere，55：797-809.

Sarria-Villa R，Ocampo-Duque W，Páez M，et al. 2016. Presence of PAHs in water and sediments of the Colombian Cauca River during heavy rain episodes，and implications for risk assessment. Science of The Total Environment，540：455-465.

Scheckel K G，Impellitteri C A，Ryan J A，et al. 2003. Assessment of a sequential extraction procedure for perturbed lead-contaminated samples with and without phosphorus amendments. Environmental science & technology，37：1892-1898.

Schubert P，Schantz M M，Sander L C，et al. 2003. Determination of polycyclic aromatic hydrocarbons with molecular weight 300 and 302 in environmental-matrix standard reference materials by gas chromatography/mass spectrometry. Analytical Chemistry，75：234-246.

Seki O，Nakatsuka T，Shibata H，et al. 2010. A compound-specific n-alkane $\delta^{13}C$ and δD approach for assessing source and delivery processes of terrestrial organic matter within a forested watershed in northern Japan. Geochimica et Cosmochimica Acta，74：599-613.

Shah S L，Altindag A. 2005. Alterations in the immunological parameters of Tench（Tinca tinca L. 1758）after acute and chronic exposure to lethal and sublethal treatments with mercury，cadmium and lead. Turkish Journal of Veterinary and Animal Sciences，29：1163-1168.

Shaw S D，Kannan K. 2009. Polybrominated diphenyl ethers in marine ecosystems of the American continents：foresight from current knowledge. Reviews in Environmental Health，24：157-229.

Shi Y，Meng F，Guo F，et al. 2005. Residues of organic chlorinated pesticides in agricultural soils of Beijing，China. Archives of Environmental Contamination and Toxicology，49：37-44.

Shikazono N，Tatewaki K，Mohiuddin K，et al. 2012. Sources，spatial variation，and speciation of heavy metals in sediments of the Tamagawa River in Central Japan. Environmental Geochemistry and Health，34：13-26.

Shuman L. 1985. Fractionation method for soil microelements. Soil Science，140：11-22.

Simcik M F，Eisenreich S J，Golden K A，et al. 1996. Atmospheric loading of polycyclic aromatic hydrocarbons to Lake Michigan as recorded in the sediments. Environmental Science & Technology, 30: 3039-3046.

Simcik M F, Eisenreich S J, Lioy P J. 1999. Source apportionment and source/sink relationships of PAHs in the coastal atmosphere of Chicago and Lake Michigan. Atmospheric Environment, 33: 5071-5079.

Singh A K, Hasnain S, Banerjee D. 1999. Grain size and geochemical partitioning of heavy metals in sediments of the Damodar River–a tributary of the lower Ganga, India. Environmental Geology, 39: 90-98.

Singh K P, Malik A, Kumar R, et al. 2008. Receptor modeling for source apportionment of polycyclic aromatic hydrocarbons in urban atmosphere. Environmental Monitoring and Assessment, 136: 183-196.

Sivaperumal P, Sankar T, Nair P V. 2007. Heavy metal concentrations in fish, shellfish and fish products from internal markets of India vis-a-vis international standards. Food Chemistry, 102: 612-620.

Sjödin A, Jakobsson E, Kierkegaard A, et al. 1998. Gas chromatographic identification and quantification of polybrominated diphenyl ethers in a commercial product, Bromkal 70-5DE. Journal of Chromatography A: 822, 83-89.

Söderström G, Sellström U, de Wit C A, et al. 2004. Photolytic debromination of decabromodiphenyl ether (BDE 209). Environmental Science & Technology, 38: 127-132.

Sofowote U M, McCarry B E, Marvin C H. 2008. Source apportionment of PAH in Hamilton Harbour suspended sediments: comparison of two factor analysis methods. Environmental Science & Technology, 42: 6007-6014.

Sojinu S O, Sonibare O O, Ekundayo O, et al. 2012. Assessing anthropogenic contamination in surface sediments of Niger Delta, Nigeria with fecal sterols and n-alkanes as indicators. Science of the Total Environment, 441: 89-96.

Song W, Li A, Ford J C, et al. 2005. Polybrominated Diphenyl Ethers in the Sediments of the Great Lakes. 2. Lakes Michigan and Huron. Environmental Science & Technology, 39: 3474-3479.

Squadrone S, Prearo M, Brizio P, et al. 2013. Heavy metals distribution in muscle, liver, kidney and gill of European catfish (Silurus glanis) from Italian Rivers. Chemosphere, 90: 358-365.

Staskal D F, Scott L L F, Haws L C, et al. 2008. Assessment of Polybrominated Diphenyl Ether Exposures and Health Risks Associated with Consumption of Southern Mississippi Catfish. Environmental Science & Technology, 42: 6755-6761.

Stockholm Convention. 2001. Stockholm convention on persistent organic pollutants. http: //www. pops.int/documents/convtext/convtext_en.pdf.

Stockholm Convention. 2008. Global monitoring plan for persistent organic pollutants, first regional monitoring report: Asia-Pacific region.

Stockholm Convention. 2009. Global monitoring plan for persistent organic pollutants, first regional monitoring report: western Europe and other states group (WEOG) region.

Stone R. 2009. Confronting a toxic blowback from the electronics trade. Science, 325: 1055.

Stout S A, Graan T P. 2010. Quantitative source apportionment of PAHs in sediments of little

Menomonee River, Wisconsin: weathered creosote versus urban background. Environmental Science & Technology, 44: 2932-2939.

Stuetz W, Prapamontol T, Erhardt J G, et al. 2001. Organochlorine pesticide residues in human milk of a Hmong hill tribe living in Northern Thailand. Science of the Total Environment, 273: 53-60.

Stumm W, Brauner P A. 1975. Chemical speciation//Riley J P, Skirrow G. Chemical oceanography. London: Academic Press, 173-239.

Su D, Wong J. 2004. Chemical speciation and phytoavailability of Zn, Cu, Ni and Cd in soil amended with fly ash-stabilized sewage sludge. Environment International, 29: 895-900.

Subramanian V, Jha P, Van Grieken R. 1988. Heavy metals in the Ganges estuary. Marine Pollution Bulletin, 19: 290-293.

Suman S, Sinha A, Tarafdar A. 2016. Polycyclic aromatic hydrocarbons (PAHs) concentration levels, pattern, source identification and soil toxicity assessment in urban traffic soil of Dhanbad, India. Science of The Total Environment, 545-546: 353-360.

Sun J, Feng J, Liu Q, et al. 2010. Distribution and sources of organochlorine pesticides (OCPs) in sediments from upper reach of Huaihe River, East China. Journal of Hazardous Materials, 184: 141-146.

Sun R X, Lin Q, Ke C L, et al. 2016. Polycyclic aromatic hydrocarbons in surface sediments and marine organisms from the Daya Bay, South China. Marine Pollution Bulletin, 103: 325-332.

Sun Z, Mou X, Tong C, et al. 2015. Spatial variations and bioaccumulation of heavy metals in intertidal zone of the Yellow River estuary, China. Catena, 126: 43-52.

Sundaray S K, Nayak B B, Lin S, et al. 2011. Geochemical speciation and risk assessment of heavy metals in the river estuarine sediments—a case study: Mahanadi basin, India. Journal of Hazardous Materials, 186: 1837-1846.

Syakti A D, Asia L, Kanzari F, et al. 2015. Indicators of terrestrial biogenic hydrocarbon contamination and linear alkyl benzenes as land-base pollution tracers in marine sediments. International Journal of Environmental Science and Technology, 12: 581-594.

Tack F M, Verloo M G. 1999. Single extractions versus sequential extraction for the estimation of heavy metal fractions in reduced and oxidised dredged sediments. Chemical Speciation & Bioavailability, 11: 43-50.

Tahir N M, Pang S Y, Simoneit B R T. 2015. Distribution and sources of lipid compound series in sediment cores of the southern South China Sea. Environmental Science and Pollution Research, 22: 7557-7568.

Tanabe S. 1988. PCB problems in the future: foresight from current knowledge. Environmental Pollution, 50: 5-28.

Tauler R, Viana M, Querol X, et al. 2009. Comparison of the results obtained by four receptor modelling methods in aerosol source apportionment studies. Atmospheric Environment, 43: 3989-3997.

Tang Z, Yang Z, Shen Z, et al. 2008. Residues of organochlorine pesticides in water and suspended particulate matter from the Yangtze River catchment of Wuhan, China. Environmental Monitoring and Assessment, 137 (1-3): 427-439.

Tao S, Li B G, He X C, et al. 2007. Spatial and temporal variations and possible sources of dichlorodiphenyltrichloroethane (DDT) and its metabolites in rivers in Tianjin, China. Chemosphere, 68: 10-16.

Tao S, Liu W, Li Y, et al. 2008. Organochlorine pesticides contaminated surface soil as reemission source in the Haihe Plain, China. Environmental Science & Technology, 42: 8395-8400.

Tao S, Xu F L, Wang X J, et al. 2005. Organochlorine pesticides in agricultural soil and vegetables from Tianjin, China. Environmental Science & Technology, 39: 2494-2499.

Tessier A, Campbell P G, Bisson M. 1979. Sequential extraction procedure for the speciation of particulate trace metals. Analytical Chemistry, 51: 844-851.

Tokaliǧlu Ş, Kartal Ş, Elci L. 2000. Determination of heavy metals and their speciation in lake sediments by flame atomic absorption spectrometry after a four-stage sequential extraction procedure. Analytica Chimica Acta, 413: 33-40.

Tolosa I, Bayona J M, Albaigés J. 1996. Aliphatic and polycyclic aromatic hydrocarbons and sulfur/oxygen derivatives in northwestern Mediterranean sediments: spatial and temporal variability, fluxes, and budgets. Environmental Science & Technology, 30: 2495-2503.

Tolosa I, Mesa-Albernas M, Alonso-Hernandez C M. 2009. Inputs and sources of hydrocarbons in sediments from Cienfuegos bay, Cuba. Marine Pollution Bulletin, 58: 1624-1634.

Tomashuk T A, Truong T M, Mantha M, et al. 2012. Atmospheric polycyclic aromatic hydrocarbon profiles and sources in pine needles and particulate matter in Dayton, Ohio, USA. Atmospheric Environment, 51: 196-202.

Tretry J, Metz S. 1985. A decline in lead transport by the Mississippi. River Science, 230: 439-441.

Tsai P J, Shih T S, Chen H L, et al. 2004. Assessing and predicting the exposures of polycyclic aromatic hydrocarbons (PAHs) and their carcinogenic potencies from vehicle engine exhausts to highway toll station workers. Atmospheric Environment, 38: 333-343.

Turgut C. 2003. The contamination with organochlorine pesticides and heavy metals in surface water in Küçük Menderes River in Turkey, 2000~2002. Environment International, 29: 29-32.

Türkmen A, Türkmen M, Tepe Y, et al. 2005. Heavy metals in three commercially valuable fish species from Iskenderun Bay, Northern East Mediterranean Sea, Turkey. Food Chemistry, 91: 167-172.

UNEP (United Nations Environment Programme). 2001. Regionally based assessment of persistent toxic substances: Central and North East Asia region, Nairobi, Kenya, United Nations Environment Programme.

UNEP (United Nations Environment Programme). 2011a. Draft revised guidance on the global monitoring plan for persistent organic pollutants, UNEP/POPS/COP.5/INF/27, United Nations Environment Programme, UNEP Chemicals Geneva, Switzerland.

UNEP (United Nations Environment Programme). 2011b. Report of the conference of the parties to the Stockholm convention on persistent organic pollutants on the work of its fifth meeting. UNEP/POPS/COP.5/36, Geneva, 25-29 April 2011.

Ure A. 1996. Single extraction schemes for soil analysis and related applications. Science of the Total Environment, 178: 3-10.

Ure A，Quevauviller P，Muntau H，et al. 1993. Speciation of heavy metals in soils and sediments. An account of the improvement and harmonization of extraction techniques undertaken under the auspices of the BCR of the Commission of the European Communities. International Journal of Environmental Analytical Chemistry，51：135-151.

USDHHS（U.S. Department of Health and Human Services）. 2005. Polycyclic aromatic hydrocarbons：15 listings；eleventh report on carcinogens.

USEPA（U.S. Environmental Protection Agency）. 1984. Review and evaluation of the evidence for cancer associated with air pollution. EPA-540/5-006R. USEPA，Arlington.

USEPA（U.S. Environmental Protection Agency）. 1997. Exposure factors handbook. EPA/600/P-95/002F. Washington：Environmental Protection Agency.

USEPA（U.S. Environmental Protection Agency）. 2004. Risk assessment guidance for superfund，human health evaluation manual，Pt E，Supplemental Guidance for Dermal Risk Assessment. vol. 1，USEPA，EPA 540-R-99-005，Washington，DC.

USEPA（U.S. Environmental Protection Agency）. 2008. EPA positive matrix factorization（PMF）3.0：Fudamentals& User Guide，Washington，DC，1-81.

USEPA（U.S. Environmental Protection Agency）. 2009a. DecaBDE phase-out initiative. http：//www. epa. Gov/opptintr/existingchemicals/pubs/actionplans/deccadbe. html（Accessed 02.03.09）.

USEPA（U.S. Environmental Protection Agency）. 2009b. Risk assessment guidance for superfund. vol I：human health evaluation manual（F，supplemental guidance for inhalation risk assessment EPA/540/R/070/002.Washington：Environmental Protection Agency.

USEPA（U.S. Environmental Protection Agency）. 1989. Risk assessment guidance for superfund. human health evaluation manual. EPA/540/1-89/002，vol. I. office of solid waste and emergency response. US Environmental Protection Agency. Washington，DC. ＜http：//www.epa.gov/sup erfund/programs/risk/ragsa/index.htm＞

USEPA（U.S. Environmental Protection Agency）. 1996. PCBs：cancer dose-response assessment and application to environmental mixtures. EPA600-P-96-001F. Washington，DC：United States Environmental Protection Agency.

USEPA（U.S. Environmental Protection Agency）. 2001. Supplemental guidance for developing soil screening levels for superfund sites. OSWER 9355.4-24. Office of Solid Waste and Emergency Response. US Environmental Protection Agency. //www.epa.gov/superfund/ resources/soil/ss gmarch01. pdf.

USEPA（U.S. Environmental Protection Agency）. 2002. National recommended water quality criteria. EPA-822-R-02-047. Washington，DC：United States Environmental Protection Agency.

van den Berg M，Birnbaum L，Bosveld A T C，et al. 1998. Toxic equivalency factors（TEFs）for PCBs，PCDDs，PCDFs for humans and wildlife. Environmental Health Perspectives，106：775-792.

van den Berg M，Birnbaum L S，Denison M，et al. 2006. The 2005 world health organization reevaluation of human and mammalian toxic equivalency factors for dioxins and dioxin-like compounds. Toxicological Sciences，93，223-241.

van den Steen E，Covaci A，Jaspers V L B，et al. 2007. Accumulation，tissue-specific distribution and debromination of decabromodiphenyl ether（BDE 209）in European starlings（Sturnus vulgaris）. Environmental Pollution，148：648-653.

Van Metre P C，Callender E，Fuller C C. 1997. Historical trends in organochlorine compounds in river basins identified using sediment cores from reservoirs. Environmental Science & Technology，31：2339-2344.

Van Metre P C，Mahler B J. 2005. Trends in hydrophobic organic contaminants in urban and reference lake sediments across the United States，1970～2001. Environmental Science & Technology，39：5567-5574.

Vane C H，Harrison I，Kim A W. 2007. Polycyclic aromatic hydrocarbons（PAHs）and polychlorinated biphenyls（PCBs）in sediments from the Mersey Estuary，UK. Science of The Total Environment，374：112-126.

Vane C H，Kim A W，Beriro D J，et al. 2014. Polycyclic aromatic hydrocarbons（PAH）and polychlorinated biphenyls（PCB）in urban soils of Greater London，UK. Applied Geochemistry，51：303-314.

Venkataraman C，Lyons J M，Friedlander S K. 1994. Size distributions of polycyclic aromatic hydrocarbons and elemental carbon. 1. Sampling，measurement methods，and source characterization. Environmental Science &Technology，28：555-562.

Venkatesan M I. 1988. Occurrence and possible sources of perylene in marine sediments-a review. Marine Chemistry，25：1-27.

Venkatesan M I，De Leon R P，Van Geen A，et al. 1999. Chlorinated hydrocarbon pesticides and polychlorinated biphenyls in sediment cores from San Francisco Bay. Marine Chemistry，64：85-97.

Venkatesan M I，Kaplan I R. 1982. Distribution and transport of hydrocarbons in surface sediments of the Alaskan Outer Continental Shelf. Geochimica et Cosmochimica Acta，46：2135-2149.

Waller R E. 1952. The benzpyrene content of town air. British Journal of Cancer，6：8-21.

Walker K，Vallero D A，Lewis R G. 1999. Factors influencing the distribution of lindane and other hexachlorocyclohexanes in the environment. Environmental Science and Technology，33：4373-4378.

Wan Y，Hu J，Liu J，et al. 2005. Fate of DDT-related compounds in Bohai Bay and its adjacent Haihe Basin，North China. Marine Pollution Bulletin，50：439-445.

Wang B，Yu G，Huang J，et al. 2010c. Probabilistic ecological risk assessment of OCPs，PCBs，and DLCs in the Haihe River，China. The Scientific World Journal，10：1307-1317.

Wang C，Du J，Gao X，et al. 2011c. Chemical characterization of naturally weathered oil residues in the sediment from Yellow River Delta，China. Marine pollution bulletin，62：2469-2475.

Wang C，Wang W，He S，et al. 2011a. Sources and distribution of aliphatic and polycyclic aromatic hydrocarbons in Yellow River Delta Nature Reserve，China. Applied Geochemistry，26：1330-1336.

Wang F，Bian Y R，Jiang X，et al. 2006b. Residual characteristics of organochlorine pesticides in Lou soils with different fertilization modes. Pedosphere，16：161-168.

Wang F，Jiang X，Bian Y R，et al. 2007a. Organochlorine pesticides in soils under different land usage in the Taihu Lake region, China. Journal of Environmental Sciences, 19: 584-590.

Wang G H, Kawamura K, Xie M J, et al. 2009d. Organic molecular compositions and size distributions of Chinese summer and autumn aerosols from Nanjing: Characteristic haze event caused by wheat straw burning. Environmental Science & Technology, 43: 6493-6499.

Wang G L, Ma L M, Sun J H, et al. 2010a. Occurrence and distribution of organochlorine pesticides (DDT and HCH) in sediments from the middle and lower reaches of the Yellow River, China. Environmental Monitoring and Assessment, 168 (1-4): 511-521.

Wang J Z, Yang Z Y, Chen T H. 2012. Source apportionment of sediment-associated aliphatic hydrocarbon in a eutrophicated shallow lake, China. Environmental Science and Pollution Research, 19: 4006-4015.

Wang L, Jia H, Liu X, et al. 2013a. Historical contamination and ecological risk of organochlorine pesticides in sediment core in northeastern Chinese river. Ecotoxicology and Environmental Safety, 93: 112-120.

Wang L L, Yang Z F, Niu J F, et al. 2009b.Characterization, ecological risk assessment and source diagnostics of polycyclic aromatic hydrocarbons in water column of the Yellow River Delta, one of the most plenty biodiversity zones in the world. Journal of Hazardous Materials, 169: 460-465.

Wang P, Shang H, Li H, et al. 2016. PBDEs, PCBs and PCDD/Fs in the sediments from seven major river basins in China: Occurrence, congener profile and spatial tendency. Chemosphere, 144: 13-20.

Wang P, Zhang Q, Wang Y, et al. 2009c. Altitude dependence of polychlorinated biphenyls (PCBs) and polybrominated diphenyl ethers (PBDEs) in surface soil from Tibetan Plateau, China. Chemosphere, 76: 1498-1504.

Wang T, Zhang Z L, Huang J, et al. 2007b. Occurrence of dissolved polychlorinated biphenyls and organic chlorinated pesticides in the surface water of Haihe River and Bohai Bay, China. Environmental Science, 28: 730-735.

Wang W, Massey Simonich S L, et al. 2010b. Concentrations, sources and spatial distribution of polycyclic aromatic hydrocarbons in soils from Beijing, Tianjin and surrounding areas, North China. Environmental Pollution, 158: 1245-1251.

Wang X, Chen L, Wang X, et al. 2015. Occurrence, profiles, and ecological risks of polybrominated diphenyl ethers (PBDEs) in river sediments of Shanghai, China. Chemosphere, 133: 22-30.

Wang X, Piao X, Chen J, et al. 2006a. Organochlorine pesticides in soil profiles from Tianjin, China. Chemosphere, 64: 1514-1520.

Wang X T, Miao Y, Zhang Y, et al. 2013b. Polycyclic aromatic hydrocarbons (PAHs) in urban soils of the megacity Shanghai: occurrence, source apportionment and potential human health risk. Science of the Total Environment, 447: 80-89.

Wang Y, Luo C, Li J, et al. 2011b. Characterization of PBDEs in soils and vegetations near an e-waste recycling site in South China. Environmental Pollution, 159: 2443-2448.

Wang Y, Qi S, Xing X, et al. 2009a. Distribution and ecological risk evaluation of organochlorine pesticides in sediments from Xinghua Bay, China. Journal of Earth Science, 20: 763-770.

Wang Z, Yan W, Chi J, et al. 2008. Spatial and vertical distribution of organochlorine pesticides in sediments from Daya Bay, South China. Marine Pollution Bulletin, 56: 1578-1585.

Wania F, Mackay D. 1996. Peer reviewed: tracking the distribution of persistent organic pollutants. Environmental Science and Technology, 30: 390A-396A.

Watanabe K H, Desimone F W, Thiyagarajah A, et al. 2003. Fish tissue quality in the lower Mississippi River and health risks from fish consumption. Science of the Total Environment, 302: 109-126.

Wedepohl K H. 1995. The composition of the continental crust. Geochimica et Cosmochimica Acta, 59: 1217-1232.

Wei T, Yang W, Lai Z, et al. 2001. Residues of heavy metals in economic aquatic animal muscles in Pearl River estuary, south China. Journal of Fishery Sciences of China, 9: 172-176.

Weng L, Temminghoff E J, Van Riemsdijk W H. 2001. Contribution of individual sorbents to the control of heavy metal activity in sandy soil. Environmental Science & Technology, 35: 4436-4443.

Wiese S O R, MacLeod C, Lester J. 1997. A recent history of metal accumulation in the sediments of the Thames Estuary, United Kingdom. Estuaries, 20: 483-493.

Wilcke W. 2000. Synopsis polycyclic aromatic hydrocarbons (PAHs) in soil-a review. Journal of Plant Nutrition and Soil Science, 163: 229-248.

Willett K L, Ulrich E M, Hites R A. 1998. Differential toxicity and environmental fates of hexachlorocyclohexane isomers. Environmental Science and Technology, 32: 2197-2207.

Williams D, Vlamis J, Pukite A, et al. 1980. Trace element accumulation, movement, and distribution in the soil profile from massive applications of sewage sludge. Soil Science, 129: 119.

Williams G, Anderson E, Howell A, et al. 1991. Oral contraceptive (OCP) use increases proliferation and decreases oestrogen receptor content of epithelial cells in the normal human breast. International Journal of Cancer, 48: 206-210.

Wiseman S B, Wan Y, Chang H, et al. 2011. Polybrominated diphenyl ethers and their hydroxylated/methoxylated analogs: environmental sources, metabolic relationships, and relative toxicities. Marine Pollution Bulletin, 63: 179-188.

Wong M H, Leung A O W, Chan J K Y, et al. 2005. A review on the usage of POP pesticides in China, with emphasis on DDT loadings in human milk. Chemosphere, 60: 740-752.

Wong M, Poon B. 2003. Sources, fates and effects of persistent organic pollutants in China, with emphasis on the Pearl River Delta. Persistent organic pollutants, 3: 355-369.

Wu C, Zhang A, Liu W. 2013. Risks from sediments contaminated with organochlorine pesticides in Hangzhou, China. Chemosphere, 90: 2341-2346.

Wu Y, Yang L, Zheng X, et al. 2014. Characterization and source apportionment of particulate PAHs in the roadside environment in Beijing. Science of The Total Environment, 470: 76-83.

Wu Y, Zhang J, Zhou Q. 1999. Persistent organochlorine residues in sediments from Chinese river/estuary systems. Environmental Pollution, 105: 143-150.

Wurl O, Obbard J P. 2005. Organochlorine pesticides, polychlorinated biphenyls and polybrominated diphenyl ethers in Singapore's coastal marine sediments. Chemosphere, 58: 925-933.

Xie W, Chen A, Li J, et al. 2012. Topsoil dichlorodiphenyltrichloroethane and polychlorinated biphenyl concentrations and sources along an urban-rural gradient in the Yellow River Delta. Journal of Environmental Sciences, 24: 1655-1661.

Xing Y, Lu Y, Dawson R W, et al. 2005. A spatial temporal assessment of pollution from PCBs in China. Chemosphere, 60: 731-739.

Xu J X. 2008. Response of land accretion of the Yellow River delta to global climate change and human activity. Quaternary International 186: 4-11.

Xu J, Yu Y, Wang P, et al. 2007. Polycyclic aromatic hydrocarbons in the surface sediments from Yellow River, China. Chemosphere, 67: 1408-1414.

Xu S S, Liu W X, Tao S. 2006. Emission of polycyclic aromatic hydrocarbons in China. Environmental Science and Technology, 40: 702-708.

Xu T, Song Z G, Liu J F, et al. 2008. Organic composition in the dry season rainwater of Guangzhou, China. Environmental Geochemistry and Health, 30: 53-65.

Xu X G, Lin H P, Fu Z Y. 2004. Probe into the method of regional ecological risk assessment-a case study of wetland in the Yellow River Delta in China. Journal Environmental Management, 70: 253-262.

Yamamoto M, Polyak L. 2009. Changes in terrestrial organic matter input to the Mendeleev Ridge, western Arctic Ocean, during the Late Quaternary. Global and Planetary Change, 68: 30-37.

Yamashita N, Kannan K, Imagawa T, et al. 2000. Vertical profile of polychlorinated dibenzo-p-dioxins, dibenzofurans, naphthalenes, biphenyls, polycyclic aromatic hydrocarbons, and alkylphenols in a sediment core from Tokyo Bay, Japan. Environmental Science and Technology, 34: 3560-3567.

Yang B, Zhou L, Xue N, et al. 2013c. Source apportionment of polycyclic aromatic hydrocarbons in soils of Huanghuai Plain, China: comparison of three receptor models. Science of The Total Environment, 443: 31-39.

Yang D, Qi S H, Zhang J Q, et al. 2012b. Residues of organochlorine pesticides(OCPs)in agricultural soils of Zhangzhou City, China. Pedosphere, 22: 178-189.

Yang D, Qi S, Zhang J, et al. 2013b. Organochlorine pesticides in soil, water and sediment along the Jinjiang River mainstream to Quanzhou Bay, southeast China. Ecotoxicology and Environmental Safety, 89: 59-65.

Yang G Y, Wan K, Zhang T B, et al. 2007. Residues and distribution characteristics of organochlorine pesticides in agricultural soils from typical areas of Guangdong Province. Journal of Agro-Environment Science, 26: 1619-1623.

Yang H, Xue B, Yu P, et al. 2010. Residues and enantiomeric profiling of organochlorine pesticides in sediments from Yueqing Bay and Sanmen Bay, East China Sea. Chemosphere, 80: 652-659.

Yang H, Zhuo S, Xue B, et al. 2012a. Distribution, historical trends and inventories of polychlorinated biphenyls in sediments from Yangtze River Estuary and adjacent East China Sea. Environmental Pollution, 169: 20-26.

Yang Q S, Mai B X, Fu J M, e tal. 2004. Spatial and temporal distribution of organochlorine pesticides (OCPs) in surface water from the Pearl Artery Estuary . Chinese Journal of Environmental

Science, 25: 150-156.

Yang R Q, Jiang G B, Zhou, Q F, et al. 2005b. Occurrence and distribution of organochlorine pesticides (HCH and DDT) in sediments collected from East China Sea. Environment International, 31: 799-804.

Yang R Q, Lv A H, Shi J B, et al. 2005a. The levels and distribution of organochlorine pesticides (OCPs) in sediments from the Haihe River, China. Chemosphere, 61: 347-354.

Yang R, Yao T, Xu B, et al. 2008b. Distribution of organochlorine pesticides (OCPs) in conifer needles in the southeast Tibetan Plateau. Environmental Pollution, 153: 92-100.

Yang S, Zhou D, Yu H, et al. 2013a. Distribution and speciation of metals (Cu, Zn, Cd, and Pb) in agricultural and non-agricultural soils near a stream upriver from the Pearl River, China. Environmental Pollution, 177: 64-70.

Yang X, Wang S, Bian Y, et al. 2008a. Dicofol application resulted in high DDTs residue in cotton fields from northern Jiangsu province, China. Journal of Hazardous Materials, 150: 92-98.

Yang Y Y, Xie Q L, Liu X Y, et al. 2015. Occurrence, distribution and risk assessment of polychlorinated biphenyls and polybrominated diphenyl ethers in nine water sources. Ecotoxicology and Environmental Safety, 115: 55-61.

Yang Z, Shen Z, Gao F, et al. 2009b. Occurrence and possible sources of polychlorinated biphenyls in surface sediments from the Wuhan reach of the Yangtze River, China. Chemosphere, 74: 1522-1530.

Yang Z, Wang L, Niu J, et al. 2009a. Pollution assessment and source identifications of polycyclic aromatic hydrocarbons in sediments of the Yellow River Delta, a newly born wetland in China. Environmental Monitoring and Assessment, 158: 561-571.

Ye B, Zhang Z, Mao T. 2006. Pollution sources identification of polycyclic aromatic hydrocarbons of soils in Tianjin area, China. Chemosphere, 64: 525-534.

Yi Y, Yang Z, Zhang S. 2011. Ecological risk assessment of heavy metals in sediment and human health risk assessment of heavy metals in fishes in the middle and lower reaches of the Yangtze River basin. Environmental Pollution, 159: 2575-2585.

Yilmaz, A B. 2003. Levels of heavy metals (Fe, Cu, Ni, Cr, Pb, and Zn) in tissue of Mugil cephalus and Trachurus mediterraneus from Iskenderun Bay, Turkey. Environmental Research, 92. 277-281.

Yim U H, Hong S H, Shim W, et al. 2005. Spatio-temporal distribution and characteristics of PAHs in sediments from Masan Bay, Korea. Marine Pollution Bulletin, 50: 319-326.

Yim U H, Hong S H, Shim W J. 2007. Distribution and characteristics of PAHs in sediments from the marine environment of Korea. Chemosphere, 68: 85-92.

Yogui G T, Sericano J L. 2008. Polybrominated diphenyl ether flame retardants in lichens and mosses from King George Island, maritime Antarctica. Chemosphere, 73: 1589-1593.

Yu H Y, Li F B, Yu W M, et al. 2013. Assessment of organochlorine pesticide contamination in relation to soil properties in the Pearl River Delta, China. Science of the Total Environment, 447: 160-168.

Yu W, Liu R, Wang J, et al. 2015. Source apportionment of PAHs in surface sediments using positive matrix factorization combined with GIS for the estuarine area of the Yangtze River, China. Chemosphere, 134: 263-271.

Yuan C G, Shi J B, He B, et al. 2004. Speciation of heavy metals in marine sediments from the East China Sea by ICP-MS with sequential extraction. Environment International, 30: 769-783.

Yuan H, Li T, Ding X, et al. 2014. Distribution, sources and potential toxicological significance of polycyclic aromatic hydrocarbons (PAHs) in surface soils of the Yellow River Delta, China. Marine Pollution Bulletin, 83: 258-264.

Yuan L, Qi S, Wu X, et al. 2013. Spatial and temporal variations of organochlorine pesticides(OCPs) in water and sediments from Honghu Lake, China. Journal of Geochemical Exploration, 132: 181-187.

Yue T X, Liu J Y, Jørgensen S E, et al. 2003. Landscape change detection of the newly created wetland in Yellow River Delta. Ecological Modelling, 164: 21-31.

Yun S H, Addink R, McCabe J M, et al. 2008. Polybrominated diphenyl ethers and polybrominated biphenyls in sediment and floodplain soils of the Saginaw River watershed, Michigan, USA. Archives of Environmental Contamination and Toxicology, 55: 1-10.

Yunker M B, Macdonald R W. 2003. Alkane and PAH depositional history, sources and fluxes in sediments from the Fraser River Basin and Strait of Georgia, Canada. Organic Geochemistry, 34: 1429-1454.

Yunker M B, Macdonald R W, Vingarzan R, et al. 2002. PAHs in the Fraser River basin: a critical appraisal of PAH ratios as indicators of PAH source and composition. Organic Geochemistry, 33: 489-515.

Zakaria M P, Takada H, Tsutsumi S, et al. 2002. Distribution of polycyclic aromatic hydrocarbons (PAHs) in rivers and estuaries in Malaysia: a widespread input of petrogenic PAHs. Environmental Science and Technology, 36: 1907-1918.

Zhang G, Min Y S, Mai B X, et al. 1999. Time trend of BHCs and DDTs in a sedimentary core in Macao estuary, Southern China. Marine Pollution Bulletin, 39: 326-330.

Zhang G, Parker A, House A, et al. 2002. Sedimentary records of DDT and HCH in the Pearl River Delta, south China. Environmental Science and Technology, 36: 3671-3677.

Zhang H, Lu Y, Dawson R W, et al. 2005a. Classification and ordination of DDT and HCH in soil samples from the Guanting Reservoir, China. Chemosphere, 60: 762-769.

Zhang H, Luo Y, Li Q. 2009a. Burden and depth distribution of organochlorine pesticides in the soil profiles of Yangtze River Delta Region, China: implication for sources and vertical transportation. Geoderma, 153: 69-75.

Zhang H B, Luo Y M, Zhao Q G, et al. 2006. Residues of organochlorine pesticides in Hong Kong soils. Chemosphere, 63: 633-641.

Zhang J, Huang W W, Martin J M. 1988. Trace metals distribution in Huanghe (Yellow River) estuarine sediments. Estuarine, Coastal and Shelf Science 26: 499-516.

Zhang J, Qi S, Xing X, et al. 2011b. Organochlorine pesticides (OCPs) in soils and sediments, southeast China: a case study in Xinghua Bay. Marine pollution bulletin, 62: 1270-1275.

Zhang J, Xing X, Qi S, et al. 2013c. Organochlorine pesticides (OCPs) in soils of the coastal areas along Sanduao Bay and Xinghua Bay, southeast China. Journal of Geochemical Exploration, 125: 153-158.

Zhang L, Dickhut R, DeMaster D, et al. 2013b. Organochlorine pollutants in Western Antarctic peninsula sediments and benthic deposit feeders. Environmental science & technology, 47: 5643-5651.

Zhang L, Dong L, Huang Y, et al. 2016. Seasonality in polybrominated diphenyl ether concentrations in the atmosphere of the Yangtze River Delta, China. Chemosphere, 150: 438-444.

Zhang L, Shi S, Dong L, et al. 2011a. Concentrations and possible sources of polychlorinated biphenyls in the surface water of the Yangtze River Delta, China. Chemosphere, 85: 399-405.

Zhang P, Song J, Yuan H. 2009b. Persistent organic pollutant residues in the sediments and mollusks from the Bohai Sea coastal areas, North China: an overview. Environment International, 35: 632-646.

Zhang W, Yu L, Hutchinson S, et al. 2001b. China's Yangtze Estuary: I. Geomorphic influence on heavy metal accumulation in intertidal sediments. Geomorphology, 41: 195-205.

Zhang X L, Tao S, Liu W X, et al. 2005b. Source diagnostics of polycyclic aromatic hydrocarbons based on species ratios: a multimedia approach. Environmental Science &Technology, 39: 9109-9114.

Zhang Y, Fu S, Liu X, et al. 2013a. Polybrominated diphenyl ethers in soil from three typical industrial areas in Beijing, China. Journal of Environmental Sciences, 25: 2443-2450.

Zhang Y, Schauer J J, Zhang Y, et al. 2008. Characteristics of particulate carbon emissions from real-world Chinese coal combustion. Environmental Science &Technology, 42: 5068-5073.

Zhang, Z, Chen W, Khalid M, et al. 2001a. Evaluation and fate of the organic chlorine pesticides at the waters in Jiulong River Estuary. Chinese Journal of Environmental Science, 22: 88-92.

Zhang Z, Hong H, Zhou J, et al. 2003. Fate and assessment of persistent organic pollutants in water and sediment from Minjiang River Estuary, Southeast China. Chemosphere, 52: 1423-1430.

Zhang Z L, Leith C, Rhind S M, et al. 2014. Long term temporal and spatial changes in the distribution of polychlorinated biphenyls and polybrominated diphenyl ethers in Scottish soils. Science of the Total Environment, 468-469: 158-164.

Zhao G, Xu Y, Li W, et al. 2007. PCBs and OCPs in human milk and selected foods from Luqiao and Pingqiao in Zhejiang, China. Science of the Total Environment, 378: 281-292.

Zhao L, Hou H, Zhou Y, et al. 2010. Distribution and ecological risk of polychlorinated biphenyls and organochlorine pesticides in surficial sediments from Haihe River and Haihe Estuary Area, China. Chemosphere, 78: 1285-1293.

Zhao Z, Zeng H, Wu J, et al. 2013. Organochlorine pesticide (OCP) residues in mountain soils from Tajikistan. Environmental Science: Processes and Impacts, 15: 608-616.

Zheng J, Yu L H, Chen S J, et al. 2016. Polychlorinated biphenyls (PCBs) in human hair and serum from E-waste recycling workers in Southern China: concentrations, chiral signatures, correlations, and source identification. Environmental Science and Technology, 50: 1579-1586.

Zheng X, Liu X, Jiang G, et al. 2012. Distribution of PCBs and PBDEs in soils along the altitudinal gradients of Balang Mountain, the east edge of the Tibetan Plateau. Environmental Pollution,

161: 101-106.

Zhou J L, Maskaoui K, Qiu Y W, et al. 2001a. Polychlorinated biphenyl congeners and organochlorine insecticides in the water column and sediments of Daya Bay, China. Environmental Pollution, 113: 373-384.

Zhou J, Maskaoui K, Qiu Y, et al. 2001b. Polychlorinated biphenyl congeners and organochlorine insecticides in the water column and sediments of Daya Bay, China. Environmental Pollution, 113: 373-384.

Zhou P, Lin K, Zhou X, et al. 2012. Distribution of polybrominated diphenyl ethers in the surface sediments of the Taihu Lake, China. Chemosphere, 88: 1375-1382.

Zhou R, Zhu L, Kong Q. 2008. Levels and distribution of organochlorine pesticides in shellfish from Qiantang River, China. Journal of Hazardous Materials, 152: 1192-1200.

Zhou R, Zhu L, Yang K, et al. 2006. Distribution of organochlorine pesticides in surface water and sediments from Qiantang River, East China. Journal of Hazardous Materials, 137: 68-75.

Zhu B, Lai N L S, Wai T C, et al. 2014a. Changes of accumulation profiles from PBDEs to brominated and chlorinated alternatives in marine mammals from the South China Sea. Environment International, 66: 65-70.

Zhu C, Li Y, Wang P, et al. 2015. Polychlorinated biphenyls (PCBs) and polybrominated biphenyl ethers (PBDEs) in environmental samples from Ny-Ålesund and London Island, Svalbard, the Arctic. Chemosphere, 126: 40-46.

Zhu L, Hites R A, 2006. Brominated flame retardants in tree bark from North America. Environmental Science and Technology, 40: 3711-3716.

Zhu Y, Liu H, Xi Z, et al. 2005. Organochlorine pesticides (DDTs and HCHs) in soils from the outskirts of Beijing, China. Chemosphere, 60: 770-778.

Zhu Z, Chen S, Zheng J, et al. 2014b. Occurrence of brominated flame retardants (BFRs), organochlorine pesticides (OCPs), and polychlorinated biphenyls (PCBs) in agricultural soils in a BFR-manufacturing region of North China. Science of The Total Environment, 481: 47-54.

Zou M Y, Ran Y, Gong J, et al. 2007. Polybrominated diphenyl ethers in watershed soils of the Pearl River Delta, China: occurrence, inventory, and fate. Environmental Science and Technology, 41: 8262-8267.

Zwolsman J, Van Eck G, Burger G. 1996. Spatial and temporal distribution of trace metals in sediments from the Scheldt estuary, south-west Netherlands. Estuarine, Coastal and Shelf Science, 43: 55-79.